U0617148

工作手册式工匠系列教材

# 电工基础

主　编　熊建武　段宜虎　胡思华
副主编　左国胜　刘德玉　徐灿明
　　　　雷隆兴　涂承刚　李　博
主　审　胡智清　李和平

西安电子科技大学出版社

## 内 容 简 介

本书以培养学生的电工基本操作技能为目标而编写。为体现课程专业能力的渐进规律，并方便实施教学，本书将课程内容划分为基础篇和提高篇，对于五年制高职学生，可以划分为中职、高职两个教学阶段实施教学。

第一篇基础篇(中职阶段)，介绍电路的基本概念和基本规律、直流电路的分析计算、正弦交流电路、谐振电路、安全用电常识、电工工具与电工材料等电工基础知识，建议安排 32～42 课时。

第二篇提高篇(高职阶段)，介绍供配电系统、电工常用仪表、三相正弦交流电路、一阶动态电路、生活用电知识、电力拖动知识等电路知识及具体应用，建议安排 32～42 课时。

本书适合机电一体化、工业机器人、机械设计与制造、材料成型与控制技术、模具设计与制造、数控技术应用、机械制造技术、汽车制造与装配技术、工程机械运用与维护、焊接自动化技术、新能源汽车等机械装备制造类专业中高职衔接班及五年一贯制大专班，以及高等职业技术学院和成人教育院校机械装备制造类相关专业使用，也可供中等职业学校机电一体化、机械加工技术、模具制造技术、汽车维修、汽车制造与装配、新能源汽车等专业使用，还可供机电一体化、机械加工技术、模具设计与制造、汽车维修等专业的工程技术人员以及高等职业技术学院和中等职业学校的教师参考。

**图书在版编目(CIP)数据**

电工基础/熊建武，段宜虎，胡思华主编. —西安：西安电子科技大学出版社，2022.2
ISBN 978 - 7 - 5606 - 6128 - 5

Ⅰ. ①电…　Ⅱ. ①熊…　②段…　③胡…　Ⅲ. ①电工—基本知识　Ⅳ. ①TM1

中国版本图书馆 CIP 数据核字(2021)第 232264 号

策划编辑　刘小莉
责任编辑　刘小莉
出版发行　西安电子科技大学出版社(西安市太白南路 2 号)
电　　话　(029)88202421　88201467　　邮　　编　710071
网　　址　www.xduph.com　　　　电子邮箱　xdupfxb001@163.com
经　　销　新华书店
印刷单位　陕西天意印务有限责任公司
版　　次　2022 年 2 月第 1 版　2022 年 2 月第 1 次印刷
开　　本　787 毫米×1092 毫米　1/16　印张 18
字　　数　420 千字
印　　数　1～2000 册
定　　价　46.00 元
ISBN 978 - 7 - 5606 - 6128 - 5/TM
XDUP 6430001 - 1

＊＊＊如有印装问题可调换＊＊＊

# 工作手册式工匠系列教材
# 编委会名单

主　任：

　　龚学余（南华大学）

　　胡智清（湖南财经工业职业技术学院）

　　段宜虎（衡南县职业中等专业学校）

　　熊建武（湖南工业职业技术学院）

副主任：

　　杜俊鸿（湖南晓光汽车模具有限公司）

　　陈茂荣（永州市工商职业中等专业学校）

　　谢东华（湖南财经工业职业技术学院）

　　刘志峰（新化县湘印职业学校）

　　罗　荣（新化县楚怡工业学校）

　　姚协军（安化县职业中等专业学校）

　　陈昆明（长沙市望城区职业中等专业学校）

　　王元春（衡南县职业中等专业学校）

　　任　川（汨罗市职业中等专业学校）

　　冯国庆（益阳高级技工学校）

　　盘先瑞（双牌县职业技术学校）

　　陈美勇（南岳电控（衡阳）工业技术股份有限公司）

　　朱志勇（特变电工衡阳变压器有限公司）

　　孙孝文（湘潭电机集团股份有限公司）

委　员：（按姓氏拼音排列，排名不分先后）

　　蔡　艳（湖南财经工业职业技术学院）

　　陈国平（湖南维德科技发展有限公司）

　　陈黎明（湖南财经工业职业技术学院）

　　陈湘舜（湖南铁道职业技术学院）

戴石辉(长沙市望城区职业中等专业学校)

邓子林(永州职业技术学院)

丁洪波(湖南省汽车技师学院)

范雄光(新化县湘印职业学校)

范勇彬(长沙县职业中等专业学校)

付　刚(湖南省工业技师学院)

高　伟(湖南财经工业职业技术学院)

龚煌辉(湖南铁道职业技术学院)

龚林荣(祁阳县职业中等专业学校)

郭　俊(内蒙古机电职业技术学院)

贺柳操(湖南机电职业技术学院)

胡少华(湖南兵器工业高级技工学校)

胡思华(郴州综合职业中等专业学校)

贾庆雷(中国中车株洲时代新材料科技股份有限公司新材料树脂事业部)

贾越华(湘西民族职业技术学院)

简立明(湖南财经工业职业技术学院)

姜　星(衡东县职业中等专业学校)

赖　彬(平江县职业技术学校)

李　博(永州市工商职业中等专业学校)

李　刚(山西综合职业技术学院)

李　刚(双牌县职业技术学校)

李　立(长沙县职业中等专业学校)

李　强(涟源工业贸易中等专业学校)

李和平(湖南工业职业技术学院)

李凌华(郴州职业技术学院)

李强文(汨罗市职业中等专业学校)

李文元(湖南工业大学)

李向阳(郴州工业交通学校)

林瑞蕊(杭州萧山技师学院)

刘　波(湖南国防工业职业技术学院)

刘德玉(湖南工业职业技术学院)

刘放浪(安化县职业中等专业学校)

刘海波(湘电集团湘电动力有限公司)

刘绘明(安化县职业中等专业学校)

刘隆节(湖南财经工业职业技术学院)

刘少华(湖南财经工业职业技术学院)

刘友成(邵阳职业技术学院)

刘正阳(湖南科技职业学院)

龙海玲(衡阳技师学院)

卢碧波(宁乡市职业中专学校)

陆　唐(湖南轻工高级技工学校)

陆元三(湖南财经工业职业技术学院)

罗　辉(永州职业技术学院)

欧　伟(长沙汽车工业学校)

欧阳盼(湘北职业中等专业学校)

彭向阳(平江县职业技术学校)

宋新华(张家界航空工业职业技术学院)

苏瞧忠(平江县职业技术学校)

孙　哲(湘潭电机集团股份有限公司)

孙忠刚(湖南工业职业技术学院)

谭补辉(益阳职业技术学院)

谭海林(湖南化工职业技术学院)

汤酞则(湖南师范大学)

唐　波(益阳职业技术学院)

涂承刚(常德财经中等专业学校)

汪哲能(湖南财经工业职业技术学院)

王　波(长沙汽车工业学校)

王　健(衡南县职业中等专业学校)

王　静(永州市工商职业中等专业学校)

王安乐(益阳高级技工学校)

王端阳(祁东县职业中等专业学校)

王小平(宁远县职业中等专业学校)

王正青(潇湘职业学院)

文　婕(醴陵市陶瓷烟花职业技术学校)

吴　伟(郴州综合职业中等专业学校)

吴亚辉(桂阳县职业技术教育学校)

夏　嵩（长沙市望城区职业中等专业学校）

肖洪峰（益阳高级技工学校）

肖洋波（宁乡市职业中专学校）

谢冬和（湖南汽车工程职业学院）

谢国峰（武汉职业技术学院）

谢学民（娄底技师学院）

熊福意（湖南省工业技师学院）

熊文伟（湖南机电职业技术学院）

徐　炯（娄底技师学院）

徐灿明（东莞市电子科技学校）

徐文庆（湖南财经工业职业技术学院）

杨志贤（湘阴县第一职业中等专业学校）

叶久新（湖南大学）

易　慧（醴陵市陶瓷烟花职业技术学校）

尹美红（邵阳市高级技工学校）

于海玲（咸阳职业技术学院）

余　意（湖南工业职业技术学院）

余光群（湖南信息职业技术学院）

张　军（长沙县职业中等专业学校）

张　舜（株洲市职工大学（工业学校））

张　幸（常德财经中等专业学校）

张笃华（衡南县职业中等专业学校）

张红菊（衡南县职业中等专业学校）

张腾达（株洲市职工大学（工业学校））

赵建勇（潇湘职业学院）

赵卫东（宁乡市职业中专学校）

钟志科（湖南省模具设计与制造学会）

周　全（湖南工业职业技术学院）

周　钊（长沙汽车工业学校）

周柏玉（郴州职业技术学院）

朱旭辉（湖南汽车工程职业学院）

邹立民（益阳高级技工学校）

左国胜（衡南县职业中等专业学校）

# 前　言

本书是在借鉴德国双元制教学模式和总结近几年国内各院校模具设计与制造专业教学改革经验的基础上，由湖南工业职业技术学院、湖南财经工业职业技术学院、娄底技师学院等职业院校的专业教师联合编写的，是湖南省"十三五"教育科学研究基地"湖南职业教育'芙蓉工匠'培养研究基地"的研究成果，是湖南省教育科学规划课题"现代学徒制：中高衔接行动策略研究""基于现代学徒制的'芙蓉工匠'培养研究：以电工电器行业为例""基于'工匠精神'的高职汽车类创新创业人才培养模式的研究""基于'双创'需求的高职院校新能源汽车技术专业建设的研究""基于工匠培养的'学训研创'一体化培养体系探索与实践"的研究成果，是湖南省职业院校教育教学改革研究项目"融合'现代学徒制'模式的高职院校'双创'教育路径研究""'工匠'精神融入高职学生职业素养培育路径创新研究"的研究成果，是湖南省教育科学工作者协会课题"校企深度融合背景下 PDCA 模式在学生创新设计与制造能力培养中的应用研究"的研究成果。

本书以培养学生电工基本操作技能为目标，按照基于工作过程导向的原则，在对行业企业、同类院校进行调研的基础上，重构课程体系，创新内容及结构，非常适合职业院校教学。

本书按照由简到难的顺序，以通俗易懂的文字和丰富的图表系统地介绍了电工基础知识、基本操作知识。全书分为基础篇和提高篇。基础篇包括电路的基本概念和基本规律、直流电路的分析计算、正弦交流电路、谐振电路、安全用电常识、电工工具与电工材料等内容。提高篇包括供配电系统、电工常用仪表、三相正弦交流电路、一阶动态电路、生活用电知识、电力拖动知识等内容。同时，将相关资料以二维码链接形式列入教材，便于学生查询相关数据，以充分调动学生的学习积极性，使学生学有所成。

本书由熊建武（湖南工业职业技术学院）、段宜虎（衡南县职业中等专业学校）、胡思华（郴州综合职业中等专业学校）担任主编，由左国胜（衡南县职业中等专业学校）、刘德玉（湖南工业职业技术学院）、徐灿明（东莞市电子科技学校）、雷隆兴（郴州综合职业中等专业学校）、涂承刚（常德财经中等专业学校）、李博（永州市工商职业中等专业学校）担任副主编。胡智清（湖南财经工业职业技术学院，教授）、李和平（湖南工业职业技术学院，教授）担任主审。参与本书编写的人员还有张腾达（株洲市职工大学（工业学校）、王端阳（祁东县职业中等专业学校）、吴伟（郴州综合职业中等专业学校）、徐炯（娄底技师学院）、张军（长沙县职业中等专业学校）、肖洋波（宁市职业中专学校）、陈小梅（宁远县职业中等专业学校)、文婕(醴陵市陶瓷烟花职业技术学校)、孙哲(湘潭电机集团股份有限公司)。熊建武、段宜虎、胡思华负责全书的统稿和修改。

在本书编写过程中,湘潭电机集团股份有限公司孙孝文高级工程师、湖南维德科技发展有限公司陈国平总经理对本书提出了许多宝贵意见和建议,湖南工业职业技术学院、湖南财经工业职业技术学院、娄底技师学院、衡南县职业中等专业学校、宁远县职业中等专业学校等院校领导给予了大力支持,在此一并表示感谢。

为便于学生查阅有关资料、标准及拓展学习,本书特为相关内容设置了二维码链接。同时,作者在撰写过程中搜集了大量有利于教学的资料和素材,限于篇幅未在书中全部呈现,感兴趣的读者可向作者索取(作者 E-mail:xiongjianwu2006@126.com)。

由于时间仓促和编著者水平有限,书中不妥之处在所难免,恳请广大读者批评指正。

编　者

2021 年 8 月

# 目　录

## 第一篇　基础篇(中职阶段)

### 项目 1　电路的基本概念和基本规律

### 项目 2　直流电路的分析计算

### 项目 3　正弦交流电路

## 项目 4 谐振电路

## 项目 5 安全用电常识

## 项目 6 电工工具与电工材料

# 第二篇 提高篇(高职阶段)

## 项目 7 供配电系统

## 项目 8 电工常用仪表

## 项目 9 三相正弦交流电路

## 项目 10 一阶动态电路

# 项目 11　生活用电知识

# 项目 12　电力拖动知识

▶▶▶▶▶ 第一篇

基础篇(中职阶段)

# 项目1　电路的基本概念和基本规律

## 1.1　电路和电路模型

学习"电工基础"课程，需要掌握电路的基本规律和分析计算方法。本项目从电路的基本概念和基本规律出发，重点讨论参考方向、欧姆定律、理想电源、基尔霍夫定律等重要概念，还简单介绍了受控源，引导学生建立电路模型，认识电路变量，熟悉基本定律。

**1. 电路的组成和作用**

电路就是电流流经的路径。日常生活、生产和科学研究工作中所看到的各种各样的电路，是为了实现某种功能而将所需的电气设备和元器件按照一定方式连接起来的总体。由于复杂的电路常呈网状，所以也将电路称为网络。在电路分析中，电路与网络这两个名词并无明显区别，一般可以通用。

1）电路的组成

实际电路的种类繁多，特性功能各不相同，但不论是简单电路还是复杂电路，一个完整的电路主要由电源、负载和中间环节三大基本部分组成。

图1-1为手电筒电路示意图，它是一个最简单的直流照明电路，由干电池（电源）、灯泡（负载）、开关和连接导线（中间环节）组成。

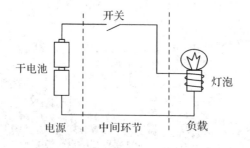

图1-1　手电筒电路示意图

电源是提供电能的元件，它的功能是将其他形式的能量转换为电能。电源包括干电池、发电机等。

负载是取用电能的元件，它的功能是将电能转换为其他形式的能量。负载包括灯泡、电动机等。

中间环节用来连接电源和负载，起传输电能、控制电路的工作状态、保护电路的正常工作等作用。中间环节包括导线、开关、保险丝等。

2）电路的作用

根据功能的不同，电路一般可分为电力电路和电子电路两大类。

电力电路主要用来实现电能的传输和转换，例如发电输电系统、电力拖动系统、电气照明系统等，如图1-2所示。此类电路一般要求尽可能减少能量损耗，并提高电能的传输和转换效率。

图1-2 电力电路

电子电路主要用于实现信号的传输、处理和储存，例如放大电路、运算电路、变频电路、检测电路等，如图1-3所示。此类电路要求稳定、准确、灵敏、反应速度快和失真度小。

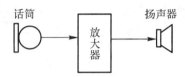

图1-3 电子电路

**2. 电路模型**

对于组成电路的实际元件的电磁性能，如果从严格准确的理论角度上讲都比较复杂，常常是几种电磁现象交织在一起。例如：日光灯电路中的镇流器除了具有磁场性能外，由于它是由导线绕制而成的，因而还具有一定的内阻，当有电流通过时，会对电流呈现阻碍作用并消耗电能；同时，在各匝线圈间存在分布电容，还会储存电场能。这三种电磁现象同时存在于镇流器上，使得对实际电路进行详尽分析变得非常复杂。

为了简化电路分析，必须采用近似的方法将实际电路元件理想化，即按照实际电路元件在电路中表现出来的电磁性能，用足以表征其主要电磁特性的理想化模型——理想元件或理想元件的组合来表示这个实际元件。如图1-4所示是三种基本理想元件的图形符号。图1-4(a)表示消耗电能的理想电阻元件；图1-4(b)表示储存磁场能的理想电感元件；图1-4(c)表示储存电场能的理想电容元件。

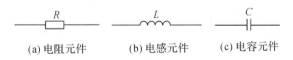

(a) 电阻元件　　　　(b) 电感元件　　　　(c) 电容元件

图1-4 三种基本理想元件的图形符号

JB/T 6319—2010
电阻器基本技术要求

SJ/T 10006—1991
LCL型电源滤波电感器

GB/T 34865—2017
高压直流转换开关用电容器

常用电阻元件分类

引入理想元件概念后，实际电路中的元件都可以用能够反映其主要电磁特性的理想元件或理想元件的组合来替代，这就构成了与实际电路相对应的电路模型。而用统一规定的图形符号来表示理想元件的电路模型称为电路图。在电路分析中讨论、计算的电路其实就是实际电路的电路模型。在电路模型中，连接各元件的导线也是被理想化了的理想导体，其电阻忽略不计。对电路模型进行分析、计算所得的结果虽然与实际电路的性能并不完全一致，但在一定条件下和在工程所允许的近似范围内有着广泛的实际意义。

# 1.2　电流、电压、电位及其参考方向

在电路理论中，电路的特性是由电路中的电流、电压、电位和电功率等物理量来描述的，所以，电路分析的基本任务就是根据给定的参数和条件计算电路中的电流、电压、电位和电功率。本节先讨论电流、电压、电位及其参考方向。

## 1. 电流

### 1) 电流的定义

带电粒子(电子、离子等)的定向移动形成电流。在不同的导电材料中，能够自由移动的带电粒子的种类和多少不尽相同：在金属导体中，是自由电子在外电场作用下定向移动而形成电流的；在电解液和气态导体中，是正、负离子在外电场作用下定向移动而形成电流的；在半导体材料中，是电子和空穴在外电场作用下定向移动而形成电流的。可见，产生电流必须具备两个条件：第一，导体内有能够自由移动的带电粒子；第二，有能够使带电粒子定向移动的电场。

电流的大小用电流强度来表示，将单位时间内通过导体某一横截面的电荷量定义为流过该导体的电流强度。电流强度通常又简称为电流，此名词已被广为使用，因而在电工标准中一般不再采用"电流强度"这一名词。

大小和方向都不随时间变化的电流称为稳恒电流，简称为直流(dc 或 DC)，一般用符号 $I$ 表示；大小和方向随时间变化的电流称为时变电流，一般用符号 $i$ 表示其瞬时值；大小和方向随时间作周期性变化且在一个周期内平均值为零的时变电流称为交流电流，简称为交流(ac 或 AC)。

电流的数学表达式一般形式为

$$i = \frac{\mathrm{d}q}{\mathrm{d}t} \tag{1-1}$$

式中，$\mathrm{d}q$ 为单位正电荷；$\mathrm{d}t$ 为单位时间。

直流电在任意瞬间通过导体横截面的电荷量 $Q$ 是恒定不变的，则直流电流 $I$ 的表达式为

$$I = \frac{Q}{t} \tag{1-2}$$

在国际单位制(SI)中，电流的单位是安[培](A)。电流的辅助单位有毫安(mA)和微安($\mu$A)，它们之间的换算关系为：$1\ \mathrm{A} = 10^3\ \mathrm{mA}$，$1\ \mathrm{mA} = 10^3\ \mu\mathrm{A}$。

### 2) 电流的参考方向

习惯上把带正电的粒子(正电荷)定向移动的方向规定为电流的正方向(实际方向)。电

流的实际方向是客观存在的，但在分析较为复杂的电路时，往往难以事先判定出某段电路中电流的实际方向，而且在交流电路中，电流的实际方向还会随时间不断变化。为了解决这样的问题，引入了"参考方向"这一概念。

电流的参考方向就是预先任意假设的一个电流方向，在电路图中用箭头标出。虽然电流的参考方向可以任意选定，但一经选定，在电路分析和计算过程中就不能随意更改。当电流的实际方向与参考方向一致时，电流取正值($I>0$)，如图 1-5(a)所示；当电流的参考方向与实际方向相反时，电流取负值($I<0$)，如图 1-5(b)所示。这样，根据电流的参考方向以及电流值的正、负就能确定电流的实际方向。应当注意，只有在选定参考方向之后，电流值的正、负才有意义。本书电路图上所标注的电流方向都是指参考方向。

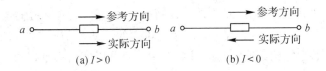

图 1-5　电流的参考方向与实际方向的关系

【例 1-1】　在图 1-6 所示电路中，电流参考方向已标出。已知 $I_1=-1$ A，$I_2=2$ A，$I_3=-3$ A，试判断电流的实际方向。

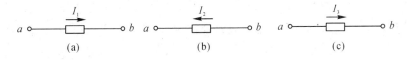

图 1-6　电流的参考方向

**解**　图 1-6(a)中 $I_1=-1$ A，说明 $I_1$ 的实际方向与参考方向相反，则电流的实际方向是由 $b$ 流向 $a$，大小为 1 A。

图 1-6(b)中 $I_2=2$ A，说明 $I_2$ 的实际方向与参考方向相同，则电流的实际方向是由 $b$ 流向 $a$，大小为 2 A。

图 1-6(c)中 $I_3=-3$ A，说明 $I_3$ 的实际方向与参考方向相反，则电流的实际方向是由 $b$ 流向 $a$，大小为 3 A。

**2. 电压和电位**

1）电压

在图 1-1 所示的手电筒电路中，开关闭合时灯泡发光是因为电路中有电流流过。电流的形成是因为电荷在电场力作用下产生了定向移动，电场力移动电荷做功，将电能转化为光能。这种电场力做功的大小常用电压来度量。

（1）电压的定义。

由基础物理学可知，电场力将单位正电荷 $\mathrm{d}q$ 从电路中的 $a$ 点移动到 $b$ 点所做的功 $\mathrm{d}w_{ab}$，称为 $a$、$b$ 两点间的电压 $u$，一般表示为

$$u=\frac{\mathrm{d}w_{ab}}{\mathrm{d}q}$$

$$(1-3)$$

直流电压 $U_{ab}$ 则表示为

$$U_{ab} = \frac{W_{ab}}{Q} \tag{1-4}$$

在国际单位制中，电压的单位是伏［特］（V）。电压的单位还有千伏（kV）、毫伏（mV）和微伏（$\mu$V）等，它们之间的换算关系为：1 kV＝$10^3$ V，1 V＝$10^3$ mV，1 mV＝$10^3$ $\mu$V。

（2）电压的参考方向。

电压的实际方向规定为正电荷受电场力作用而移动的方向，即从正极指向负极，正极用"＋"号表示，负极用"－"号表示。

与电流类似，电路中任意两点之间电压的实际方向往往不能预先确定，同样需要选取电压的参考方向，并以此为依据进行电路的分析和计算。当电压的实际方向与参考方向一致时，该电压值为正值（$U>0$），如图1-7（a）所示；当电压的实际方向与参考方向相反时，该电压值为负值（$U<0$），如图1-7（b）所示。同样的，只有在选定参考方向之后，电压的正、负才有意义。如无特殊说明，电路图中所标注的电压方向都是指参考方向。

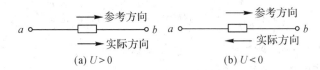

图1-7　电压的参考方向与实际方向的关系

电压的参考方向通常有三种表示方法，如图1-8所示，这三种表示方式意义相同，可以互相代用。

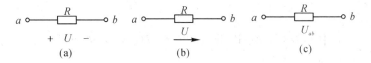

图1-8　电压参考方向的三种表示方法

（3）关联参考方向。

从电流和电压参考方向的设定过程可以看出，在分析和计算电路时，对于给定的支路或元件，其电流参考方向和电压参考方向可以分别独立设定。但为了分析方便，常采用电压、电流的关联参考方向，也就是将给定支路或元件的电流参考方向和电压参考方向选成一致。所谓一致，就是将该支路或元件的电流参考方向选定为从其电压参考方向的正（"＋"）极性端指向负（"－"）极性端，如图1-9（a）所示。这种一致方向称为该支路或元件上电流的参考方向与电压的参考方向互为关联参考方向；反之，则为非关联参考方向，如图1-9（b）所示。

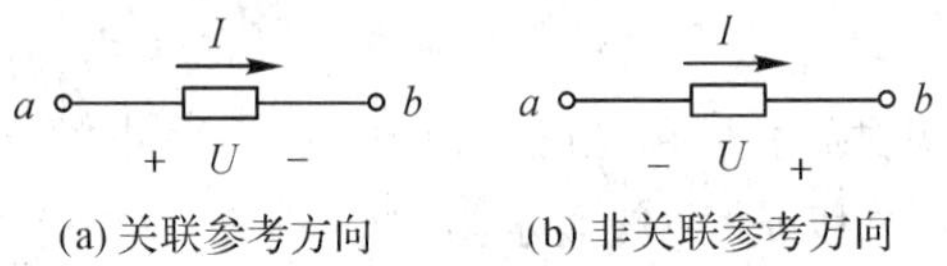

$$
\begin{array}{cc}
a \circ\!\!-\!\!\boxed{\phantom{I}}\!\!-\!\!\circ b & a \circ\!\!-\!\!\boxed{\phantom{I}}\!\!-\!\!\circ b \\
\text{（a）关联参考方向} & \text{（b）非关联参考方向}
\end{array}
$$

图1-9　关联参考方向与非关联参考方向

2）电位

在电路分析中，特别是在电子电路中，经常要应用"电位"这个物理量。在电路中任选一点作为参考点，电路中某点到参考点的电压即定义为该点的电位。参考点是计算电位的基准，电路中各点电位都是相对于参考点而言的。由于通常规定参考点的电位为零，因此参考点又称为零电位点，在电路图中用符号"⊥"表示，如图 1-10 所示。理论上参考点的选择是任意的，通常人们以大地作为参考点，而在电子设备中常以公共线、金属底板、机壳等作为参考点。应当注意的是，在一个连通的电路系统中，只能选择一个参考点。

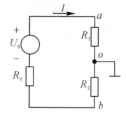

图 1-10　零电位点示意图

对照电位与电压的定义可见，电位从物理本质上讲就是一个特殊的电压，是电路中某点与参考点之间的电压。普通电压是指电路中任意两点之间的电压，而电位则是特指电路中某点与参考点之间的电压。认识到这一关系的重要性在于可获得借助两点之间的电压计算电路中任意一点电位的具体方法。

电位用符号 $V$ 表示，如 $a$ 点电位记作 $V_a$，当选择 $o$ 点为参考点时，有

$$V_a = U_{ao} \tag{1-5}$$

若 $a$、$b$ 两点的电位分别为 $V_a$、$V_b$，则

$$U_{ab} = U_{ao} + U_{ob} = U_{ao} - U_{bo} = V_a - V_b \tag{1-6}$$

电路中任意两点之间的电压就是这两点的电位之差，因此一般认为电压和电位差意义相同。根据 $V_a$ 和 $V_b$ 的大小，式(1-6)有如下三种解释：

（1）当 $U_{ab} > 0$ 时，说明 $a$ 点电位高于 $b$ 点电位。

（2）当 $U_{ab} < 0$ 时，说明 $a$ 点电位低于 $b$ 点电位。

（3）当 $U_{ab} = 0$ 时，说明 $a$ 点电位等于 $b$ 点电位。

引入电位的概念后，电压的实际方向就是由高电位点（即"+"极）指向低电位点（即"-"极）。在电压的方向上，电位是逐点降低的，因此，电压又常被称为电压降。

从电位的物理意义及其与电压的区别可以看出：电路中各点的电位值与参考点的选择有关，在电路中不指定参考点而讨论某点的电位值是没有意义的；而电路中任意两点之间的电压值与参考点的选择无关。

【例 1-2】　在如图 1-11 所示电路中，分别以 $o$、$a$ 和 $b$ 点为参考点时，试求 $V_o$、$V_a$、$V_b$ 和 $U_{ab}$。

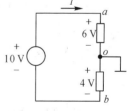

图 1-11　确定电位

**解**　（1）以 $o$ 点为参考点时：

$$V_o = U_{oo} = 0 \text{ V}, \quad V_a = U_{ao} = 6 \text{ V}, \quad V_b = U_{bo} = -4 \text{ V}$$

$$U_{ab} = V_a - V_b = [6 - (-4)] \text{ V} = 10 \text{ V}$$

（2）以 $a$ 点为参考点时：

$$V_a = 0 \text{ V}, \quad V_o = U_{oa} = -6 \text{ V}, \quad V_b = U_{ba} = [(-4) + (-6)] \text{ V} = -10 \text{ V}$$

$$U_{ab} = V_a - V_b = [0 - (-10)] \text{ V} = 10 \text{ V}$$

（3）以 $b$ 点为参考点时：

$$V_b = 0 \text{ V}, \quad V_o = U_{ob} = 4 \text{ V}, \quad V_a = U_{ab} = (6 + 4) \text{ V} = 10 \text{ V}$$

$$U_{ab} = V_a - V_b = (10 - 0) \text{ V} = 10 \text{ V}$$

由以上计算可以验证，选择不同的参考点，电路中各点的电位值也会随之不同，但任意两点间的电压值不变，即：电位是相对值，会随参考点的变化而变化；电压是绝对值，不随参考点的变化而变化。

# 1.3 电阻元件及欧姆定律

### 1. 电阻元件

1) 电阻

自然界中的物质按其导电性能的不同可分为导体、半导体、绝缘体三大类。导电性能良好的物质称为导体，导体中含有大量可自由移动的带电粒子(自由电荷)。

（1）电阻的定义。

导体中的自由电荷在电场力的作用下定向运动时，除了会不断地相互碰撞外，还要和组成导体的分子和原子相互碰撞。这些碰撞表现为导体对电流的阻碍作用，这种阻碍作用最明显的特征是导体消耗电能而发热(发光)。一般将导体对电流的阻碍作用称为导体的电阻，用符号 $R$ 表示。白炽灯、电炉、电阻器等实际元件可以用电阻元件来模拟。

在国际单位制中，电阻的单位是欧[姆]($\Omega$)。在实际使用时，还会用到千欧($k\Omega$)和兆欧($M\Omega$)等较大的辅助单位。它们之间的换算关系如下：

$$1\ M\Omega = 10^3\ k\Omega$$

$$1\ k\Omega = 10^3\ \Omega$$

（2）金属导体的电阻。

应当注意的是，导体的电阻是客观存在的，即使导体两端没有电压和导体中没有电流流过，导体仍然有电阻。实验证明，金属导体的电阻与其本身的材料性质、几何尺寸以及所处的环境(如温度甚至光照等)有关。当温度一定时，金属导体的电阻由式(1－7)确定，即

$$R = \rho \frac{L}{S} \qquad\qquad (1-7)$$

式中：$\rho$ 为材料的电阻率，单位为欧·米($\Omega\cdot m$)；$L$ 为导体的长度，单位为米(m)；$S$ 为导体的横截面积，单位为平方米($m^2$)。

2) 电导

电阻的倒数称为电导，是表征导体导电能力的一个物理量，用符号"$G$"表示，即

$$G = \frac{1}{R} \qquad\qquad (1-8)$$

电导的单位是西[门子](S)，简称西。

### 2. 欧姆定律

德国物理学家乔治·西蒙·欧姆(Georg Simon Ohm，1787—1854)通过大量实验得出：流过导体的电流 $i$ 与加在其两端的电压 $u$ 成正比，而与这段导体的电阻 $R$ 成反比。此定律反映了电阻元件两端的电压与流过该元件的电流之间的约束关系，被称为欧姆定律(VCR)。

在直流电路中，$U$、$I$ 为关联参考方向时，如图 1－12(a)所示，欧姆定律表达式为

$$U = IR \tag{1-9}$$

交流电路中的欧姆定律表达式为

$$u = iR \tag{1-10}$$

在直流电路中 $U$、$I$ 为非关联参考方向时，如图 1-12(b)所示，欧姆定律表达式为

$$U = -IR \tag{1-11}$$

交流电路中的欧姆定律表达式为

$$u = -iR \tag{1-12}$$

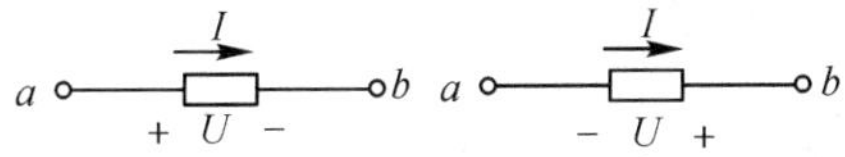

(a)关联参考方向      (b)非关联参考方向

图 1-12   欧姆定律(VCR)

# 1.4   电能与电功率

**1. 电能**

电荷在电场力作用下定向移动形成电流，并将电能转化为其他形式的能量。电能转化为其他形式能量的过程，就是电流做功的过程。因此，消耗多少电能可以用电流所做的功来度量。当电压、电流为关联参考方向时，二端元件电能的计算公式为

$$W = UIt \tag{1-13}$$

式中：$W$ 为电路所消耗的电能，单位为焦[耳](J)；$U$ 为电路两端的电压，单位为伏[特](V)；$I$ 为通过电路的电流，单位为安[培](A)；$t$ 为通电时间，单位为秒(s)。

在实际应用中，电能的另一个常用单位是千瓦时(kW·h)，1 千瓦时也就是常说的 1 度电，即 1 kW·h = $3.6 \times 10^6$ J。

**【例 1-3】** 某直流电动机正常工作时，所加电源电压为 220 V，流过其线圈的电流为 5 A，计算该电动机工作 8 h 消耗多少度电能？

**解**   $W = UIt = 220 \times 5 \times 8 = 8800$ W·h = 8.8 kW·h = 8.8 度。

**2. 电功率**

电功率是衡量电能转化为其他形式能量速度快慢的物理量，定义为单位时间内电流所做的功，在直流电路中用符号 $P$ 表示，即

$$P = \frac{W}{t} = \frac{UIt}{t} = UI \tag{1-14}$$

式中：电功率 $P$ 的单位为瓦[特](W)；电压 $U$ 的单位为伏[特](V)；电流 $I$ 的单位为安[培](A)；通电时间 $t$ 的单位为秒(s)。

电功率常用的辅助单位还有千瓦(kW)、毫瓦(mW)等，它们之间的换算关系为 1 kW = $10^3$ W，1 W = $10^3$ mW。

进行功率计算时必须注意：当电压、电流的参考方向关联时，功率计算式为

$$P = UI \tag{1-15}$$

当电压、电流的参考方向为非关联时，功率计算式为

$$P = -UI \qquad\qquad (1-16)$$

若计算结果得出 $P>0$，表示该部分电路吸收或消耗功率，相当于负载；若计算结果得出 $P<0$，表示该部分电路输出或提供功率，相当于电源。

**【例 1-4】** 在如图 1-13 所示的电路中，已知 $U=30$ V，$I=-1$ A，参考方向如图所示，试分别求各元件的功率，并说明电路元件是吸收功率还是输出功率。

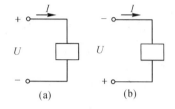

图 1-13　各元件的功率

**解**　在图 1-13(a) 中，因为电压与电流为关联参考方向，所以有

$$P = UI = 30 \times (-1) \text{W} = -30 \text{ W}$$

$P<0$，该元件输出功率，相当于电源输出功率。

图 1-13(b) 中，因为电压与电流为非关联参考方向，所以有

$$P = -UI = -30 \times (-1) \text{W} = 30 \text{ W}$$

$P>0$，该元件吸收功率，相当于负载，吸收功率。

**3. 电阻元件上的功率**

无论电阻元件上电压与电流的参考方向是关联还是非关联，电阻元件上的电功率为

$$P = I^2 R = \frac{U^2}{R} \qquad\qquad (1-17)$$

由式(1-17)可以看出，对于电阻元件，总有 $P>0$，这说明电阻元件总是吸收(消耗)电能。当电流通过电阻元件时，电能转换为热能并向周围空间辐射，因此，电阻消耗电能是不可逆的，它是耗能元件。

# 1.5　电气设备的额定值及电路的工作状态

**1. 电气设备的额定值**

理想的电路元件是没有额定值限制的，但实际电气设备的使用寿命总是与其绝缘材料的耐热性与绝缘强度有关。当流过电气设备的电流过大时，绝缘材料会因过热而损坏；当电压过高时，绝缘也会因高压而击穿。

为了使电气设备在工作中的温度不超过最高工作温度，通过它的最大允许电流就必须有一个极限值，通常把电气设备正常工作所能允许的最大电流值称为该电气设备的额定电流，用 $I_N$ 表示。为了限制绝缘材料所承受的电压，允许加在电气设备上的电压也有一个极限值，通常把这个限定的电压值称为该电气设备的额定电压，用 $U_N$ 表示。额定电压与额定电流的乘积称为额定功率，用 $P_N$ 表示，即 $P_N = I_N U_N$。

电气设备的额定值通常标注在设备的铭牌上，所以又称为铭牌值。

电气设备在额定值状态下运行是最经济、合理的，称为满载。低于额定值的工作状态称为轻载，轻载会使设备工作不正常。如"220 V，40 W"的白炽灯，在供电线路负荷过大，线路电压降为 180 V 时，会明显感觉到灯光昏暗；而"220 V，1214 W"的家用空调器此时就会启动困难，甚至不能工作。高于额定值的工作状态称为过载，过载会使电气设备或电

路元件的温度过高，绝缘材料老化，寿命缩短甚至可能造成设备和人身事故。

**【例 1-5】**　有一标有"100 Ω，4 W"字样的电阻器，求其额定电压和额定电流。

**解**　由式(1-17)可得

$$U_N = \sqrt{P_N R} = \sqrt{4 \times 100}\ V = 20\ V$$

$$I_N = \frac{U_N}{R} = \frac{20}{100}\ A = 0.2\ A$$

### 2. 电路的工作状态

电路一般有三种工作状态，即负载状态、短路状态、开路状态。下面以如图 1-14 所示最简单的直流电路为例分别给予说明。

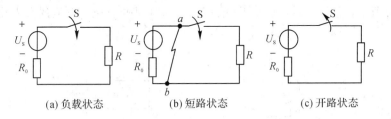

(a) 负载状态　　　　　(b) 短路状态　　　　　(c) 开路状态

图 1-14　电路的三种工作状态

（1）负载状态。

在图 1-14(a)所示的电路中，当开关 S 闭合后，电源与负载构成闭合回路，电源处于有载工作状态，也称负载状态或通路状态，电路中有电流流过。

（2）短路状态。

在图 1-14(b)所示的电路中，当电位不同的 a、b 两点间被导线相连时，电阻(负载)R 被短路，a、b 间导线称为短路线，短路线中的电流称为短路电流。

短路可分为有用短路和故障短路。有时为了满足电路工作的某种需要，可以将局部电路(如某一电路元件或某一仪表等)短路(称为短接)，或按技术要求对电源设备进行短路试验，这些都属于有用短路。而故障短路则往往是意外的原因导致的短路，此类短路会造成电路中电流过大，使电路无法正常工作，严重时会产生事故，应尽量防止。

（3）开路状态。

在图 1-14(c)所示的电路中，开关 S 断开或电路中某处断开，电路就被切断，电路中没有电流流过，此时的电路状态称为开路。开路又称为断路，断开的两点间的电压称为开路电压。

开路也分为正常开路和故障开路。如不需要电路工作时，把电源开关断开为正常开路。而灯丝烧断、导线断裂等产生的开路为故障开路，它使电路不能正常工作。

## 1.6　电压源和电流源

实际电路中需要使用各种各样的电源。常用的直流电源有干电池、蓄电池、直流发电机、直流稳压电源和直流稳流电源等。常用的交流电源有电力系统提供的正弦交流电源、交流稳压电源和能够产生多种波形的各种信号发生器等。在电路理论中，任何一个实际电源都可以用电压源或电流源这两种模型来表示。

### 1. 电压源

1）理想电压源

为便于描述，以下分析以直流电压源为例。假设流过一个二端元件的电流无论为何值，其两端的电压 $U_S$ 总是保持不变或者按给定的时间函数 $u_S(t)$ 变化，则此二端元件称为理想电压源，也称为独立电压源。

电压保持常量的电压源称为恒定电压源或直流电压源；电压随时间变化的电压源称为时变电压源。电压随时间周期性变化且平均值为零的时变电压源，称为交流电压源。

如图 1-15(a)所示为理想直流电压的图形符号。理想直流电压源的伏安特性曲线如图 1-15(b)所示，它是一条与横轴平行的直线，表明其端电压与电流的大小及方向无关。

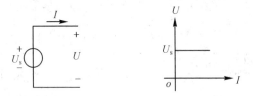

(a) 理想电压源的图形符号　　(b) 理想电压源的伏安特性曲线

图 1-15　理想直流电压源的图形符号及其伏安特性曲线

理想电压源具有如下几个性质：

（1）理想电压源的端电压是常数 $U_S$ 或按给定的时间函数 $u_S(t)$ 变化，与流过该电源的电流无关。

（2）理想电压源的输出电流和输出功率取决于外电路，由其端电压和外电路共同确定。

（3）将端电压不相等的理想电压源并联或将端电压不为零的理想电压源短路，都是没有意义的，如图 1-16 所示。

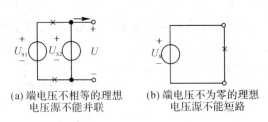

(a) 端电压不相等的理想　　　(b) 端电压不为零的理想
　　电压源不能并联　　　　　　电压源不能短路

图 1-16　理想电压源的性质

2）实际电压源模型

理想电压源是从实际电源中抽象出来的理想化元件，在实际中是不存在的。因为任何实际电源总是存在内阻，像发电机、干电池、直流发电机等实际电源内部必然存在着功率损耗。当一个实际的电压源在其内部功率损耗不能忽略时，可以用一个理想电压源和一个电阻的串联组合来近似模拟，此模型称为实际电压源模型。如图 1-17(a)所示就是实际直流电压源的电路模型，其中 $R_0$ 称为实际电压源的内阻。实际电压源的内阻越小，就越接近理想电压源，理想电压源的内阻为零。

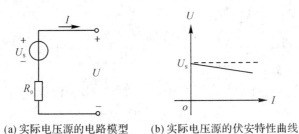

(a) 实际电压源的电路模型　　(b) 实际电压源的伏安特性曲线

图 1-17　实际直流电压源电路模型及其伏安特性曲线

实际电压源的伏安关系为

$$U = U_s - IR_0 \qquad\qquad (1-18)$$

式(1-18)中，电压 $U$ 也为实际电压源的端电压。实际电压源的伏安特性曲线如图 1-17(b)所示，不难看出，流过实际电压源的电流(亦即输出电流)越大，电源的端电压(即提供给外电路的电压)就越小。

**2. 电流源**

1) 理想电流源

为便于描述，以下分析以直流电流源为例。如果一个二端元件的电压无论为何值，其输出电流保持常量 $I_s$ 或按给定时间函数 $i_s(t)$ 变化，则此二端元件称为理想电流源，也称独立电流源。

电流保持常量的电流源称为恒定电流源或直流电流源；电流随时间变化的电流源，称为时变电流源。电流随时间周期变化且平均值为零的时变电流源称为交流电流源。

如图 1-18(a)所示是理想直流电流源的图形符号，箭头表示理想电流源的参考方向。理想直流电流源的伏安特性曲线如图 1-18(b)所示，它是一条平行于纵轴的直线，表明其输出电流与端电压的大小无关。

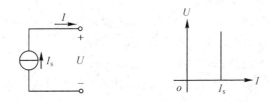

(a) 理想电流源的图形符号　　(b) 理想电流源的伏安特性曲线

图 1-18　理想电流源的图形符号及其伏安特性曲线

理想电流源具有如下几个性质：

(1) 理想电流源的输出电流是常数 $I_s$，与端电压无关。

(2) 理想电流源的端电压和输出功率取决于外电路，电压是可以改变的，由其电流和外电路共同确定。

(3) 将输出电流不相等的理想电流源串联或将输出电流不为零的理想电流源开路，都是没有意义的，如图 1-19 所示。

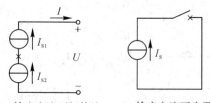

(a) 输出电流不相等的          (b) 输出电流不为零的
理想电流源不能串联          理想电流源不能开路

图 1-19  理想电流源的性质

2) 实际电流源模型

理想电流源也是从实际电源中抽象出来的理想化元件,在实际中是不存在的。例如电池这类实际电源,其内部总会存在一定的功率损耗。实际电流源可以用一个理想电流源和一个电阻的并联组合来近似模拟,此模型称为实际电流源模型,如图 1-20(a)所示,其中 $R_0'$ 称为电源内阻。实际电流源内阻越大,越接近理想电流源,理想电流源的内阻为无穷大。

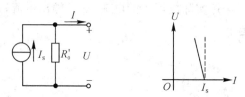

(a) 实际电压源的图形符号 (b) 实际电压源的伏安特性曲线

图 1-20  实际电流源模型及其伏安特性曲线

实际电流源的伏安特性为

$$I = I_{\mathrm{s}} - \frac{U}{R_0'} \tag{1-19}$$

其伏安特性曲线如图 1-20(b)所示。

【例 1-6】  利用理想电压源和理想电流源的特性,试将如图 1-21(a)、图 1-21(b)所示电路分别简化为单一电源支路。

解   在图 1-21(a)图中,从 $a$、$b$ 两点看,电路对外提供的电压恒定为 3 V,而对外提供的电流取决于负载,与 2 A 的电流源没有关系,因此图 1-21(a)所示电路可以等效为一个电压为 3 V 的直流理想电压源,如图 1-22(a)所示。

在图 1-21(b)图中,从 $a$、$b$ 两点看,电路对外提供的电流恒定为 2 A,而对外提供的电压则取决于负载,与 3 V 的理想电压源没有关系,因此图 1-21(b)所示电路可以等效为一个电流为 2 A 的直流理想电流源,如图 1-22(b)所示。

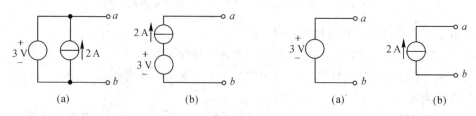

(a)                (b)                       (a)                (b)

图 1-21  简化前电源支路        图 1-22  简化后的单一电源支路

**【例 1 - 7】**　试求如图 1 - 23(a)所示中流过电压源的电流 $I$ 和如图 1 - 23(b)所示中电流源两端的电压 $U$。

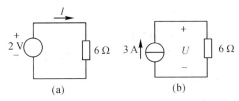

图 1 - 23　求流过电压源的电流和电流源两端的电压

**解**　（1）图 1 - 23(a)所示电路中流过电压源的电流也是流过 6 Ω 电阻的电流，所以流过电压源的电流为

$$I = \frac{U_s}{R} = \frac{2}{6} A = \frac{1}{3} A$$

（2）图 1 - 23(b)所示电路中电流源两端的电压也是加在 6 Ω 电阻两端的电压，所以电流源的电压为

$$U = I_s R = 3 \times 6 \ V = 18 \ V$$

# 1.7　基尔霍夫定律

基尔霍夫定律是德国物理学家基尔霍夫（Kirchhoff Gustav Robert，1824 － 1887）提出的。电路分析的任务就是根据电路模型，在已知电路结构及元件参数的条件下，列写电路中各部分电压与电流之间的关系式，求解出各段电路的电压值和电流值。电路分析的基本依据是两类约束关系：一类是元件特性的约束关系（即元件的伏安特性），另一类是与电路的连接方式有关的约束关系（即基尔霍夫定律）。根据电路的结构和参数以及预先假设的支路电压、电流的名称和参考方向，列出反映这两类约束关系的 KCL（基尔霍夫电流定律）、KVL（基尔霍夫电压定律）和 VCR（欧姆定律）方程，然后求解这些方程就能求出各支路电压和电流的值。简单来说，电路分析的关键就在于根据基尔霍夫定律和电路元件的伏安特性列出电路方程。

**1. 电路的支路、节点、回路和网孔**

（1）支路。电路中一段没有分支的电路称为一条支路。在如图 1 - 24 所示电路名词定义示意图中，$bcde$、$be$、$bafe$ 都是支路。含有电源的支路称为含源支路，不含电源的支路称为无源支路。每条支路至少由一个电路元件构成，同一条支路中有且只有一个电流流过。

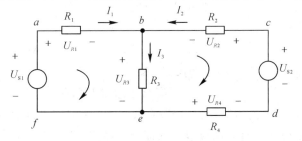

图 1 - 24　电路名词定义示意图

（2）节点。三条或三条以上支路的连接点称为节点。在如图 1-24 所示电路各词定义示意图中，$b$ 点和 $e$ 点是节点，而 $a$、$c$、$d$、$f$ 点都不是节点。

（3）回路。电路中任意一个闭合的路径都是一个回路。在如图 1-24 所示电路名词定义示意图中，$bcdeb$、$abefa$、$abcdefa$ 都是回路。

（4）网孔。内部不含有支路的回路（即没有被支路穿过的回路）称为网孔。在如图 1-24 所示电路名词定义示意图中，回路 $bcdeb$、$abefa$ 是网孔，而回路 $abcdefa$ 则不是网孔。

**2. 基尔霍夫电流定律（KCL）**

基尔霍夫电流定律也称为基尔霍夫第一定律，英文缩写为 KCL，它描述了电路中任一节点上各支路电流之间的约束关系。其内容是：任一时刻，流入电路中任一节点的电流之和等于流出该节点的电流之和。数学表达式为

$$\sum I_\text{入} = \sum I_\text{出} \qquad\qquad (1-20)$$

以图 1-24 为例，节点 $b$ 的电流方程为：$I_1 + I_2 = I_3$。

值得注意的是，KCL 中所提到的电流的"流入"与"流出"，均以电流的参考方向为准，而不论其实际方向如何。

若将式（1-20）右边部分移至左边，KCL 方程可改写为

$$\sum I = 0 \qquad\qquad (1-21)$$

也就是说，如果流入节点的电流取"+"，流出节点的电流取"−"，在任一时刻，对电路中任一节点而言，其电流的代数和恒等于零。式（1-20）和式（1-21）是基尔霍夫电流定律的两种表达形式。

【例 1-8】 在如图 1-25 所示电路中，已知 $I_1 = 2\ \text{A}$，$I_2 = 3\ \text{A}$，$I_5 = 6\ \text{A}$，试求该电路中的未知电流。

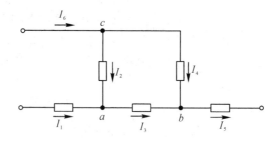

图 1-25 求电路中的未知电流

**解** 由 KCL 定律（基尔霍夫电流定律）可知：

对节点 $a$ 有：$I_3 = I_1 + I_2 = (2+3)\text{A} = 5\ \text{A}$。

对节点 $b$ 有：$I_5 = I_4 + I_3$，可知 $I_4 = I_5 - I_3 = (6-5)\text{A} = 1\ \text{A}$。

对节点 $c$ 有：$I_6 = I_4 + I_2 = (1+3)\text{A} = 4\ \text{A}$。

在应用 KCL（基尔霍夫电流定律）时，应当注意以下几点：

（1）KCL（基尔霍夫电流定律）具有普遍意义，它不仅适用于电路中的节点，还可推广应用于电路中任意假想的闭合曲面所包围的部分电路（广义节点）。图 1-26 为一常见的三极管放大电路，其 e、b、c 分别为三极管的发射极、基极、集电极，其电流分别为 $I_e$、$I_b$、

$I_c$，若用一假想的闭合曲面将三极管包围起来(如图中虚线所示)，则在图示电流参考方向情况下，应用 KCL(基尔霍夫电流定律)可得：$I_e = I_c + I_b$。

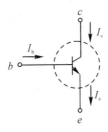

图 1-26  基尔霍夫电流定律(KCL)的推广

(2) KCL(基尔霍夫电流定律)适用于电路中的任一节点，若电路中有 $n$ 个节点，即可列出 $n$ 个节点电流方程，但其中只有 $(n-1)$ 个方程是独立的。

(3) KCL(基尔霍夫电流定律)不但适用于直流电路，而且也适用于交流电路。

**3. 基尔霍夫电压定律(KVL)**

基尔霍夫电压定律也称为基尔霍夫第二定律，英文缩写为 KVL，它描述了电路中任一回路上各元件两端电压之间的约束关系。其内容是：任一时刻，在电路中任一闭合回路上各段电压的代数和恒等于零。数学表达式为

$$\sum U = 0 \tag{1-22}$$

在应用 KVL(基尔霍夫电压定律)时，需要注意以下几点：

(1) 应用 KVL(基尔霍夫电压定律)列回路电压方程时会涉及两种方向：一是电路各元件上电压的参考方向，电阻元件常选择关联参考方向，电压源以"+"极指向"−"极为其参考方向；二是回路的绕行方向，可选顺时针绕行或逆时针绕行。凡某个元件两端电压的参考方向与回路绕行方向一致时，该电压取正；而当电压参考方向与回路绕行方向相反时，该电压取负。以图 1-24 为例，回路 $abefa$ 的电压方程为：$-U_{S1} + U_{R1} + U_{R3} = 0$。

(2) KVL(基尔霍夫电压定律)不仅适用于闭合回路，而且可推广应用于电路中的任意未闭合回路，但列写回路电压方程时，必须将开路处电压列入方程。

如图 1-27 所示为某电路的一部分，$a$、$b$ 两点间没有闭合，设回路绕行方向为顺时针，由 KVL(基尔霍夫电压定律)可得

$$U_{ab} + U_{S2} - U_{R2} - U_{S1} - U_{R1} = 0$$

$$U_{ab} = -U_{S2} + U_{R2} + U_{S1} + U_{R1} = \sum_i U_i \tag{1-23}$$

由式(1-23)可见，$a$，$b$ 两点间电压等于从其正极 $a$ 出发到其负极 $b$ 路径上的各元件电压 $U_i$ 按照"遇正取正，遇负取负"的规则所得到的代数和。利用式(1-23)可以很方便地计算电路中任意两点之间的电压值。

(3) KVL(基尔霍夫电压定律)不但适用于直流电路，而且同样适用于交流电路。

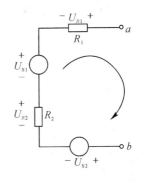

图 1-27  基尔霍夫电压定律
(KVL)的推广

**【例 1-9】** 在如图 1-28 所示的电路中，已知 $U_{S1}=100$ V，$U_{S2}=150$ V，$R_1=20$ Ω，$R_2=40$ Ω，$R_3=25$ Ω，$R_4=15$ Ω，试求电路中的电流 $I$ 及 $a$、$b$ 两点间的电压 $U_{ab}$。

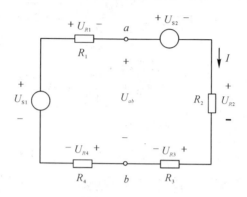

图 1-28 求电路中的电流 $I$ 及 $a$、$b$ 两点间的电压 $U_{ab}$

**解** 设回路绕行方向与回路电流参考方向一致，由 KVL（基尔霍夫电压定律）列回路电压方程如下：

$$-U_{S1}+U_{R1}+U_{S2}+U_{R2}+U_{R3}+U_{R4}=0$$

即

$$-U_{S1}+IR_1+U_{S2}+IR_2+IR_3+IR_4=0$$

因此

$$I=\frac{U_{S1}-U_{S2}}{R_1+R_2+R_3+R_4}=\frac{100-150}{20+40+25+15}\text{A}=-0.5 \text{ A}$$

$$U_{ab}=U_{S2}+U_{R2}+U_{R3}=U_{S2}+IR_2+IR_3$$
$$=[150+(-0.5)\times40+(-0.5)\times25]\text{V}=117.5 \text{ V}$$

或

$$U_{ab}=-U_{R1}+U_{S1}-U_{R4}=-IR_1+U_{S1}-IR_4$$
$$=[-(-0.5)\times20+100-(-0.5)\times15]\text{V}=117.5 \text{ V}$$

**【例 1-10】** 在如图 1-29 所示的电路中，已知 $U_{S1}=3$ V，$U_{S2}=18$ V，$U_{S3}=6$ V，$R_1=1$ Ω，$R_2=4$ Ω，$R_3=3$ Ω，试求 $a$，$b$ 两点间的电压 $U_{ab}$。

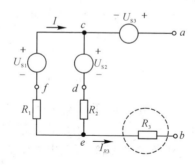

图 1-29 求 $a$，$b$ 两点间的电压 $U_{ab}$ 的电路

**解** 围绕 $R_3$ 画一假想的封闭曲面，如图 1-29 所示。由 KCL 定律可知，流过电阻 $R_3$ 的电流和为零，因此，只有回路 $cdefc$ 中有电流流过。设该电流参考方向与回路绕行方向

一致，均为顺时针方向，由 KVL 可得

$$U_{S2}+IR_2+IR_1-U_{S1}=0$$

所以

$$I=\frac{U_{S1}-U_{S2}}{R_1+R_2}=\frac{3-18}{1+4}A=-3\ A$$

$$U_{ab}=U_{S3}+U_{S2}+IR_2+I_{R3}R_3=[6+18+(-3)\times4+0]V=12\ V$$

或

$$U_{ab}=U_{S3}+U_{S1}-IR_1+I_{R3}R_3=[6+3-(-3)\times1+0]V=12\ V$$

由上面两例可以看出，求任意两点之间的电压与所选择的路径无关。

【例 1-11】　电路如图 1-30 所示，已知 $U_{S1}=10\ V$，$I_{S1}=1\ A$，$I_{S2}=3\ A$，$R_1=2\ \Omega$，$R_2=1\ \Omega$。求电压源和各电流源的功率。

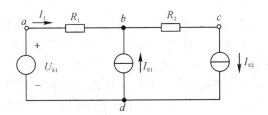

图 1-30　求电压源和各电流源的功率电路

**解**　由 KCL（基尔霍夫电流定律）得

$$I_1=I_{S2}-I_{S1}=(3-1)A=2\ A$$

根据 KVL（基尔霍夫电压定律）和 VCR（欧姆定律）可得

$$U_{bd}=-R_1I_1+U_{S1}=(-2\times2+10)V=6\ V$$

$$U_{cd}=-R_2I_{S2}+U_{bd}=(-1\times3+6)V=3\ V$$

因为流过电压源 $U_{S1}$ 的电流 $I_1$ 的参考方向与电压源两端电压的参考方向为非关联参考方向，所以电压源 $U_{S1}$ 功率为

$$P=-U_{S1}I_1=(-10\times2)W=-20\ W（输出\ 20\ W）$$

同理，电流源 $I_{S1}$ 和 $I_{S2}$ 的功率分别为

$$P_1=-U_{bd}I_{S1}=(-6\times1)W=-6\ W（输出\ 6\ W）$$

$$P_2=U_{cd}I_{S2}=(3\times3)W=9\ W（吸收\ 9\ W）$$

# 1.8　受　控　源

前面介绍的电压源和电流源都是独立源，即电源参数是一定的。在电子线路中还会遇到另一类电源，它们的电源参数受电路中其他部分电压或电流的控制，称为受控源。

独立源与受控源在电路中的作用不同。独立源作为电路的输入，反映了外界因素对电路的作用；受控源表示电路中某一元件所发生的物理现象，它反映了电路中某处电压或电流对另一处电压或电流的控制情况。

与独立源类似，受控源也有电压源与电流源之分。根据控制量是电压还是电流，受控源可分为四种类型：电压控制电压源（VCVS）、电压控制电流源（VCCS）、电流控制电压源（CCVS）、电流控制电流源（CCCS）。

为了区别于独立源，受控源采用菱形符号，四种受控源的电路模型如图 1-31 所示。

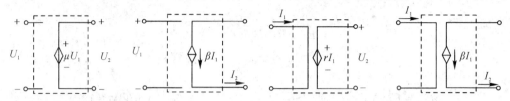

(a) 电压控制电压源(VCVS)　(b) 电压控制电流源(VCCS)　(c) 电流控制电压源(CCVS)　(d) 电流控制电流源(CCCS)

图 1-31　受控源的四种模型

在受控源模型中，$\mu$、$g$、$r$、$\beta$ 称为控制系数，它们反映了控制量对受控源的控制能力。其定义分别为：

$\mu = U_2/U_1$，称为电压径制电压想的转移电压比或电压放大系数，无量纲；

$g = I_2/U_1$，称为电压控制电流源的转移电导，具有电导的量纲；

$r = U_2/I_1$，称为电流控制电压源的转移电阻，具有电阻的量纲；

$\beta = I_2/I_1$，称为电流控制电流源的转移电流比或电流放大系数，无量纲。

值得注意的是：受控源主要用来在电子线路中模拟电子器件的信号传输关系，它与独立源有完全不同的电路特性；独立源是电路的输入，为电路提供电压和电流；受控源虽然有电源的形式，但本质上不同于独立源，一旦控制量消失，受控源的电压或电流也就不存在了。

# 复习与思考题

1-1　什么是电路？电路由哪几个基本部分组成？各部分的作用是什么？

1-2　什么是电路模型？电路模型与电路图这两个名词之间有什么关系？

1-3　为什么要在电路中规定电流的参考方向？参考方向的选择与电流的正、负有什么关系？

1-4　请描述电压、电位二者之间的异同。

1-5　在如图 1-32 所示电路中，已知 $U = -10$ V，试问 $a$、$b$ 两点中哪点电位高？

1-6　在如图 1-33 电路中，电流、电压的参考方向已标明，且 $U_1 = 3$ V，$U_2 = 2$ V，$U_3 = -4$ V，$U_4 = -1$ V，$U_5 = 6$ V，$I_1 = 4$ A，$I_2 = -2$ A，$I_3 = 2$ A。试在图中标出各电压的实际极性和各电流的实际方向。

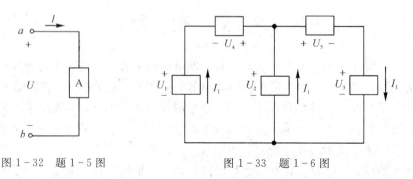

图 1-32　题 1-5 图　　　　　　　　　图 1-33　题 1-6 图

1-7　某段电阻值为 10 Ω 的导体，现把它拉长为原来的两倍，其阻值变为多少？若把它对折后使用，其阻值又变为多少？

1-8　如图 1-34 所示电路中已给定电压和电流的参考方向，试求电流 $I$ 的值。

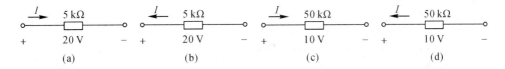

图 1-34　题 1-8 图

1-9　根据电压、电流参考方向的不同，欧姆定律有哪两种表达形式？如何选用？

1-10　在分析电路时，若计算出某电阻元件两端的功率为负，则该电阻元件是输出功率还是吸收功率？

1-11　在如图 1-35 所示电路中，三个电阻吸收的功率之和等于多少？

1-12　在如图 1-36 所示电路中，已知 $U=-10$ V，$I=2$ A，试问元件 A 是电源还是负载？

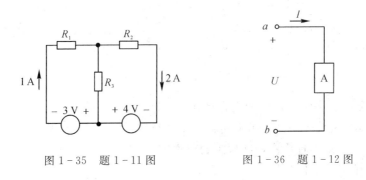

图 1-35　题 1-11 图　　　　　　图 1-36　题 1-12 图

1-13　一个额定值为"220 V，60 W"的灯泡正常使用多长时间消耗 1 度电？

1-14　电路的工作状态通常有哪三种？

1-15　一只量程为 100 μA，内阻为 100 kΩ 的电流表能否直接接到 24 V 电源的两端？为什么？

1-16　额定值分别为"110 V，60 W"和"110 V，40 W"的两个灯泡，可否串联起来后接到 220 V 的电源上工作？为什么？

1-17　某电阻标称"510 Ω，1/2 W"，其允许通过的电流是多少？

1-18　某供电线路中保险丝的熔断电流为 5 A，现将额定值为"220 V，100 W"的用电器接入线路，试问保险丝是否会熔断？若接入额定值为"220 V，1500 W"的空调，结果如何？

1-19　在如图 1-37 所示的各电路中，电压 $U$ 和电流 $I$ 各为多少？根据结果能得出什么结论？

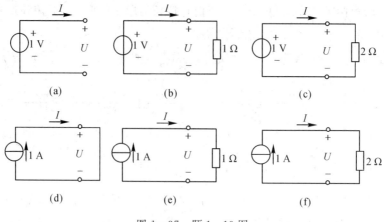

图 1-37 题 1-19 图

1-20 在如图 1-38 所示的各电路中，电压 $U$ 和电流 $I$ 各为多少？

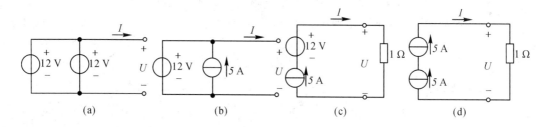

图 1-38 题 1-20 图

1-21 基尔霍夫电流定律的内容是什么？请说出它的适用范围。

1-22 若电路中有 $n$ 个节点，可以列出几个有效的 KCL 方程？

1-23 KCL 如何推广应用在假想的节点上？

1-24 基尔霍夫电压定律的内容是什么？

1-25 KVL（基尔霍夫电压定律）方程如何推广应用在没有闭合的电路中？如何用来求解任意两点间的电压？

1-26 在如图 1-39 所示电路中各有几个节点？几个网孔？列写出各个节点的节点电流方程以及各个网孔的回路电压方程。

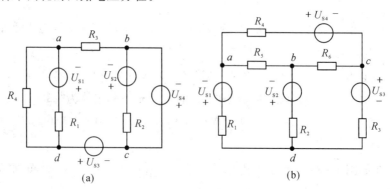

图 1-39 题 1-26 图

1-27　直流电流通过一段导线，已知 1 s 内从该导线 $a$ 端到 $b$ 端通过横截面的电荷为 1C。(1) 如果通过导线的电荷为正电荷，试求 $I_{ab}$ 和 $I_{ba}$；(2) 如果通过导线的电荷为负电荷，试求 $I_{ab}$ 和 $I_{ba}$。

1-28　求如图 1-40 所示电路的 $U_{ab}$。

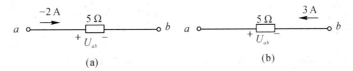

图 1-40　题 1-28 图

1-29　某电路中有 $a$、$b$、$c$ 三点，若 $U_{ab} = -8$ V，$U_{ca} = 3$ V。(1) 试比较 $a$、$b$、$c$ 三点电位的高低；(2) 设 $V_a = 0$ V，求 $V_b$ 和 $V_c$。

1-30　在如图 1-41 电路中，已知：$V_a = 15$ V，$V_b = -10$ V，$V_c = 20$ V，以 $d$ 点为参考点，试求 $U_{ab}$、$U_{bc}$、$U_{ac}$。

1-31　计算如图 1-42 所示电路中开关 S 打开及闭合时：(1) $a$ 点的电位；(2) $b$ 点的电位；(3) $a$、$b$ 两点间的电压 $U_{ab}$。

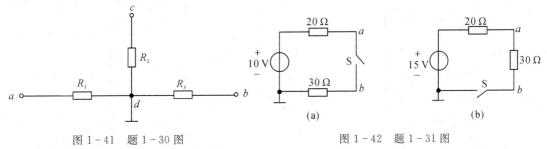

图 1-41　题 1-30 图　　　　　　　　图 1-42　题 1-31 图

1-32　试计算如图 1-43 电路中各元件的功率，并说明该元件是吸收功率(负载)还是输出功率(电源)?

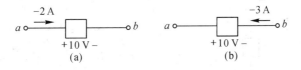

图 1-43　题 1-32 图

1-33　试计算如图 1-44 电路中各元件的功率，说明各元件是吸收功率还是输出功率，并核算电路的功率平衡。

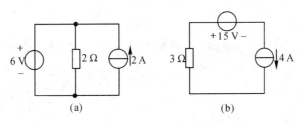

图 1-44　题 1-33 图

1-34　化简如图 1-45 所示电路为等效电压源或电流源。

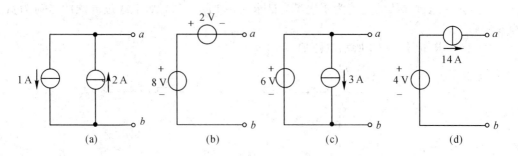

图 1-45　题 1-34 图

1-35　如图 1-46(a)所示为一个二端元件,当它的端口电压、电流分别具有如图 1-46(b)、(c)所示伏安特性曲线时,它们分别等效为一个什么元件?

1-36　电路如图 1-47 所示,有 4 条支路在节点 $a$ 处相连,求电流 $i_4$。

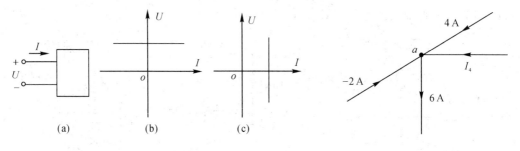

图 1-46　题 1-35 图　　　　　　　　图 1-47　题 1-36 图

1-37　电路如图 1-48 所示,求电压 $U$。

1-38　电路如图 1-49 所示,求 $U_2$ 和 $U$。

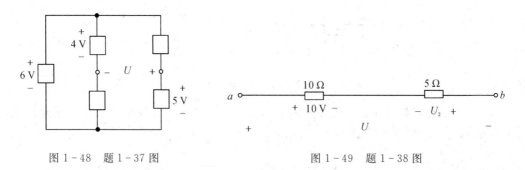

图 1-48　题 1-37 图　　　　　　　　图 1-49　题 1-38 图

1-39　在如图 1-50 所示电路中,已知 $U=10\ \text{V}$,试求 $I_1$、$I_2$ 和 $I$。

1-40　电路如图 1-51 所示,求 $U_{ab}$。

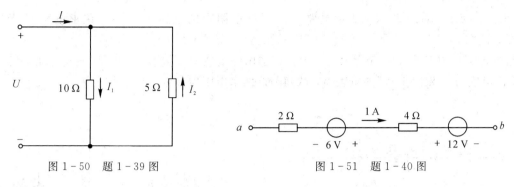

图 1-50　题 1-39 图　　　　　　　　　图 1-51　题 1-40 图

1-41　在如图 1-52 所示电路中，已知 $U=9$ V，试求 $I_1$ 和 $I$。

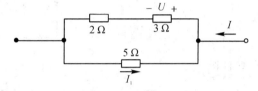

图 1-52　题 1-41 图

1-42　试写出如图 1-53 所示电路的伏安特性关系。

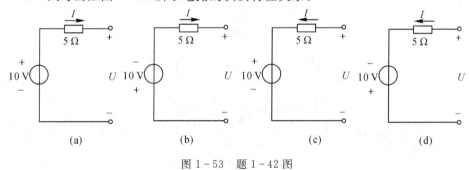

(a)　　　　　　　　(b)　　　　　　　　(c)　　　　　　　　(d)

图 1-53　题 1-42 图

1-43　在如图 1-54 所示电路中，当 $I$ 为 1 A 时，试求各电路 $a$、$b$ 两端的电压 $U_{ab}$。

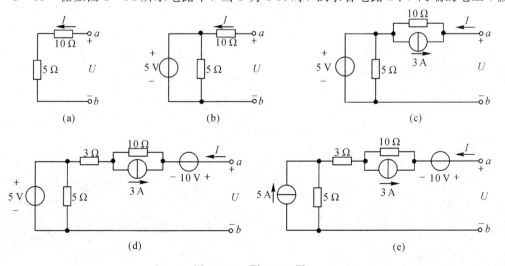

(a)　　　　　　　　　　(b)　　　　　　　　　　(c)

(d)　　　　　　　　　　　　　　(e)

图 1-54　题 1-43 图

1-44 在如图 1-55 所示电路中，15 Ω 电阻上的电压为 30 V，试求电阻 $R$ 及电压 $U_{ab}$。

1-45 在如图 1-56 所示电路中，$R_1$ 选用额定值为"100 Ω，1.96 W"的电阻器，$R_2$ 选用额定值为"1 kΩ，1 W"的电阻器，试判断这两个电阻器在电路中能否正常工作。

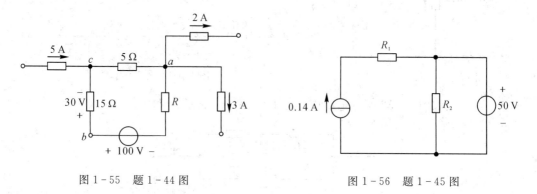

图 1-55 题 1-44 图          图 1-56 题 1-45 图

1-46 在如图 1-57 所示电路中，已知：$U_{CC}=12$ V，$R_b=200$ kΩ，$R_c=5$ kΩ，$U_{be}=0.6$ V，$I_c=50I_b$。试求 $I_b$、$I_c$ 和 $I_e$。

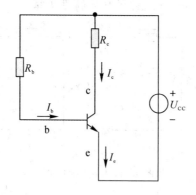

图 1-57 题 1-46 图

# 项目 2　直流电路的分析计算

电路分析的任务就是根据电路模型，在已知电路结构及元件参数的条件下，通过列写电路的 KVL 方程、KCL 方程和各元件的伏安特性来求解电路中各支路上的电压值和电流值。本项目从电路的等效化简方法入手，逐步介绍直流电路的基本分析方法，并建立对较复杂的线性电阻电路的通用分析方法；通过对简单的电阻串联分压电路和电阻并联分流电路的讨论，介绍直流电阻串联的分压公式和电阻并联的分流公式的连接形式及其基本分析计算方法。

## 2.1　电阻的串联与并联及分压与分流公式

在电路中，电阻的连接形式是多种多样的，其中最简单和常见的是电阻的串联连接、电阻的并联连接及电阻的混联连接。本节通过对电阻串联电路和电阻并联电路特点的讨论，推导出电阻串联的分压公式和电阻并联的分流公式，并举例说明它们在电路化简和分析中的作用。

**1. 电阻的串联及分压公式**

1）电阻的串联

两个或者两个以上电阻可依次连接成一段没有分支的电路，这种连接方式称为电阻的串联，如图 2-1(a)所示。

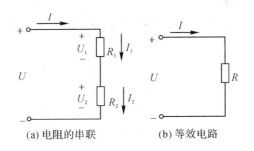

(a) 电阻的串联　　　　　　(b) 等效电路

图 2-1　电阻的串联及其等效电路

2）串联电阻电路的特点

(1) 根据 KCL(基尔霍夫电流定律)可知，各串联电阻中流过的电流相同，即

$$I = I_1 = I_2 \tag{2-1}$$

(2) 根据 KVL(基尔霍夫电压定律)可知，串联电阻电路两端的总电压等于各电阻两端的电压之和，即

$$U = U_1 + U_2 \tag{2-2}$$

（3）串联电阻电路的总电阻（即串联等效电阻）$R$ 等于各串联电阻的阻值之和，这一特点常用于电路的等效化简。如图 2-1(b)所示电路就是图 2-1(a)所示电路的等效电路。

因为 $U=U_1+U_2$，也就是

$$IR=I_1R_1+I_2R_2$$

利用式（2-1）可知

$$R=R_1+R_2 \tag{2-3}$$

可见，电阻串联的总阻值总是越串越大。

（4）分压公式。串联电阻电路能够将一个较大的电压分成为若干个较小的电压之和，每个串联电阻两端的电压与其阻值的大小成正比，阻值越大的电阻分得的电压也越高，也就是说大电阻会分得高电压，即

$$\begin{cases} U_1=I_1R_1=IR_1=\dfrac{R_1}{R_1+R_2}U \\[2mm] U_2=I_2R_2=IR_2=\dfrac{R_2}{R_1+R_2}U \end{cases} \tag{2-4}$$

串联电阻电路的这一特性称为串联电阻电路的分压特性。串联电阻电路的分压特性在实际电路中得到了广泛应用，比如在万用表中常用来扩大电压表的量程。

（5）串联电阻电路消耗的总功率等于各个被串联的电阻消耗的功率之和。因为

$$P=I^2R=I^2(R_1+R_2)=I_1^2R_1+I_2^2R_2$$

所以

$$P=P_1+P_2 \tag{2-5}$$

【例 2-1】　如图 2-2 所示为某万用表直流电压挡等效电路，其表头内阻 $R_g=2500\ \Omega$，满偏电流 $I_g=100\ \mu A$，现要将表头量程扩大为 $U_1=2.5\ V$，$U_2=50\ V$，$U_3=250\ V$，$U_4=500\ V$，试求所需串联的分压电阻 $R_1$、$R_2$、$R_3$、$R_4$ 的阻值。

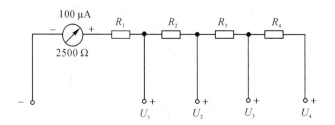

图 2-2　某万用表直流电压挡等效电路

**解**　由于

$$U_{R1}=U_1-U_g=U_1-I_gR_g, \quad I_{R1}=I_g=I$$

所以

$$R_1=\frac{U_{R1}}{I_{R1}}=\frac{U_1-I_gR_g}{I_g}=\frac{2.5-100\times10^{-6}\times2500}{100\times10^{-6}}\Omega=2.25\times10^4\ \Omega$$

同理可得

$$R_2=\frac{U_{R2}}{I_{R2}}=\frac{U_2-U_1}{I_g}=\frac{50-2.5}{100\times10^{-6}}\Omega=4.75\times10^5\ \Omega$$

$$R_3 = \frac{U_{R3}}{I_{R3}} = \frac{U_3 - U_2}{I_g} = \frac{250 - 50}{100 \times 10^{-6}} \Omega = 2 \times 10^6 \, \Omega$$

$$R_4 = \frac{U_{R4}}{I_{R4}} = \frac{U_4 - U_3}{I_g} = \frac{500 - 250}{100 \times 10^{-6}} \Omega = 2.5 \times 10^6 \, \Omega$$

**2. 电阻的并联及分流公式**

1）电阻的并联

若将两个或两个以上电阻的两端分别连接在两个公共节点之间形成电路，这种连接方式称为电阻的并联，如图 2-3(a) 所示。

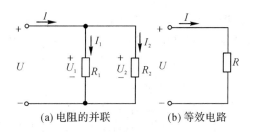

(a) 电阻的并联                 (b) 等效电路

图 2-3    电阻的并联及其等效电路

2）并联电阻电路的特点

（1）每个并联电阻两端的电压相等，即

$$U = U_1 = U_2 \tag{2-6}$$

（2）由 KCL（基尔霍夫电流定律）可知，流过并联电阻电路的总电流等于流过每个并联电阻的分电流之和，即

$$I = I_1 + I_2 \tag{2-7}$$

（3）并联电路的等效电阻（总电阻）阻值的倒数等于每个并联电阻阻值的倒数之和。因为

$$I = I_1 + I_2$$

即

$$\frac{U}{R} = \frac{U_1}{R_1} + \frac{U_2}{R_2}$$

根据式（2-6），可得

$$\frac{1}{R} = \frac{1}{R_1} + \frac{1}{R_2} \tag{2-8}$$

或

$$R = R_1 /\!/ R_2 = \frac{R_1 R_2}{R_1 + R_2} \tag{2-9}$$

可见，电阻并联的总阻值是越并越小。

（4）分流公式。与电阻的串联电路类似，电阻并联电路可以将一个较大的电流分成若干个较小的电流之和，流过各并联电阻的电流与它们各自的阻值成反比，即

$$I_1 = \frac{U_1}{R_1} = \frac{U}{R_1} = \frac{R}{R_1} I = \frac{R_2}{R_1 + R_2} I$$

$$I_2 = \frac{U_2}{R_2} = \frac{U}{R_2} = \frac{R}{R_2}I = \frac{R_1}{R_1+R_2}I \qquad (2-10)$$

并联电阻的这一特性称为并联电阻电路的分流特性。并联电阻电路的分流特性在实际电路中也得到了广泛应用，比如在万用表中常用来扩大电流表的量程。

（5）并联电阻电路消耗的总功率等于各个并联电阻消耗的功率之和。因为

$$P = \frac{U^2}{R} = \frac{U^2}{R_1} + \frac{U^2}{R_2}$$

所以

$$P = P_1 + P_2 \qquad (2-11)$$

**【例 2-2】** 现有一内阻 $R_g = 2500\ \Omega$，满偏电流 $I_g = 100\ \mu A$ 的表头，电路如图 2-4 所示，欲将表头量程扩大为 $I_1 = 1\ A$，$I_2 = 10\ mA$，$I_2 = 1\ mA$ 三挡，求所需并联的分流电阻 $R_1$、$R_2$、$R_3$ 的阻值。

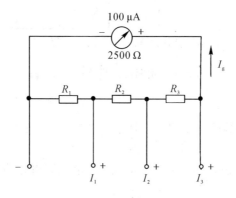

图 2-4　内阻 $R_g = 2500\ \Omega$，满偏电流 $I_g = 100\ \mu A$ 的表头电路

**解**　由分流公式

$$I_g = \frac{R}{R+R_g}I$$

可得

$$R = \frac{I_g R_g}{I - I_g}$$

则有

$$R = R_1 + R_2 + R_3 = \frac{I_g R_g}{I_3 - I_g} = \frac{100 \times 10^{-6} \times 2500}{1 \times 10^{-3} - 100 \times 10^{-6}}\ \Omega \approx 278\ \Omega$$

$$R_1 = \frac{I_g(R_g + R)}{I_1} = \frac{100 \times 10^{-6} \times (2500 + 278)}{1}\ \Omega \approx 0.278\ \Omega$$

$$R_2 = \frac{I_g(R_g + R)}{I_2} - R_1 = \left[\frac{100 \times 10^{-6} \times (2500 + 278)}{10 \times 10^{-3}} - 0.278\right]\ \Omega = 27.5\ \Omega$$

$$R_3 = \frac{I_g(R_g + R)}{I_3} - (R_1 + R_2)$$

$$= \left[\frac{100 \times 10^{-6} \times (2500 + 278)}{1 \times 10^{-3}} - (0.278 + 27.5)\right]\ \Omega = 250\ \Omega$$

## 2.2　实际电压源与实际电流源的等效变换

前面介绍了一个实际电源的电压源模型和电流源模型。在电路分析中，通常需要借助实际电压源模型与实际电流源模型之间的等效变换来化简和分析电路。依据电路等效原理，两种实际电源模型可以等效变换的条件是其端口处电压与电流的关系（即伏安特性）完全相同，也就是说，当它们对应的端口上具有相同的电压时，端口电流也必然相等。

如图 2-5(a)为实际电压源模型，其端口处的电压、电流关系为

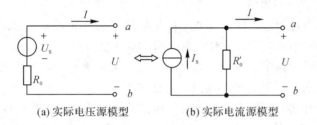

(a) 实际电压源模型　　　　(b) 实际电流源模型

图 2-5　实际电源模型间的等效变换

$$U = U_s - IR_0 \tag{2-12}$$

图 2-5(b)为实际电流源模型，其端口处的电压、电流关系为

$$I = I_s - \frac{U}{R_0'} \tag{2-13}$$

由式(2-13)可得

$$U = I_s R_0' - IR_0' \tag{2-14}$$

比较式(2-13)和式(2-14)，得出

$$U_s = I_s R_0'$$
$$R_0 = R_0' \tag{2-15}$$

式(2-15)就是实际电压源模型和实际电流源模型等效变换条件。等效变换电路时应注意电压源与电流源的参考方向的标注。

【例 2-3】　试将如图 2-6(a)所示的电压源模型转换为电流源模型；将如图 2-6(b)所示的电流源模型转换为电压源模型。

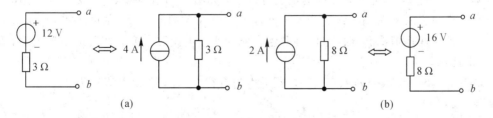

图 2-6　电流源模型和电压源模型互换电路图

**解**　在图 2-6(a)中，将实际电压源模型转换为电流源模型，即有

$$I_s = \frac{U_s}{R_0} = \frac{12}{3} A = 4 \ A$$

$$R'_0 = R_0 = 3 \ \Omega$$

注意：电流源的参考方向如图 2-6(a)所示。

在图 2-6(b)中，将实际电流源模型转换为电压源模型，即有

$$U_S = I_S R'_0 = 2 \times 8 \ \text{V} = 16 \ \text{V}$$

$$R_0 = R'_0 = 8 \ \Omega$$

注意：电压源的参考方向如图 2-6(b)所示。

两种实际电源模型等效变换时应注意以下几个问题：

(1) 要注意等效电源的极性，因为它们供给外电路的电流方向相同，故电压源从参考负极到参考正极的方向与电流源电流的参考方向应一致。

(2) 两种实际电源模型之间的等效变换是指外部端口处伏安特性的等效，即两个等效电源外电路的电压、电流相等，但对电源内部是不等效的。

(3) 理想电压源的内阻为零，理想电流源的内阻为无穷大，不可能满足等效条件，所以理想电压源与理想电流源之间不能进行等效变换。

利用两种实际电源模型间的等效变换，可以简化电路的分析与计算。

【例 2-4】 试用实际电压源与实际电流源间的等效变换原理，求图 2-7(a)电路中的电流 $I$。

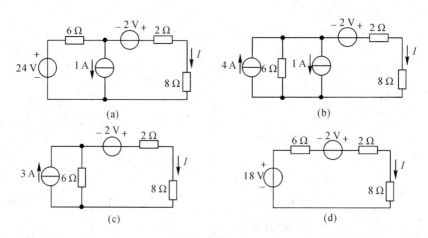

图 2-7 求电路中电流的电路图

**解** (1) 将 24 V 电压源变换为电流源模型，如图 2-7(b)所示。

(2) 将并联的 4 A 和 1 A 电流源合并成为一个 3 A 的电流源，如图 2-7(c)所示。

(3) 将 3 A 电流源和 6 Ω 电阻并联组合成的实际电流源变换为实际电压源模型，如图 2-7(d)所示。

(4) 根据图 2-7(d)列 KVL(基尔霍夫电流定律)方程，求得电流 $I$ 为

$$I = \frac{18+2}{6+2+8} \ \text{A} = \frac{5}{4} \ \text{A}$$

# 2.3 支 路 电 流 法

以支路电流为未知量(待求量)，利用基尔霍夫定律列出方程式，解出各待求支路电流

的方法，称为支路电流法。

下面通过实例来说明用支路电流法求电路各支路电流的步骤。

**【例 2-5】**　在如图 2-8 所示电路中，已知 $U_{S1}=18$ V，$U_{S2}=9$ V，$R_1=1$，$R_2=1$，$R_3=4$，试用支路电流法求各支路电流 $I_1$、$I_2$、$I_3$。

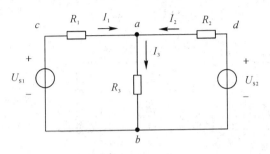

图 2-8　用支路电流法求各支路电流的电路图

**解**　观察图 2-8 所示电路有两个节点、3 条支路、两个网孔。

（1）假设各支路电流的参考方向如图 2-8 所示。

（2）列 KCL（基尔霍夫电流定律）方程：若有 $n$ 个节点，则可列出 $(n-1)$ 个独立的 KCL 方程。

对节点 $a$ 有：

$$I_1+I_2=I_3$$

（3）列 KVL（基尔霍夫电压定律）方程：若有 $b$ 条支路，可列出 $[b-(n-1)]$ 个 KVL 方程，为简单起见，通常选定网孔回路列方程。

对网孔 $abca$ 有：

$$I_3R_3-U_{S1}+I_1R_1=0$$

对网孔 $adba$ 有：

$$-I_2R_2+U_{S2}-I_3R_3=0$$

（4）代入已知参数，联立求解 KCL、KVL 方程组，求出待求的各支路电流值。

代入已知数值，得

$$\begin{cases} I_1+I_2=I_3 \\ 4I_3-18+I_1=0 \\ -I_2+9-4I_3=0 \end{cases}$$

解之，得：$I_1=5$ A，$I_2=-3$ A，$I_3=3$ A。

## 2.4　叠 加 定 理

叠加是线性系统普遍适用的原理。电路分析中的叠加定理是线性电路的基本定理，反映了线性电路中电路响应与激励之间的叠加特性。叠加定理的具体内容是：在线性电路中，有多个理想电源（独立电源）同时作用时，流过某支路的电流或该支路两端的电压，等于各个理想电源单独作用时在该支路上所产生的电流或电压的代数和（叠加）。

在应用叠加定理时，应尽量保持电路结构不变。所谓电源单独作用，是指电路中的某一个电源作用而其他电源不作用。不作用的理想电压源用短路($U_s=0$)线代替；不作用的理想电流源，则作断路($I_s=0$)处理。

下面举例说明应用叠加定理求解电路的过程。

**【例2-6】** 在如图2-9(a)所示的电路中，已知$I_s=6$ A，$U_s=24$ V，$R_1=8$ Ω，$R_2=4$ Ω，试用叠加定理求电流$I_1$、$I_2$及电阻$R_2$上的功率$P_{R2}$。

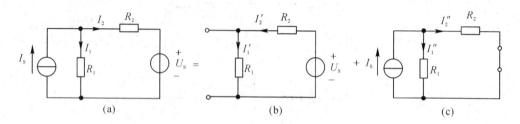

图2-9　用叠加定理求电流及功率的电路图

**解**　(1) 画出各电源单独作用时的分解电路，如图2-9(b)、图2-9(c)所示。

(2) 在分解电路中求出各理想电源单独作用时的待求电流值。

在图2-9(b)中，当$U_s=24$ V理想电压源单独作用时，有

$$I_1'=I_2'=\frac{U_s}{R_1+R_2}=\frac{24}{8+4}\text{A}=2\text{ A}$$

在图2-9(c)中，当$I_s=4$ A理想电流源单独作用时，有

$$I_1''=\frac{R_2}{R_1+R_2}I_s=\frac{4}{8+4}\times6\text{ A}=2\text{ A}$$

$$I_2''=\frac{R_1}{R_1+R_2}I_s=\frac{8}{8+4}\times6\text{ A}=4\text{ A}$$

(3) 分别将各理想电源单独作用时的结果进行叠加。

利用总量与分量参考方向之间的关系，可以得到两个电源同时作用于电路时电路各支路的电流值为

$$I_1=I_1'+I_1''=(2+2)\text{A}=4\text{ A}$$

$$I_2=(-I_2')+I_2''=(-2+4)\text{A}=2\text{ A}$$

电阻$R_2$上的功率$P_{R2}$应该在图2-9(a)所示电路中去求解，即

$$P_{R2}=I_2^2R_2=2^2\times4\text{ W}=16\text{ W}$$

应用叠加定理可以将一个复杂的电路分解成几个简单的电路，然后将这些简单电路的计算结果综合叠加起来，便可求得原复杂电路中的电流值和电压值。

应用叠加定理分析、计算电路时，应注意以下几点：

(1) 叠加定理只适用于分析、计算含有多个理想电源的线性电路中的电流和电压，由于功率或能量与电流或电压的平方有关，属非线性关系，所以叠加定理不适用于分析、计算功率或能量。

(2) 叠加定理反映的是电路中理想电源所产生的作用，而不是实际电源所产生的作用，所以在画分解电路时，实际电源的内阻必须保留在原位。

（3）叠加时要注意原电路与分解电路中各电流和电压的参考方向之间的关系。当分解电路中待求的电压或电流的参考方向与原电路中待求的电压或电流的参考方向一致时，该分量取正，反之，取负。

# 2.5　戴 维 南 定 理

在电路分析中，通常需要计算某一支路的电流值。为了简化不必要的电流计算，常用等效电源的方法，把待求电流的支路单独划出来计算，而电路的其余部分就成为一个有源的二端网络。有源二端网络也就是含有理想电源（独立电源）的线性二端电路。

若某电路只有两个接线端钮与外电路相连，则该电路称为二端网络，如图 2-10 所示。网络内部含有理想电源时，称为有（含）源二端网络；网络内部不含独立电源时，称为无源二端网络。二端网络端口上的电流、电压分别称为端口电流、端口电压。

若一个二端网络的端口电压与端口电流的关系（即二端网络端口处的伏安关系）和另一个二端网络的端口电压与端口电流的关系相同时，那么这两个二端网络对外电路而言是等效的，即互为等效网络。在电路分析中，常用一个结构简单的等效网络代替较复杂的网络，以简化电路分析。

法国电信工程师戴维南通过大量实验研究了复杂电路的等效化简问题后提出，任何线性有源二端网络都可以用一个理想电压源与一个电阻相串联（即实际电压源模型）来等效代替戴维南定理，如图 2-11 所示。其中理想电压源的电压等于该有源二端网络的开路电压 $U_{OC}$，串联电阻等于该网络中所有电源都不作用（即理想电压源短路，理想电流源断开）时的等效内阻 $R_0$。

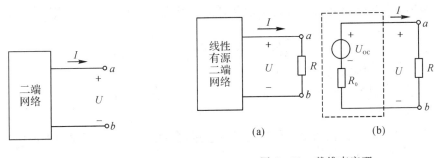

图 2-10　二端网络　　　　　　图 2-11　戴维南定理

戴维南定理给出了一个非常重要的电路分析方法，特别是在分析、计算电路中某一指定支路的电流、电压时，此方法往往能使分析计算大为简化。当把一个有源二端网络等效成一个实际电压源模型后，复杂电路就变成了简单的单回路电路。由于戴维南定理的核心就是将一个线性有源二端网络等效为一个实际的电压源，所以戴维南定理又称为等效电压源定理。

下面通过实例说明应用戴维南定理求解电路问题的规律和步骤。

【例 2-7】　在如图 2-12(a) 所示电路中，已知 $I_S = 2$ A，$U_1 = 8$ V，$R_1 = 2$ Ω，$R_2 = 10$ Ω，试用戴维南定理求流过 $R_2$ 的电流。

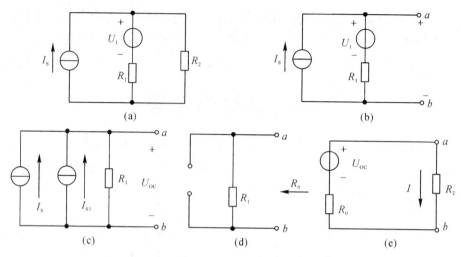

图 2 - 12　用戴维南定理求电流的电路图

**解**　（1）先移开待求支路，使原电路形成开路状态。假设两个端钮的名称为 $a$、$b$，该两端的电压极性是 $a$ 端为"＋"，$b$ 端为"－"，如图 2 - 12(b)所示。

（2）求 $a$、$b$ 两端的开路电压 $U_{OC}$，如图 2 - 12(c)所示，即有

$$I_{S1} = \frac{U_1}{R_1} = \frac{8}{2} \text{A} = 4 \text{ A}$$

$$U_{OC} = U_{ab} = (I_S + I_{S1})R_1 = (2+4) \times 2 \text{ V} = 12 \text{ V}$$

（3）从 $a$、$b$ 两端向二端网络看进去，并使二端有源网络内所有的电压源短路、电流源开路后，求等效电阻 $R_0$，如图 2 - 12(d)所示。即有

$$R_0 = R_{ab} = R_1 = 2 \text{ } \Omega$$

（4）画出戴维南等效电路，并将先前移开的待求支路接在 $a$、$b$ 两端之间，如图 2 - 12(e)所示。

（5）利用戴维南等效电路中求出待求量，如图 2 - 12(e)所示。

应用戴维南定理应注意以下几点：

（1）戴维南定理只适用于线性有源二端网络，若有源二端网络内含有非线性元件，则不能应用戴维南定理。

（2）等效是对外电路而言的，戴维南等效电路与线性有源二端网络内部的电压、电流、功率等并不等效。

（3）在画戴维南等效电路时，等效电路中电压源的参考极性应与有源二端网络开路电压参考极性一致。

# 2.6　最大功率传输定理

在测量、电子和信息工程系统中，常会遇到电阻负载如何从电源获得最大功率的问题。这类问题也可以借助戴维南定理来分析。在如图 2 - 13(a)所示的电路中，有源二端网络可用实际电压源模型即戴维南等效电路来代替(图 2 - 13(b)所示)。当所接负载 $R_L$ 不同时，有源二端网络传输给负载的功率亦即负载从有源二端网络获得的功率就会不同。那

么，对于给定的有源二端网络，当负载 $R_L$ 为多大时从有源二端网络获得的功率最大？所获得的最大功率应为多少？这正是最大功率传输定理要解决的问题。

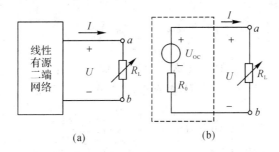

图 2-13 确定负载获得最大功率的条件的电路图

下面通过分析来回答这两个问题。

图 2-13(b)中负载 $R_L$ 所获功率的表达式为

$$P_L=I^2R_L=\frac{U_{OC}^2}{(R_0+R_L)^2}R_L=\frac{U_{OC}^2R_L}{(R_0-R_L)^2+4R_0R_L}=\frac{U_{OC}^2}{\dfrac{(R_0-R_L)^2}{R_L}+4R_0}$$

由上式可以看出，在有源二端网络内部结构及参数一定的条件下，该有源二端网络的戴维南等效电路中的 $U_{OC}$ 和 $R_0$ 是定值，那么要使负载 $R_L$ 获得的功率 $P_L$ 最大，则应使

$$R_L=R_0 \tag{2-16}$$

此时负载 $R_L$ 获得的最大功率为

$$P_{max}=\frac{U_{OC}^2}{4R_0} \tag{2-17}$$

所以，可得出结论：负载从含有理想电源(独立源)的二端网络获得最大功率的条件是负载电阻 $R_L$ 等于该二端网络的等效内阻 $R_0$。这个结论就是最大功率输出定理。

在工程上，电路满足最大功率传输条件 $R_L=R_0$ 时，称为最大功率匹配或者阻抗匹配。

【例 2-8】 在图 2-14 所示的电路中，已知 $U_S=24$ V，$R_0=3$ Ω，试求 $R_L$ 分别为 1 Ω、3 Ω、9 Ω 时负载获得的功率及电源的效率。

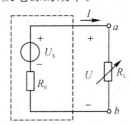

图 2-14 求负载获得的功率及电源的效率

**解** (1) 当 $R_L=1$ Ω 时，有

$$I=\frac{U_S}{R_0+R_L}=\frac{24}{3+1}A=6\ A$$

$$P_L=I^2R_L=6^2\times1\ W=36\ W$$

$$P_{U_S}=-IU_S=-6\times24\ W=-144\ W$$

$$\eta = \left| \frac{P_{\mathrm{L}}}{P_{U_{\mathrm{S}}}} \right| = \left| \frac{36}{-144} \right| = 25\%$$

（2）当 $R_{\mathrm{L}} = 3\ \Omega$ 时，有

$$I = \frac{U_{\mathrm{S}}}{R_0 + R_{\mathrm{L}}} = \frac{24}{3+3}\,\mathrm{A} = 4\ \mathrm{A}$$

$$P_{\mathrm{L}} = I^2 R_{\mathrm{L}} = 4^2 \times 3\ \mathrm{W} = 48\ \mathrm{W}$$

$$P_{U_{\mathrm{S}}} = -I U_{\mathrm{S}} = -4 \times 24\ \mathrm{W} = -96\ \mathrm{W}$$

$$\eta = \left| \frac{P_{\mathrm{L}}}{P_{U_{\mathrm{S}}}} \right| = \left| \frac{48}{-96} \right| = 50\%$$

（3）当 $R_{\mathrm{L}} = 9\ \Omega$ 时，有

$$I = \frac{U_{\mathrm{S}}}{R_0 + R_{\mathrm{L}}} = \frac{24}{3+9}\,\mathrm{A} = 2\ \mathrm{A}$$

$$P_{\mathrm{L}} = I^2 R_{\mathrm{L}} = 2^2 \times 9\ \mathrm{W} = 36\ \mathrm{W}$$

$$P_{U_{\mathrm{S}}} = -I U_{\mathrm{S}} = -2 \times 24\ \mathrm{W} = -48\ \mathrm{W}$$

$$\eta = \left| \frac{P_{\mathrm{L}}}{P_{U_{\mathrm{S}}}} \right| = \left| \frac{36}{-48} \right| = 75\%$$

此例验证了最大功率传输条件。

比较例 2-8 中的三种情况可以发现，当负载获得最大功率时，电源的效率并不是最大而只有 50%，也就是说电源产生的功率有一半被电源内部电阻消耗掉了。应当注意，在电力系统中要求尽可能地提高电源的效率，以便更充分地利用能源，因而不能采用阻抗匹配条件。但在测量、电子和信息工程中，往往注重的是从微弱信号中获得最大功率，并不看重电源效率的高低，因此，常用最大功率传输条件使负载与信号源之间实现阻抗匹配。

实际电路中阻抗匹配的例子很多，如：音响系统中，要求功率放大器与音箱扬声器间满足阻抗匹配；电视接收系统中，要求电视机接收端子与输入同轴电缆间满足阻抗匹配。在负载电阻与电源内阻不等情况下，为了实现阻抗匹配，往往需要在负载与电源（信号源）之间接入阻抗变换器。

## 2.7　电路中电位的计算

**1. 电位的计算方法**

在电路分析中，特别是在电子线路的分析与计算中，常利用电位分析法判断电路的工作状态及故障所在。根据电位的定义，计算电路中某点的电位实际上就是计算该点与参考点之间的电压。因此，电位的计算可以根据电路的具体结构形式，灵活采用前面几节介绍的电路分析计算方法。

**【例 2-9】**　在图 2-15(a)所示电路中，已知 $U_1 = 21\ \mathrm{V}$，$U_2 = 12\ \mathrm{V}$，$R_1 = 3\ \Omega$，$R_2 = 6\ \Omega$，$R_3 = 2\ \Omega$，$R_4 = 6\ \Omega$，试求 $a$、$b$、$c$、$d$ 各点的电位。

**解**　（1）在图 2-15(a)中，利用电压和电位的关系分别求 $a$、$b$ 点的电位。

$$V_a = U_{aO} = U_1 = 21\ \mathrm{V}$$

$$V_b = U_{bO} = -U_2 = -12\ \mathrm{V}$$

（2）先利用电源等效变换原理，将图 2-15(a)所示的电路化简为图 2-15(b)及图 2-15(c)所示的电路，再求 $c$，$d$ 点的电位。

$$I_{S2}=\frac{U_2}{R_2}=\frac{12}{6}\text{A}=2\text{ A}, \quad R_2'=R_2=6\ \Omega$$

$$I_S=I_{S1}-I_{S2}=(7-2)\text{A}=5\text{ A}$$

$$R'=R_1'\ /\!/\ R_2'=3\ /\!/\ 6\ \Omega=2\ \Omega$$

$$V_c=U_{cO}=I_S[R'\ /\!/\ (R_3+R_4)]=5\times[2\ /\!/\ (2+6)]\text{V}=8\text{ V}$$

$$V_d=U_{dO}=\frac{R_4}{R_3+R_4}V_c=\frac{6}{2+6}\times8\text{ V}=6\text{ V}$$

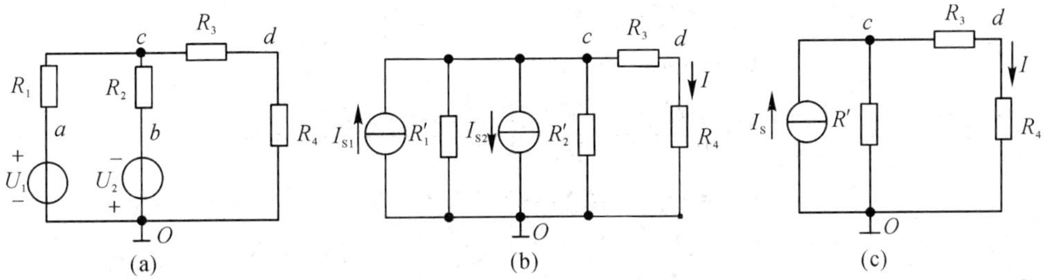

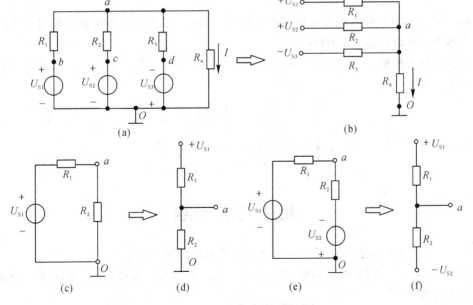

图 2-15　求各点的电位电路图

## 2. 电子线路的习惯画法(简化画法)

电子线路中有一种利用电位的习惯画法，即电压源不再用图形符号表示。例如如果理想电压源的一端接地(参考点)，就只需在这个理想电压源的非接地端处标出其电位的极性和数值即可，如图 2-16 所示。

图 2-16　电子线路的习惯画法

【例 2-10】　在图 2-17(a)所示电路中，已知 $U_{S1}=10$ V，$U_{S2}=5$ V，$R_1=7\ \Omega$，$R_2=8\ \Omega$，试求 $V_a$、$V_b$、$V_c$ 及 $U_{ac}$。

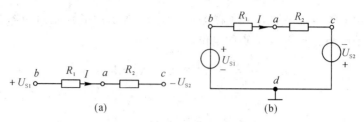

图 2-17　求电压的电路图

**解**　先将图 2-17(a)电路改画为一般电路，如图 2-17(b)所示。$d$ 点为电源公共端，并选为参考点。很显然有

$$V_b = U_{S1} = 10 \text{ V}$$

$$V_c = -U_{S2} = -5 \text{ V}$$

$$I = \frac{U_{bc}}{R_1 + R_2} = \frac{V_b - V_c}{R_1 + R_2} = \frac{10 - (-5)}{7 + 8} \text{A} = 1 \text{ A}$$

$$U_{ac} = U_{R2} = IR_2 = 1 \times 8 \text{ V} = 8 \text{ V}$$

$$V_a = U_{ad} = U_{ac} + V_c = [8 + (-5)] \text{V} = 3 \text{ V}$$

**【例 2-11】**　电路如图 2-18(a)所示。开关 S 断开后，试求电流 $I$ 和 $b$ 点的电位。

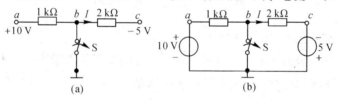

图 2-18　求电流和电位的电路图

**解**　图 2-18(a)所示电路是电子电路的习惯画法，即不画出电压源的符号，只标出极性和对参考点的电压值，即电位值。

用相应的电压源来代替电位，画出如图 2-18(b)所示电路，由此可求得开关 S 断开时的电流 $I$，即

$$I = \frac{10 + 5}{1 + 2} \text{mA} = \frac{15}{3} \text{mA} = 5 \text{ mA}$$

再根据 KVL(基尔霍夫电压定律)求得 $b$ 点的电位，即

$$V_b = U_{bc} - 5 = (2 \times 5 - 5) \text{V} = 5 \text{ V}$$

# 复习与思考题

2-1　为什么说串联电阻是越串越大，并联电阻是越并越小？

2-2　要把一个额定电压为 24 V，电阻为 240 Ω 的指示灯接到 36 V 电源中使用，应串联多大电阻？

2-3　在一根电阻丝两端加上一定电压后，通过的电流是 0.4 A，把这根电阻丝对折并拧在一起后，再接到原来的电压上，此时流过电阻丝的电流变为多少？

2-4　用分压公式求如图 2-19(a)所示电器中的电压 $U_1$ 和 $U_2$；用分流公式求如图

2-19(b)所示电器中的电流 $I_1$ 和 $I_2$。

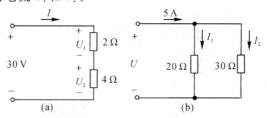

图 2-19　题 2-4 图

2-5　三个电阻并联，它们的电阻分别为 $R_1=2\ \Omega$，$R_2=R_3=4\ \Omega$，设总电流为 5 A，试求总电阻 $R$，总电压 $U$ 及各条支路上的电流 $I_1$、$I_2$、$I_3$。

2-6　有两个电阻并联，$R_1=2\ \Omega$，$R_2=3\ \Omega$，已知 $R_1$ 上消耗的功率 $P_1=18$ W，那么 $R_2$ 上消耗的功率 $P_2$ 为多少？

2-7　理想电压源与实际电压源的区别是什么？

2-8　理想电流源与实际电流源的区别是什么？

2-9　理想电压源与理想电流源之间能否进行等效互换？

2-10　实际电压源与实际电流源在进行等效互换时，其电源方向如何确定？

2-11　支路电流法是根据什么定律列方程的？

2-12　若电路中有 $b$ 条支路，$n$ 个节点，则可以列几个 KCL 方程？几个 KVL 方程？

2-13　叠加定理适用于什么电路？

2-14　能否用叠加定理求解电路中各元件上的功率？

2-15　什么是二端网络？什么是有源二端网络？

2-16　戴维南定理适用的条件是什么？

2-17　求戴维南定理等效电阻 $R_0$ 时，二端网络中的电压源和电流源如何处理？

2-18　某有源二端网络，测得其开路电压为 100 V，短路电流为 10 A，当外接 10 $\Omega$ 负载电阻时，负载电流为多少？

2-19　什么叫阻抗匹配？阻抗匹配的条件是什么？

2-20　什么情况下要阻抗匹配？什么情况下要尽量回避阻抗匹配？

2-21　负载在什么条件下获得最大功率？最大功率如何求解？此时电源的效率等于多少？

2-22　将如图 2-20 所示的电路电源画出，并标出电位参考点。

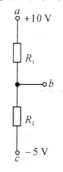

图 2-20　题 2-22 图

2-23　请将如图 2-21 所示电路改画成用电位表示的电路图。

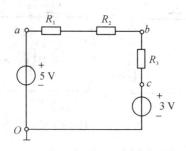

图 2-21　题 2-23 图

2-24　在如图 2-22 所示电路中，已知 $U_{S1}=10$ V，$R_1=2$ Ω，$R_2=8$ Ω，试求下列三种情况下的 $U_2$ 和 $I_1$：(1) $R_3=8$ Ω；(2) $R_3=\infty$(开路)；(3) $R_3=0$(短路)。

2-25　在如图 2-23(a)所示电路中，若 $R_1=\infty$(开路)，则 $U_1=$? 在如图 2-23(b)所示电路中，若 $R_1=0$，则 $I_1=$?

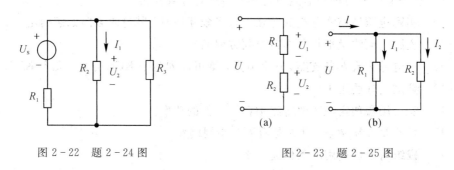

图 2-22　题 2-24 图　　　　　　　图 2-23　题 2-25 图

2-26　试求如图 2-24 所示各电路中 $a$、$b$ 两端的等效电阻 $R_{ab}$。

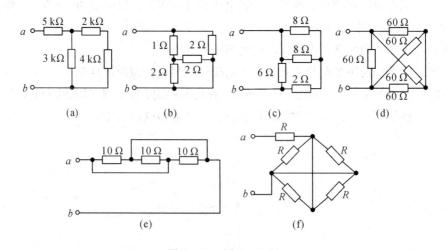

图 2-24　题 2-26 图

2-27　在如图 2-25 所示电路中，已知 $R_1=5$ Ω，两个安培表的读数分别为 $I=3$ A，$I_1=2$ A，试求 $I_2$ 及 $R_2$ 的值。

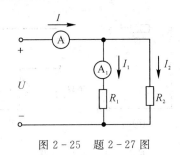

图 2-25　题 2-27 图

2-28　某万用表电流挡及电压挡的连接电路如图 2-26 所示，已知表头内阻 $R_g=280\ \Omega$，$I_g=0.6\ \text{mA}$，试求 $R_1$、$R_2$、$R_3$、$R_4$、$R_5$、$R_6$。

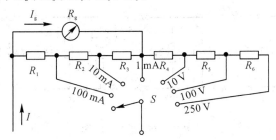

图 2-26　题 2-28 图

2-29　电路如图 2-27 所示，试证明：（1）当 $R_0 \ll R_L$ 时，$U \approx U_S$；（2）当 $R_0 \gg R_L$ 时，$I \approx U_S/R_0$。然后根据以上两个结论说明：若电路要求输出恒定电压时，电源内阻 $R_0$ 应满足什么条件？若电路要求输出恒定电流时，电源内阻 $R_0$ 又应满足什么条件？

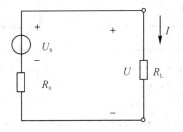

图 2-27　题 2-29 图

2-30　将如图 2-28 所示各电路化为最简电压源。

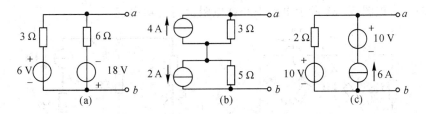

图 2-28　题 2-30 图

2-31　求如图 2-29 所示各电路的等效电流源模型。

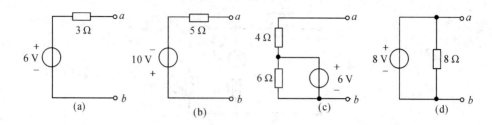

图 2 - 29　题 2 - 31 图

2 - 32　求如图 2 - 30 所示各电路的等效电压源模型。

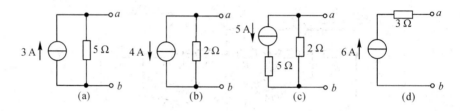

图 2 - 30　题 2 - 32 图

2 - 33　将如图 2 - 31 所示各电路等效为电压源模型或电流源模型。

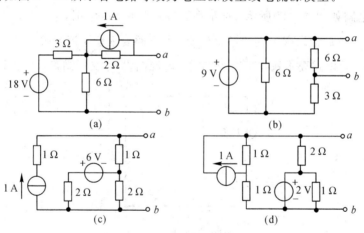

图 2 - 31　题 2 - 33 图

2 - 34　列出用支路电流法求解如图 2 - 32 所示电路中各支路电流所需要的方程。

2 - 35　求如图 2 - 33 所示电路中 6 Ω 电阻消耗的功率。

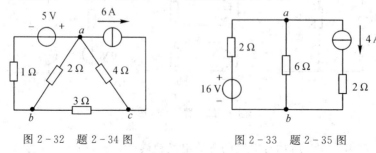

图 2 - 32　题 2 - 34 图　　　　　图 2 - 33　题 2 - 35 图

2-36  在如图 2-34 所示电路中,试用支路电流法求各支路电流。

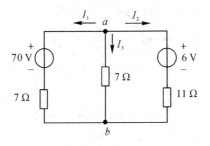

图 2-34  题 2-36 图

2-37  试用叠加原理求如图 2-35 所示电路中的电流 $I$。

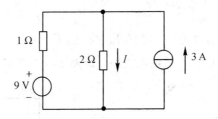

图 2-35  题 2-37 图

2-38  试用叠加原理求图 2-36 所示电路中的电流 $I$。

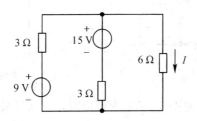

图 2-36  题 2-38 图

2-39  试求如图 2-37 所示电路的戴维南等效电路。

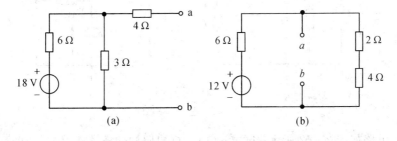

图 2-37  题 2-39 图

2-40  在图 2-38 所示电路中,G 为检流计,其内阻 $R_g = 2\,\text{k}\Omega$,试用戴维南定理求检流计中流过的电流 $I_g$。

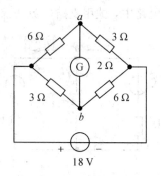

图 2-38　题 2-40 图

2-41　在图 2-39 所示电路中，若在 $aa'$、$bb'$ 处分别断开时，求断开处网络的戴维南等效电路。

2-42　在图 2-40 所示电路中，已知 $I_S=2$ A，$U_S=8$ V，$R_1=6$ Ω，$R_2=4$ Ω，$R_3=10$ Ω。试问 $R_L$ 为何值时，它能获得最大功率？最大功率为多少？

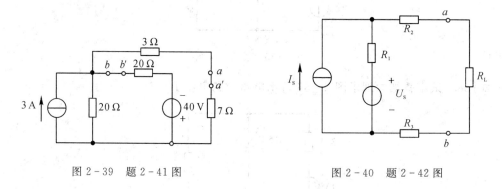

图 2-39　题 2-41 图　　　　　　　　　图 2-40　题 2-42 图

2-43　在图 2-41 所示电路中，$R_L$ 为何值时才能获得最大功率？求出最大功率。

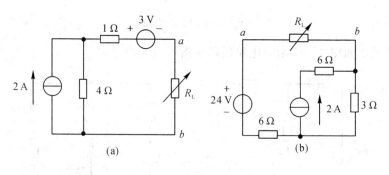

图 2-41　题 2-43 图

2-44　电路如图 2-42 所示，试求：(1) 2 Ω 电阻中的电流 $I$ 及 $U_{ab}$；(2) 若用导线将 $a$、$b$ 两点短接，计算 $U_{ab}$，这时 2 Ω 电阻中的电流 $I$ 有何变化？为什么？

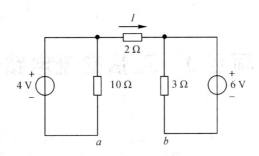

图 2-42　题 2-44 图

2-45　求如图 2-43 所示电路中 $a$ 点的电位 $V_a$ 和 $a$、$b$ 两点间的电压 $U_{ab}$。

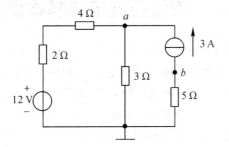

图 2-43　题 2-45 图

2-46　试求如图 2-44 所示电路中 $a$ 点的电位 $V_a$。

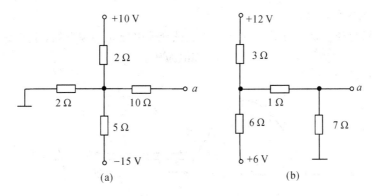

(a)　　　　　　　　　(b)

图 2-44　题 2-46 图

# 项目3　正弦交流电路

交流电被广泛应用于生产和生活中，如电视机、电冰箱、空调等家用电器均使用交流电；即使是电解、电镀、电信等行业需要的直流电，也大多是由交流电转换得到的。通常使用的交流电为正弦交流电，因此，分析正弦交流电路是电工技术领域中比较重要的部分。

## 3.1　正弦交流电的基本概念

广义上将大小和方向随着时间做周期性变化，且在一个周期内平均值为零的时变电压或电流称为交流电压或交流电流，简称交流电。而将随时间按正弦规律变化的交流电压或交流电流称为正弦交流电。正弦交流电是使用最为广泛的一种交流电，所以，工程上所说的交流电如无特殊声明都是指正弦交流电，用 AC 或 ac 表示。常用正弦函数表达式和波形图来表示正弦电压和电流，也可以用相量的形式来表示正弦电压和电流。之所以用不同的方法来表示正弦交流电的电压和电流，是为了在不同的情况下使正弦交流电路的分析与计算变得更加简单明了。

在电路分析中，正弦量可以用正弦函数或余弦函数表示，本书采用正弦函数的形式来表示正弦交流电压和电流。

以正弦交流电压为例，如图 3-1 所示为正弦交流电压 $u$ 的波形图，其正弦函数表达式为

$$u = U_m \sin(\omega t + \psi) \tag{3-1}$$

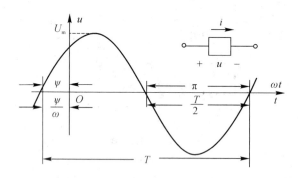

图 3-1　正弦交流电压波形图

式（3-1）反映了正弦交流电压在不同时刻有不同的量值，是时间 $t$ 的函数，所以也称之为正弦交流电压的瞬时值表达式。

由式（3-1）可以看出，正弦交流电压的特征表现在其量值的大小、变化的快慢和起始状态（起点）三个方面，分别由正弦交流电压的最大值 $U_m$、角频率 $\omega$，和初相位 $\psi$ 来确定。因此，将最大值 $U_m$、角频率 $\omega$ 和初相位 $\psi$ 称为正弦交流电压的三要素。只要确定了一个正弦量即正弦交流电压或电流的三要素，一个正弦交流电就被完全确定了，进而可以写出其

瞬时值表达式和画出其波形图。反过来说,正弦交流电(正弦量)的瞬时值表达式或波形图确定后,它的最大值、角频率、初相位也就唯一地被确定了。事实上,通过基础数学分析可知,正弦量的三要素包含了正弦量的全部信息,因此,对正弦交流电路的分析就必然集中在对交流电压和交流电流的三要素的分析上。

**1. 正弦量的瞬时值、最大值、周期、频率和角频率**

1) 瞬时值和最大值

正弦量在任一时刻的值称为瞬时值,用小写字母表示。如 $u$ 和 $i$ 分别表示正弦交流电压和正弦交流电流的瞬时值,有时也可记为 $u(t)$ 和 $i(t)$。

最大的瞬时值称为正弦量的最大值,也称为振幅值、幅值或峰值。正弦量的最大值用带下标 m 的大写字母表示,如 $U_m$ 和 $I_m$ 分别表示正弦交流电压最大值和正弦交流电流最大值。

2) 周期、频率和角频率

正弦量变化一周(一次)所需要的时间称为周期,如图 3-1 所示,通常用字母 $T$ 表示,单位为秒(s),其辅助单位还有毫秒(ms)、微秒($\mu$s)、纳秒(ns)等。

正弦量每秒钟变化的周数(次数)称为频率,用字母 $f$ 表示,其单位是赫[兹](Hz)。周期和频率之间互为倒数关系,即

$$T = \frac{1}{f} \quad 或 \quad f = \frac{1}{T} \tag{3-2}$$

正弦量在单位时间(1 s)内变化的电角度称为角频率,用符号 $\omega$ 表示,单位为弧度/秒(rad/s),它反映了正弦量相位变化的速率。由于正弦量每变化一周所对应的电角度为 $2\pi$,所以,周期与角频率的关系为 $\omega T = 2\pi$。

可见,周期、频率、角频率从本质上讲都是表示交流电变化快慢的物理量,因而三者之间必然存在确定的关系,即

$$\omega = 2\pi f = \frac{2\pi}{T} \tag{3-3}$$

周期越短,频率越高,角频率越大,表示交流电变化越快;相反,则反之。直流电可看成是 $\omega = 0$(即 $f = 0$,$T = \infty$)的正弦量。

不同地区、不同场合使用的交流电的频率是不相同的:我国和欧洲绝大多数国家和地区的电力系统交流电网频率为 50 Hz;美国为 60 Hz;日本同时存在 50 Hz 和 60 Hz 两种电力系统;飞机上经常采用 400 Hz 供电系统;无线电调幅广播的载波频率为 0.15~18 MHz;电视载波频率为 30~300 MHz。

**【例 3-1】** 我国交流电网的频率都是 50 Hz,习惯上称为工业频率,简称"工频",试求其周期 $T$ 和角频率 $\omega$。

**解**
$$T = \frac{1}{f} = \frac{1}{50}\text{s} = 0.02 \text{ s}$$

$$\omega = 2\pi f = 2 \times 3.14 \times 50 \text{ rad/s} = 314 \text{ rad/s}$$

即工频正弦量的频率 $f$ 为 50 Hz,周期 $T$ 为 0.02 s,角频率 $\omega$ 为 314 rad/s。

**2. 正弦量的相位和相位差**

1) 相位和初相位

式(3-1)中,$\omega t + \psi$ 称为正弦量的相位角,简称相位,单位为弧度(rad)或度(°)。相位

是时间的函数,它反映了正弦交流电随时间变化的进程。

$T=0$ 时的相位称为初相角或初相位 $\psi$,简称初相。它反映了正弦交流电的起始状态。初相与计时起点(即坐标原点)和正弦波的零点(规定正弦波瞬时值由负变正时的过零点为正弦波的零点)的选择有关,初相可为零、为正或为负,如图 3-2 所示为正弦量初相位的波形表示。

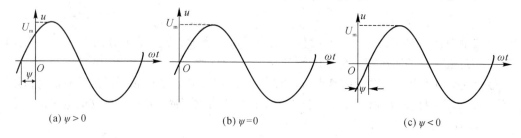

(a) $\psi>0$          (b) $\psi=0$          (c) $\psi<0$

图 3-2　正弦量初相位的波形表示

2) 相位差

在本书涉及的线性正弦交流电路的分析与计算中,因为同一电路中的电压、电流都是同频率的正弦量,所以经常需要比较两个同频率的正弦量之间的相位关系(不同频率的两个正弦量之间没有可比性)。

两个同频率正弦交流电的相位之差称为相位差,用符号 $\varphi$ 表示。

设有两个正弦量,其瞬时值表达式分别为

$$u=U_m\sin(\omega t+\psi_u)$$
$$i=I_m\sin(\omega t+\psi_i)$$

它们之间的相位差为

$$\varphi=(\omega t+\psi_u)-(\omega t+\psi_i)=\psi_u-\psi_i \tag{3-4}$$

式(3-4)表明,两个同频率正弦量之间的相位差等于它们的初相位之差,表征了两个同频率正弦量变化进程的快慢,即在时间上达到最大值(或零值)的先后顺序。通常用绝对值小于 $\pi$ 的角度来表示相位差。

(1) 当 $\psi_u>\psi_i$,即相位差 $\varphi>0$ 时,称 $u$ 在相位上比 $i$ 超前一个 $\varphi$ 角,或者说 $i$ 比 $u$ 滞后一个 $\varphi$ 角,如图 3-3 所示。

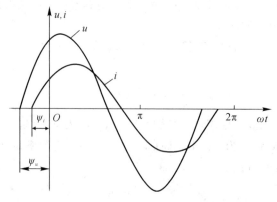

图 3-3　两个同频率正弦量的超前与滞后

（2）当 $\psi_u = \psi_i$，即相位差 $\varphi = 0$ 时，说明 $u$ 与 $i$ 步调一致，二者同时到达正半周的零值点或同时到达正的峰值点，此时称 $u$ 与 $i$ 在相位上同相，如图 3-4(a) 所示。

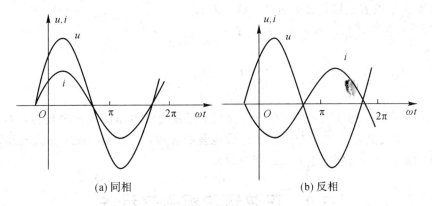

(a) 同相        (b) 反相

图 3-4 两个同频率正弦量的同相与反相

（3）当 $\psi_u$ 与 $\psi_i$ 相差 $\pm\pi$，即相位差 $\varphi = \pm\pi$ 时，表明 $u$ 比 $i$ 超前半个周期到达正的最大值点，此时在相位上 $u$ 与 $i$ 超前半个周期到达正半周的零值点，此时称 $u$ 与 $i$ 在相位上反相，如图 3-4(b) 所示。

（4）当相位差 $\varphi = \psi_u - \psi_i = \pi/2$ 时，称 $u$ 与 $i$ 正交，如图 3-5 所示。

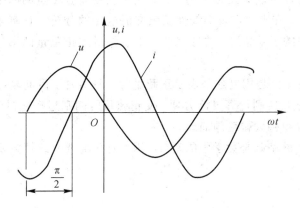

图 3-5 两个同频率正弦量的正交

### 3. 有效值

正弦量的有效值是从能量等效的原理上定义的。令正弦交流电流 $i$ 和直流电流 $I$ 分别通过两个阻值相等的电阻 $R$，如果在相同的时间内，两个电阻消耗的能量相等，那么则定义该直流电流的值为正弦交流电流 $i$ 的有效值。有效值用大写字母来表示，电压和电流的有效值分别表示为 $U$ 和 $I$。由此可以得出

$$I^2 R T = \int_0^T i^2(t) R \, dt$$

所以，正弦交流电流的有效值为

$$I = \sqrt{\frac{1}{T} \int_0^T i^2(t) \, dt}$$

正弦交流电的有效值等于它的瞬时值的平方在一个周期内的平均值的算术平方根，所以有效值又称为方均根值。

正弦交流电的有效值与最大值之间的关系为

$$I = \frac{I_m}{\sqrt{2}} = 0.707 I_m \tag{3-5}$$

$$U = \frac{U_m}{\sqrt{2}} = 0.707 U_m \tag{3-6}$$

若无特殊声明，通常所说的正弦交流电流、正弦交流电压的大小都是指其有效值，交流测量仪表（如交流电压表、电流表）的计数也是指有效值，以及一般的交流电器设备的铭牌上标注的额定电压、额定电流都是指有效值。

# 3.2　正弦量的相量表示法

**1. 复数及复数运算简介**

前已述及，正弦量可以用正弦函数表达式亦即瞬时值表达式来表示，如 $u = U_m \sin(\omega t + \psi_u)$，也可以用平面直角坐标系中的波形图来表示，如图 3-1 所示。这是常用的正弦量的两种基本表示方法，但用这两种表示正弦量的方法，往往会使得正弦量的四则运算变得十分繁杂和困难。因此，考虑到在本书涉及的线性正弦交流电路的分析与计算中，同一电路中的电压、电流都是同频率的正弦量这一方便条件，本节将讲述正弦量的第三种表示方法，即相量表示法。

所谓相量表示法，就是用复数来表示正弦量的一种方法。借助复数表示正弦量的原因是利用复数进行正弦量四则运算灵活方便，使正弦量的四则运算变得简单，从而使正弦交流电路的分析和计算得到大幅度地简化。

由于相量表示法的基础是数学中的复数，因此这里简要介绍复数及复数运算。

1）复数的概念

（1）虚数单位。

如图 3-6 所示为直角坐标系复数平面，在这个复数平面上定义虚数单位为

$$j = \sqrt{-1} \tag{3-7}$$

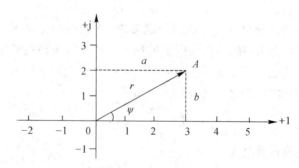

图 3-6　在复平面上表示复数

则有

$$j^2 = -1, \quad \frac{1}{j} = -j, \quad \frac{1}{-j} = j, \quad e^{j90°} = j, \quad e^{-j90°} = -j$$

所以,虚数单位 j 又称为 90°旋转因子。

(2) 复数的表达形式。

一个复数 $A$ 有多种表达形式,常见的有以下四种表达式。

① 代数式。

$$A = a + jb \qquad\qquad (3-8)$$

式中,$a$ 称为复数 $A$ 的实部,$b$ 称为复数 $A$ 的虚部,j 为虚数单位,$jb$ 为虚数。

在直角坐标系中,以横坐标为实数轴,纵坐标为虚数轴,这样构成的平面称为复平面。任意一个复数都可以在复平面上用一个有向线段来表示。例如,复数 $A = 3 + j2$ 在复平面上的表示如图 3-6 所示。

② 三角函数式。

在图 3-6 中,表示复数 $A$ 的有向线段与实轴的夹角为 $\psi$,因而可以写为

$$A = a + jb = r(\cos\psi + j\sin\psi) \qquad\qquad (3-9)$$

式中:$r$ 称为复数 $A$ 的模,$r = \sqrt{a^2 + b^2}$;$\psi$ 称为复数 $A$ 的辐角,$\psi = \arctan(b/a)$。复数 $A$ 的实部 $a$、虚部 $b$ 与模 $r$ 构成一个直角三角形。

③ 指数式。

将欧拉公式 $e^{j\psi} = \cos\psi + j\sin\psi$ 代入式(3-8),可以把三角函数式的复数改写成指数式,即

$$A = r(\cos\psi + j\sin\psi) = re^{j\psi} \qquad\qquad (3-10)$$

④ 极坐标式。

为了便于书写,常把复数的指数式改写成极坐标式,即 $A = r\angle\psi$。

以上四种表达式是可以相互转换的,即可以从任意一种表达式导出其他三种表达式。

2) 复数的四则运算

设 $A_1 = a_1 + jb_1 = r_1\angle\psi_1$,$A_2 = a_2 + jb_2 = r_2\angle\psi_2$,复数的运算规则为:

加减运算:$A_1 \pm A_2 = (a_1 \pm a_2) + j(b_1 \pm b_2)$。

乘法运算:$A_1 \cdot A_2 = r_1 \cdot r_2\angle(\psi_1 + \psi_2)$。

除法运算:$A_1/A_2 = r_1/r_2\angle(\psi_1 - \psi_2)$。

【例 3-2】　已知 $A_1 = 8 - j6$,$A_2 = 3 + j4$。试求:(1) $A_1 + A_2$;(2) $A_1 - A_2$;(3) $A_1 \cdot A_2$;(4) $A_1 \div A_2$。

**解**　先把题中复数表示为

$$A_1 = \sqrt{8^2 + 6^2}\angle\arctan\frac{-6}{8} = 10\angle-36.9°$$

$$A_2 = \sqrt{3^2 + 4^2}\angle\arctan\frac{4}{3} = 5\angle53.1°$$

则有

(1) $A_1+A_2=(8-j6)+(3+j4)=11-j2=11.18\angle-10.3°$；

(2) $A_1-A_2=(8-j6)-(3+j4)=5-j10=11.18\angle-63.4°$；

(3) $A_1 \cdot A_2=(10\angle-36.9°)\times(5\angle53.1°)=50\angle16.2°$；

(4) $\dfrac{A_1}{A_2}=\dfrac{10\angle-36.9°}{5\angle53.1°}=2\angle-90°$。

**2. 正弦量的相量表示法**

正弦量可以用与之一一对应的旋转矢量来表示，由于表示同频率正弦量的旋转矢量之间相对位置是固定不变的，而矢量又可以用复数来表示，故正弦量可用复数来表示。用复数来表示正弦量的方法称为相量表示法，将表示正弦量的复数称为相量。为了与数学中广义的复数相区别，相量符号是在大写字母上面加一圆点"·"，比如$\dot{U}$、$\dot{I}$分别表示正弦交流电压的有效值相量和正弦交流电流的有效值相量。

将正弦量表示成相量，可用最大值相量或有效值相量两种形式来表示。常用有效值相量表示，其表示方法是用正弦量的有效值作为有效值相量的模，用正弦量的初相角作为有效值相量的辐角，即电流有效值相量写成$\dot{I}=I\angle\psi$，读作电流有效值相量，电压有效值相量写成$\dot{U}=U\angle\psi$，读作电压有效值相量。

**【例 3 - 3】**　设某正弦交流电压 $u=311\sin(\omega t+30°)\,\mathrm{V}$，电流 $i=4.24\sin(\omega t-45°)\,\mathrm{A}$，试分别用相量表示。

**解**　(1) 正弦电压 $u$ 的有效值为 $U=0.707\times311\,\mathrm{V}=220\,\mathrm{V}$，初相 $\psi_u=30°$，所以它的有效值相量为

$$\dot{U}=U\angle\psi=220\angle30°\,\mathrm{V}$$

(2) 正弦电流 $i$ 的有效值为 $I=0.707\times4.24\,\mathrm{A}=3\,\mathrm{A}$，初相 $\psi_i=-45°$，所以它的有效值相量为

$$\dot{I}=I\angle\psi=3\angle-45°\,\mathrm{A}$$

**【例 3 - 4】**　写出下列正弦相量的瞬时值表达式，设角频率均为 $\omega$。(1) $\dot{U}=120\angle-37°\mathrm{V}$；(2) $\dot{I}=5\angle60°\mathrm{A}$。

**解**　(1) $u=120\sqrt{2}\sin(\omega t-37°)\,\mathrm{V}$

(2) $i=5\sqrt{2}\sin(\omega t+60°)\,\mathrm{A}$

**【例 3 - 5】**　已知：$i_1=4\sqrt{2}\sin(\omega t-60°)\,\mathrm{A}$，$i_2=3\sqrt{2}\sin(\omega t+30°)\,\mathrm{A}$，试求 $i_1+i_2$。

**解**　首先用有效值相量表示正弦量 $i_1$，$i_2$，即

$$\dot{I}_1=4\angle-60°=4(\cos60°-j\sin60°)=2-j3.5\,\mathrm{A}$$

$$\dot{I}_2=3\angle30°=3(\cos30°+j\sin30°)=2.6+j1.5\,\mathrm{A}$$

然后做复数加法，即

$$\dot{I}_1+\dot{I}_2=(2-j3.5)+(2.6+j1.5)=4.6-j2=5\angle-23°\,\mathrm{A}$$

最后还原成正弦量，即

$$i_1 + i_2 = 5\sqrt{2}\sin(\omega t - 23°)\,\mathrm{A}$$

因为复数可以用复平面上的矢量表示，所以表示正弦量的相量也可以用复平面上的矢量来表示，这种用来表示正弦量的相量在复平面上的矢量图就称为相量图。例如，正弦电压 $u_1 = 100\sqrt{2}\sin(\omega t + \dfrac{\pi}{3})\,\mathrm{V}$，$u_2 = 80\sqrt{2}\sin(\omega t - \dfrac{\pi}{6})\,\mathrm{V}$ 的有效值相量分别为 $\dot{U}_1 = 100\angle\dfrac{\pi}{3}\,\mathrm{V}$，$\dot{U}_2 = 80\angle-\dfrac{\pi}{6}\,\mathrm{V}$。由于两个正弦电压的频率相同，所以在同一复平面内其相量图如图 3 - 7 所示。

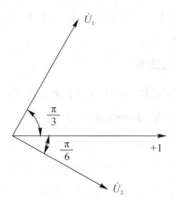

图 3 - 7　两个频率相同正弦电压相量图

【例 3 - 6】　已知正弦交流电压 $u_R = 220\sqrt{2}\sin(\omega t + 45°)\,\mathrm{V}$，$i = 44\sqrt{2}\sin(\omega t + 45°)\,\mathrm{A}$，试写出电压及电流的相量，并绘出相量图。

**解**　（1）已知电压及电流的有效值相量分别为

$$\dot{U}_r = 220\angle 45°\,\mathrm{V}$$

$$\dot{I} = 44\angle 45°\,\mathrm{A}$$

（2）相量图如图 3 - 8 所示。

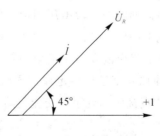

图 3 - 8　电压、电流相量图

应当注意：

（1）正弦量与其相量之间是一一对应关系，而不是相等关系。

（2）相量表示法只适用于正弦量。

（3）$\dot{U}$ 和 $\dot{I}$ 是正弦量的复数表示形式，而不是数学中的复数。

（4）相量的运算规则与复数的运算规则相同。

（5）相量是有量纲的，相量的量纲与其所表示的正弦量相同。

（6）只有同频率正弦量的对应相量才能画在同一复平面上，不同频率正弦量的对应相量不能画在同一相量图中。

# 3.3　基尔霍夫定律的相量形式

欧姆定律和基尔霍夫定律是分析和计算各种电路的理论基础，直流电路中基于欧姆定律和基尔霍夫定律所推导出来的一些结论、定理和分析方法也可以扩展应用到交流电路中。下面讨论相量形式的基尔霍夫定律。

**1. 相量形式的基尔霍夫电流定律**

如前面所述，基尔霍夫电流定律（KCL）的时域表达式为 $\sum i_入 = \sum i_出$。

假设电路中的全部电流都是同频率的正弦量，那么可用相量表示为

$$\sum \dot{I}_入 = \sum \dot{I}_出 \tag{3-11}$$

式（3-11）就是相量形式的 KCL（基尔霍夫电流定律），它表明对于具有相同频率的正弦交流电路中的任意一个节点，流入该节点电流的相量之和恒等于流出该节点电流的相量之和。

**2. 相量形式的基尔霍夫电压定律**

基尔霍夫电压定律（KVL）指出，在任一时刻，对任意电路中的任一回路，沿此回路的各电压的代数和恒为零。同理，基尔霍夫电压定律也适用于交流电路，对交流电路中的任一回路任一瞬时都是成立的，即 $\sum u = 0$。

如果假设这个电路中的所有电压都是同频率的正弦量，则可用相量表示为

$$\sum \dot{U} = 0 \tag{3-12}$$

式（3-12）就是相量形式的 KVL（基尔霍夫电压定律），表明了对于具有相同频率的正弦交流电路中任意一个回路，沿此回路的各段电压相量的代数和恒为零。

由此可以得出，在正弦交流电路中，以相量形式表示的基尔霍夫定律与直流电路的表达形式相同。这就是说，只要将正弦交流电路中的电压和电流用相量表示，那么，直流电路中的欧姆定律和基尔霍夫定律以及基于这些定律推导出来的支路电流法、叠加原理、戴维南定理等都可以以其相量形式直接应用到正弦交流电路的分析当中。

# 3.4　正弦交流电路中的电阻元件

**1. 电阻元件上电压和电流的关系**

在如图 3-9（a）所示的电路中，设电阻 $R$ 两端的电压与流过该电阻的电流为关联参考

方向，若已知流过该电阻正弦交流电流为 $i=\sqrt{2}\,I\sin(\omega t+\psi_i)$。

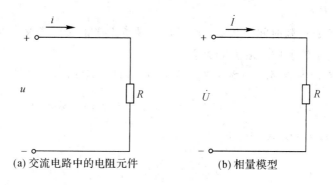

(a) 交流电路中的电阻元件　　　　　　　　(b) 相量模型

图 3-9　交流电路中的电阻元件及其相量模型

则对于电阻的电压和电流而言，在任意瞬间都满足欧姆定律，即电阻 $R$ 两端电压的瞬时值为 $u=Ri=\sqrt{2}\,RI\sin(\omega t+\psi_i)$。

上式表明，电阻的电压和电流频率相同，有效值之间成正比关系（$U=RI$），初相位相等（$\psi_u=\psi_i$）。

将正弦交流电路中电阻元件的电压与电流间的关系用相量表示，即

$$\dot{U}=R\dot{I} \tag{3-13}$$

由式（3-13）可以画出正弦交流电路中的电阻元件的相量模型，如图 3-9（b）所示。如图 3-10 所示分别描绘了正弦交流电路中电阻元件两端的电压、电流的波形图和相量图。

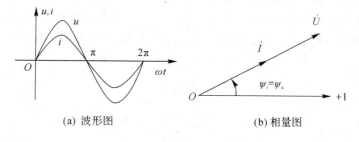

(a) 波形图　　　　　　　　　　　　　　(b) 相量图

图 3-10　电阻元件的电流、电压波形图和相量图

可见，在正弦交流电路中，电阻元件两端的电压和流过该电阻的电流频率、相位相同。

**2. 电阻元件的功率**

1）瞬时功率 $p$

由于正弦交流电压和电流是随时间变化的，所以电阻所消耗的功率也随时间而变化。电路在任意瞬间吸收或输出的功率称瞬时功率，用 $p(t)$ 表示。电阻元件某一瞬时的功率等于该电阻两端的瞬时电压与其瞬时电流的乘积。若设流过该电阻的电流为 $i=\sqrt{2}\,I\sin\omega t$，则有 $u=\sqrt{2}\,U\sin\omega t$。根据定义，其瞬时功率为

$$p(t)=u_R\cdot i_R=\sqrt{2}\,I\sin\omega t\cdot\sqrt{2}\,U\sin\omega t=2IU\sin^2\omega t=UI-UI\cos2\omega t \tag{3-14}$$

可见，正弦交流电路中电阻元件消耗的瞬时功率总是大于或等于零，说明从电源吸收电能并将其转化为热能而消耗掉。由于这种能量的转化是不可逆的，所以电阻元件被称为

耗能元件。

2）平均功率 $P$

由于瞬时功率总是随时间变化的，计算它并没有太多的实际意义，因此，在电工技术中，常采用瞬时功率的平均值来衡量功率的大小。

电路在一个周期内所消耗功率的平均值称为平均功率，用大写字母 $P$ 表示，即

$$P = \frac{1}{T}\int_0^T p\,\mathrm{d}t = \frac{1}{T}\int_0^T u_R i_R\,\mathrm{d}t = \frac{1}{T}\int_0^T (UI - UI\cos 2\omega t)\,\mathrm{d}t = IU \qquad (3-15)$$

由于 $U = IR$ 或 $I = U/R$，故有

$$P = IU = I^2 R = \frac{U^2}{R} \qquad (3-16)$$

平均功率又称为有功功率，"有功"的含义指的是"消耗"，单位为瓦［特］（W）。通常所说的功率一般也是指的平均功率，习惯上把"平均""有功"省略，简称功率。比如 25 W 的白炽灯泡、100 W 的电烙铁、1500 W 的电阻炉等，这都是指它们的有功功率。

# 3.5  电 感 元 件

## 1. 电感元件的基本概念

电感元件是实际电感器的理想化电路模型，它表征电感器的主要物理性能。简单的电感器是由内阻很小的金属导线绕制而成的，也称为电感线圈。线圈中通过变化的电流时，就会在线圈中建立磁场，形成变化的磁通；变化的磁通与线圈各匝相交链形成了变化的磁链，因而在线圈两端产生感应电压。理想的电感器只具有储存磁场能的作用，它是一种体现电流与磁链相约束的器件，称为电感元件，简称电感，其电路模型如图 3-11(a)图所示。

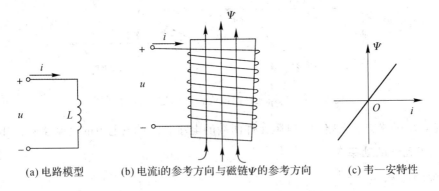

(a) 电路模型　　　(b) 电流i的参考方向与磁链Ψ的参考方向　　　(c) 韦—安特性

图 3-11　电感元件的电路模型及韦—安特性

规定电流 $i$ 的参考方向与磁链 $\Psi$ 的参考方向之间符合右手螺旋法则，称为关联参考方向，如图 3-11(b)所示。此时，电流与磁链的约束关系（如图 3-11(c)所示）可表示为

$$\Psi = Li \qquad (3-17)$$

式中，比例系数 $L$ 定义为电感元件的电感量，简称电感，是表示电感特性的参数。故"电感"一词既表示电感元件，又表示元件的参数，是个二义词。若 $L$ 为常数，称该电感为线性非时变电感。若不特别申明，均指线性非时变电感，本书只讨论线性非时变电感。

电感的国际单位是亨[利](H)，实际电感常以毫亨(mH)、微亨($\mu$H)为单位，它们之间的换算关系是

$$1 \text{ H} = 10^3 \text{ mH}$$
$$1 \text{ mH} = 10^3 \text{ }\mu\text{H} \tag{3-18}$$

**2. 电感元件的伏安关系**

当通过电感的电流变化时，磁链也相应地变化，根据电磁感应定律，电感两端会出现感应电压，这个感应电压等于磁链的变化率。设电感元件两端的电压与其电流的参考方向互为关联参考方向，则有

$$u = \frac{\mathrm{d}\Psi}{\mathrm{d}t} = L\frac{\mathrm{d}i}{\mathrm{d}t} \tag{3-19}$$

式(3-19)就是电感元件伏安关系的微分形式。

式(3-19)表明：

(1) 只有当流过电感的电流发生变化时，电感两端才会有感应电压产生，所以某一时刻电感元件两端的电压与该时刻流过电感元件的电流随时间的变化率成正比。

(2) 流过电感元件的电流变化越快，该电感元件两端的电压就越大。特别是当流过电感元件的电流为直流电流时，因为 $\frac{\mathrm{d}i}{\mathrm{d}t} = 0$，所以 $u = \frac{\mathrm{d}\Psi}{\mathrm{d}t} = L\frac{\mathrm{d}i}{\mathrm{d}t} = 0$。可见，在直流稳态电路中，理想的电感元件相当于短路。

(3) 流过电感元件的电流不能跃变，即电感中的电流是连续的。因为如果电流跃变，则必有 $\frac{\mathrm{d}i}{\mathrm{d}t}$ 为无穷大，因而 $u$ 也应为无穷大，这是不可能实现的。

**3. 电感元件的储能**

电流通过电感时会产生磁场，磁场的建立过程也就是能量的积累过程。在电压和电流的参考方向关联的条件下，任一时刻电感元件的功率为

$$p = ui = Li\frac{\mathrm{d}i}{\mathrm{d}t} \tag{3-20}$$

则在任意时刻 $t$ 电感 $L$ 储存的磁场能 $W_L$ 为

$$W_L = \int_0^t p\,\mathrm{d}t = \int_0^u Li\,\mathrm{d}i = \frac{1}{2}Li^2 \tag{3-21}$$

式(3-21)表明，电感元件中任意时刻储存的磁场能量 $W_L$ 仅与此时的电流大小有关，而与电感电压大小无关。对于直流电，则有

$$W_L = \frac{1}{2}LI^2 \tag{3-22}$$

式中，$W_L$ 的国际单位是焦[耳](J)。

# 3.6    正弦交流电路中的电感元件

**1. 电感元件上电压和电流关系**

设有一电感 $L$ 在正弦交流电路中，其两端的电压与电流采用关联参考方向，如图

3-12(a)所示。

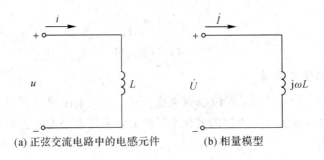

(a) 正弦交流电路中的电感元件          (b) 相量模型

图 3-12　正弦交流电路中的电感元件及其相量模型

若假设通过电感的电流为 $i_L = \sqrt{2}\, I \sin(\omega t + \psi_i)$，其相量为 $\dot{I} = I \angle \psi_i$，则电感两端电压的瞬时值为

$$u_L = L\frac{\mathrm{d}i}{\mathrm{d}t} = L\frac{\mathrm{d}}{\mathrm{d}t}[\sqrt{2}\, I \sin(\omega t + \psi_i)] = \sqrt{2}\, I\omega L \cos(\omega t + \psi_i)$$

$$= \sqrt{2}\, I\omega L \sin(\omega t + \psi_i + \frac{\pi}{2}) = \sqrt{2}\, I\omega L \sin(\omega t + \psi_u) \qquad (3-23)$$

式(3-23)表明，电感元件两端的电压与其电流有效值之间的关系、相位之间的关系分别为

$$U_L = I\omega L = IX_L$$

$$\psi_u = \psi_i + \frac{\pi}{2} \qquad (3-24)$$

式(3-24)中，$X_L = \omega L$ 具有电阻的量纲，称之为感抗，单位为 $\Omega$。感抗 $X_L$ 反映了电感元件对电流的阻碍作用，它与电感线圈的电感量 $L$ 及流过电感元件的电流角频率 $\omega$ 正比。对于电感量 $L$ 确定的电感元件来说，流过电感元件电流的角频率 $\omega$ 越大，感抗 $X_L$ 越大，此时线圈对电流的阻碍作用越大；角频率 $\omega$ 越小，感抗 $X_L$ 越小，此时线圈对电流的阻碍作用也就越小。这就是电感元件的"高阻低通"作用。特别是当电源频率 $\omega = 0$ 时（相当于直流电），感抗 $X_L = \omega L = 0$，说明电感线圈对直流电没有阻碍作用，即理想的电感元件在直流稳态电路中相当于理想导线（短路）。

根据相量表示法，可将(3-23)改写成相量形式，即

$$\dot{U}_L = \mathrm{j}\dot{I}\, X_L \qquad (3-25)$$

由式(3-25)可以画出正弦交流电路中电感元件的相量模型电路，如图 3-12(b)所示，其中的因子 $\mathrm{j} = \angle 90°$。

式(3-25)中包含了正弦交流电路中电感元件两端电压的有效值与其电流的有效值之间的数值关系，即 $U_L = IX_L$。

式(3-25)中同时也包含了正弦交流电路中电感元件两端的电压与其电流之间的相位关系，即 $\psi_u - \psi_i = 90°$。说明在正弦交流电路中，电感元件两端的电压在相位上总是超前于流过它的电流 $90°$。图 3-13 为电感元件中电流、电压的波形图和相量图。

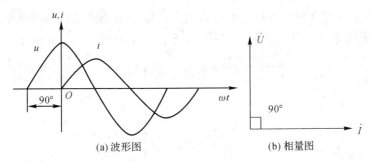

图 3-13  电感元件中电流、电压的波形图和相量图

### 2. 电感元件的功率

1）瞬时功率

设流过某电感元件的电流为 $i_L = \sqrt{2}\, I \sin \omega t$，其两端的电压为 $u_L = \sqrt{2}\, U_L \sin(\omega t + \dfrac{\pi}{2})$，根据功率的定义可知电感元件的瞬时功率为

$$p_L(t) = u_L \cdot i_L = \sqrt{2}\, I \sin \omega t \cdot \sqrt{2}\, U_L \left( \sin \omega t + \frac{\pi}{2} \right) = U_L I \sin 2\omega t \qquad (3-26)$$

从式（3-26）可以看出，电感从电源吸收的瞬时功率是幅值为 $U_L I$、角频率为 $2\omega$ 的正弦量。

2）平均功率

电感元件的平均功率为

$$P_L = \frac{1}{T} \int_0^T p_L \, \mathrm{d}t = \frac{1}{T} \int_0^T (U_L I \sin 2\omega t) \, \mathrm{d}t = 0 \qquad (3-27)$$

可见，理想的电感元件是储能元件，是不消耗能量的。它只是不断地存储和释放能量，与电源之间不断地进行能量交换，所以平均功率为零。

3）无功功率

电感元件的无功功率用于表征电感元件与电源之间进行能量交换的规模大小，用瞬时功率的最大值即电压与电流有效值的乘积来表示，用大写字母 $Q_L$ 表示，即

$$Q_L = UI = I^2 X_L = \frac{U^2}{X_L} \qquad (3-28)$$

电感元件的无功功率描述了电感元件"吞吐"能量的最大规模，常用单位为乏（var）。应当注意的是，"无功"的含义指的是"交换"，而不是"无用"。

# 3.7  电容元件

### 1. 电容元件的基本概念

电容器是电路中常见的基本器件之一，在电子电路和电气工程技术中应用广泛。将两块金属极板之间用绝缘介质隔开，再从两块金属板上分别引出两个电极，就构成了最简单的电容器。根据绝缘介质材料的不同，电容可分为空气电容器、云母电容器、纸质电容器、电解电容器等。当电容器的两个极板接通电源后，两个极板间就会建立电场，储存电

场能。所以，电容器是一种能够以容纳电荷的方式储存电场能量的器件，在电路分析中用理想的电容元件来模拟这种实际的电容器，其电路模型如图 3 - 14(a)所示。

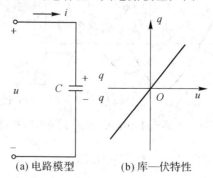

(a) 电路模型　　　　(b) 库—伏特性

图 3 - 14　电容元件的电路模型及其库—伏特性

电容元件所储存电荷量 $q$ 与它两端的电压 $u$ 之间成正比关系，即

$$C = \frac{q}{u} \tag{3-29}$$

称为库—伏特性，如图 3 - 14(b)所示。满足该特性的电容称为线性非时变电容。本书仅讨论线性非时变电容元件。

式(3 - 29)中，$C$ 表示电容元件的电容量，简称为电容，它表示电容元件储存电荷的能力。在国际单位制中，电容的单位为法[拉](F)，由于法[拉]的单位太大，工程上常用更小的微法($\mu$F)、皮法(pF)等辅助单位。它们之间的换算关系为

$$1 \text{ F} = 10^6 \ \mu\text{F}$$
$$1 \ \mu\text{F} = 10^6 \ \text{pF} \tag{3-30}$$

电容元件电容量的大小取决于电容器的结构，平板电容器的电容量可用下式计算，即

$$C = \varepsilon \frac{S}{d} \tag{3-31}$$

式中，$\varepsilon$ 为绝缘介质的介电常数，$S$ 为两极板的相对面积，$d$ 为两极板间的距离。

**2. 电容元件的伏安关系**

当电容元件两端电压 $u$ 与流过该电容元件的电流 $i$ 参考方向相关联时，如图 3 - 14(a)所示，则有

$$i = \frac{\mathrm{d}q}{\mathrm{d}t} = C \frac{\mathrm{d}u}{\mathrm{d}t} \tag{3-32}$$

由式(3 - 32)可知，电容元件的伏安关系为微分关系，即通过电容元件的电流与该时刻电容元件两端电压随时间的变化率成正比。同时还表明：

(1) 只有当电容元件两端的电压发生变化时，电容元件中才会有电流流过。所以，某一时刻流过电容的电流取决于此时其两端电压随着时间的变化率。

(2) 电容两端的电压变化越快，通过电容的电流就越大。如果给电容两端加上直流电压，即 $\frac{\mathrm{d}u}{\mathrm{d}i} = 0$，则 $i = 0$，这说明，在直流稳态电路中，电容相当于开路。这是电容的特性之一，即电容导通交流，隔断直流(隔直通交)。

（3）当电容两端的电压升高（$\frac{\mathrm{d}u}{\mathrm{d}i}>0$），即 $\frac{\mathrm{d}u}{\mathrm{d}i}>0$，$i>0$ 时，电容极板上电荷增加，电容被充电；而当其两端的电压降低（$\frac{\mathrm{d}u}{\mathrm{d}i}<0$），即 $\frac{\mathrm{d}u}{\mathrm{d}i}<0$，$i<0$ 时，极板上电荷减少，电容放电。

（4）电容元件两端的电压不能跃变，也就是说，电容的电压是连续的。因为如果电容的电压出现跃变，就必须是 $\frac{\mathrm{d}u}{\mathrm{d}i}$ 为无穷大，即 $i$ 为无穷大，这对实际电器元件来说是不可能实现的。

**3. 电容元件的储能**

在电容元件两端的电压和流过该电容元件电流的参考方向关联时，电容元件的瞬时功率为

$$p=ui=Cu\,\frac{\mathrm{d}u}{\mathrm{d}t} \tag{3-33}$$

则在任意时刻 $t$ 电容 $C$ 储存的电场能为

$$W_C=\int_0^t p\,\mathrm{d}t=\int_0^u Cu\,\mathrm{d}u=\frac{1}{2}Cu^2 \tag{3-34}$$

式（3-34）表明，任意时刻电容元件中储存的电场能量仅与此时的电压值有关，而与电容电流无关。对于直流电，则有

$$W_C=\frac{1}{2}CU^2 \tag{3-35}$$

式（3-35）中，$W_C$ 的国际单位是焦［耳］（J）。

# 3.8　正弦交流电路中的电容元件

**1. 电容元件上电压和电流关系**

设正弦交流电路中有一电容 $C$，其两端电压与电流采用关联参考方向，如图 3-15（a）所示。如果加在电容两端的电压为 $u_C=\sqrt{2}U_C\sin(\omega t+\psi_u)$。

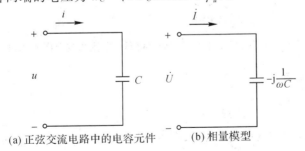

(a) 正弦交流电路中的电容元件　　(b) 相量模型

图 3-15　正弦交流电路中的电容元件及其相量模型

那么，根据电容元件的伏安关系可知，流过电容的电流为

$$i=C\,\frac{\mathrm{d}u_C}{\mathrm{d}t}=C\,\frac{\mathrm{d}}{\mathrm{d}t}[\sqrt{2}U_C(\sin\omega t+\psi_u)]=\sqrt{2}U_C\cdot\omega C\cdot\cos(\omega t+\psi_u)$$

$$=\sqrt{2}U_C\cdot\omega C\cdot\sin\left(\omega t+\psi_u+\frac{\pi}{2}\right)=\sqrt{2}U_C\cdot\omega C\cdot\sin(\omega t+\psi_i) \tag{3-36}$$

上式表明，电容元件的电压有效值与电流有效值之间，以及相位之间的关系分别为

$$I_C = \omega C U_C = \frac{U_C}{X_C}$$

$$\psi_i = \psi_u + \frac{\pi}{2} \tag{3-37}$$

式(3-37)中，$X_C = 1/(\omega C)$，具有电阻量纲，称 $X_C$ 为容抗，单位为 Ω。可见，容抗 $X_L$ 与 $C$、$\omega$ 成反比。对于给定的电容 $C$，正弦交流电的频率越高，电容所呈现的容抗越小，反之则越大。换句话说，当 $C$ 一定时，电容对高频电流的阻碍作用小，对低频电流的阻碍作用大。在直流情况下，可以看作频率 $f = 0$，容抗 $X_L = \infty$，电容相当于开路，即电容有"隔断直流，导通交流"的作用。

根据相量表示法，可将式(3-36)改写成相量形式，得

$$\dot{U}_C = -\mathrm{j}\dot{I}X_C \tag{3-38}$$

由式(3-38)可以画出正弦交流电路中电容元件的相量模型电路，如图 3-15(b)所示，其中的因子 $-\mathrm{j} = \angle -90°$。

式(3-38)中包含了正弦交流电路中电容元件两端电压的有效值与其电流的有效值之间的数值关系，即 $U_C = IX_C$。

式(3-38)中同时也包含了正弦交流电路中电容元件两端的电压与其电流之间的相位关系，即 $\varphi_u - \varphi_i = 90°$。

由式(3-38)也可以说明在正弦交流电路中，电容元件两端的电压在相位上总是滞后于流过它的电流 90°。图 3-16 分别画出了电容元件的电流、电压波形图和相量图。

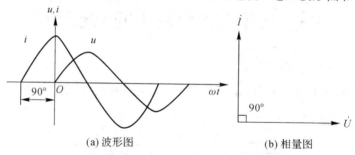

(a) 波形图　　　　　　　(b) 相量图

图 3-16　电容元件中正弦交流电压、电流的波形图和相量图

**2. 电容元件的功率**

1) 瞬时功率

设某电容元件两端的电压为 $u_C = \sqrt{2}\,U_C \sin\omega t$，流过的电流为 $i_C = \sqrt{2}\,I \sin\left(\omega t + \frac{\pi}{2}\right)$，根据功率的定义可知电容元件的瞬时功为

$$p_C(t) = u_C \cdot i_C = \sqrt{2}\,U_C \sin\omega t \cdot \sqrt{2}\,I\left(\sin\omega t + \frac{\pi}{2}\right)$$

$$= 2U_C I \cos\omega t \sin\omega t = U_C I \sin 2\omega t \tag{3-39}$$

从式(3-39)可以看出，电容从电源吸收的瞬时功率是幅值为 $U_C I$、角频率为 $2\omega$ 的正弦量。

2）平均功率

电容元件的平均功率为

$$P_C = \frac{1}{T}\int_0^T p_C \, \mathrm{d}t = \frac{1}{T}\int_0^T (U_C I \sin 2\omega t) \, \mathrm{d}t = 0 \qquad (3-40)$$

由式（3-40）可见，理想的电容元件是储能元件，是不消耗能量的，它只是不断地存储和释放能量，与电源之间不断地进行能量交换，故平均功率为零。

3）无功功率

电容元件的无功功率用于表征电容元件与电源之间进行能量交换的规模大小，用瞬时功率的最大值即电压与电流有效值的乘积来表示。为了与电感元件区别，用大写字母 $Q_C$ 表示，即

$$Q_C = UI = I^2 X_C = \frac{U^2}{X_C} \qquad (3-41)$$

电容元件的无功功率描述了电容元件与电源间能量交换的最大规模，其常用单位也为乏（var）。

# 3.9  RLC 串联电路

从前面的介绍可知，以相量形式表示的欧姆定律、基尔霍夫定律和基于这两个定律而建立的直流电路分析计算方法同样可以用于分析正弦交流电路。采用相量和阻抗对正弦电路进行分析的方法，常称为相量法。正弦交流电路的连接有多种方式，本书主要介绍 RLC 串联电路的分析和计算方法。

**1. 电压和电流关系**

以如图 3-17（a）所示的 RLC 串联电路为例，采用相量法对电路进行分析。首先，将所有的电压和电流用相量来表示；其次，将 R、L、C 分别用电阻元件、电感元件、电容元件的相量模型来表示。于是，图 3-17（a）所示的原电路（时域模型即瞬态模型）就被改画成如图 3-17（b）所示的原电路的相量模型。如此，就可以借助欧姆定律、基尔霍夫定律以及基于这些定律的诸多电路分析方法对电路进行分析和计算。

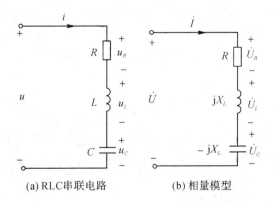

(a) RLC 串联电路          (b) 相量模型

图 3-17  RLC 串联电路及其相量模型

设 RLC 串联电路两端的正弦电压(总电压)、电流(总电流)的相量分别为

$$\dot{U}=U\angle\psi_u$$

$$\dot{I}=I\angle\psi_i$$

根据电阻元件、电容元件、电感元件的相量模型,则在图 3-17(b)中有

$$\dot{U}_R=\dot{R}I$$

$$\dot{U}_L=jX_L\dot{I}$$

$$\dot{U}_C=-jX_C\dot{I}$$

所以,根据相量形式的 KVL 可知

$$\dot{U}=\dot{U}_R+\dot{U}_L+\dot{U}_C=R\dot{I}+jX_L\dot{I}-jX_C\dot{I}=\left(R+j\omega L-j\frac{1}{\omega C}\right)\dot{I}=Z\dot{I} \qquad (3-42)$$

那么,图 3-17(b)电路中电压相量与电流相量之比应为

$$Z=\frac{\dot{U}}{\dot{I}}=\frac{U}{I}\angle(\psi_u-\psi_i)=|Z|\angle\varphi=R+j(X_L-X_C)=R+jX \qquad (3-43)$$

将 RLC 串联电路总电压的有效值相量 $\dot{U}$ 与其总电流的有效值相量 $\dot{I}$ 的比值 Z 称为该电路的复数阻抗(简称阻抗)。其中 R 表示其实部,称为电阻;X 则表示其虚部,称为电抗(感性电抗称为感抗,为正;容性电抗称为容抗,为负)。

由欧拉公式可得

$$R=|Z|\cos\varphi$$

$$X=|Z|\sin\varphi$$

显然,阻抗 Z 是一个复数,不是相量,所以字母 Z 上面不能加点。$|Z|$ 表示阻抗 Z 的模,$\varphi$ 称为阻抗 Z 的辐角,又称该电路的阻抗角,也等于该电路中总电压与总电流之间的相位差。即

$$|Z|=\sqrt{R^2+X^2}$$

$$\varphi=\arctan\frac{X}{R} \qquad (3-44)$$

由式(3-44)可以看出,$|Z|$、R 和 X 构成一个直角三角形,称之为阻抗三角形,如图 3-18(a) 所示。由于在 RLC 串联电路中,电流处处相等,所以将阻抗三角形的每边乘以电流 I 而得出新的直角三角形,即电压三角形,如图 3-18(b)所示,它反映了该电路各段电压之间的数值关系和相位关系。这两个三角形提供了一种分析计算 RLC 串联电路的简单适用方法。

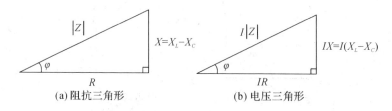

(a) 阻抗三角形　　　　　　　(b) 电压三角形

图 3-18　RLC 串联电路中的阻抗三角形和电压三角形

**2. 电路的性质**

由于 RLC 串联电路总阻抗中的电抗部分 $X = X_L - X_C = \omega L - \dfrac{1}{\omega C}$ 与频率有关,所以,在电路参数 $R$、$L$、$C$ 不变时,不同频率下阻抗将呈现不同性质。下面通过相量图来分别讨论不同情况下的电路性质。

① 当 $X_L > X_C$(即 $\omega L > \dfrac{1}{\omega C}$)时,电路的阻抗角 $\varphi > 0$,表明该电路的总电压在相位上超前总电流一个 $\varphi$ 角,所以,电路呈感性,相量图如图 3-19(a)所示。

② 当 $X_L = X_C$(即 $\omega L = \dfrac{1}{\omega C}$)时,电路的阻抗角 $\varphi = 0$,表明该电路的总电压与总电流同相位,电路呈电阻性,相量图如图 3-19(b)所示。这种情况称为谐振,有关谐振的内容将在后续内容中介绍。

③ 当 $X_L < X_C$(即 $\omega L < \dfrac{1}{\omega C}$)时,时,电路的阻抗角 $\varphi < 0$,表明该电路的总电压滞后总电流一个 $\varphi$ 角,电路呈容性,相量图如图 3-19(c)所示。

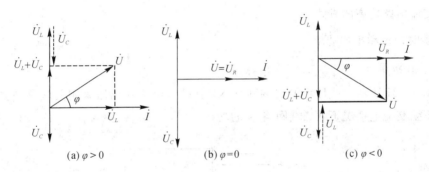

图 3-19　RLC 串联电路的相量图

【**例 3-7**】　一个 RLC 串联电路,外加电压为 $u = 12\sin(6280t + 30°)\text{V}$,若 $R = 15\ \Omega$,$L = 3\ \text{mH}$,$C = 100\ \mu\text{F}$,设各元件上电压电流参考方向关联。求:(1)电路的电流 $i$;(2)各元件上的电压 $u_R$、$u_L$、$u_C$;(3)判断电路的性质;(4)画出相量图。

**解**　(1) $X_L = \omega L = 6280 \times 3 \times 10^{-3}\ \Omega = 18.8\ \Omega$

$$X_C = \frac{1}{\omega C} = \frac{1}{6280 \times 100 \times 10^{-6}}\ \Omega = 1.59\ \Omega$$

$$X = X_L - X_C = (18.8 - 1.59)\ \Omega = 17.2\ \Omega$$

$$Z = R + jX = (15 + j17.2)\ \Omega = 22.8 \angle 48.9°\ \Omega$$

$$\dot{I} = \frac{\dot{U}}{Z} = \frac{12 \angle 30°}{22.8 \angle 48.9°}\ \text{A} = 0.526 \angle -18.9°\ \text{A}$$

$$i = 0.526\sqrt{2}\sin(6280t - 18.9°)\ \text{A}$$

(2) $\dot U_R = \dot I R = 7.89\angle -18.9°\mathrm{V}$

$u_R = 7.89\sqrt 2\sin(6280t-18.9°)\mathrm{V}$

$\dot U_L = \mathrm{j}\dot I X_L = 9.89\angle 71.1°\mathrm{V}$

$u_L = 9.89\sqrt 2\sin(6280t+71.1°)\mathrm{V}$

$\dot U_C = -\mathrm{j}\dot I X_C = 0.836\angle -108.9°\mathrm{V}$

$u_C = 0.836\sqrt 2\sin(6280t-108.9°)\mathrm{V}$

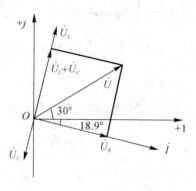

图 3-20　相量图

(3) 因为 $X = X_L - X_C = 17.2\ \Omega > 0$，故电路呈感性。

(4) 相量图如图 3-20 所示。

# 3.10　正弦交流电路的功率

传递能量是电路的一项重要功能。在正弦交流电路中，功率和能量都是随时间变化的量，也就是前面介绍的瞬时功率。而在工程实际中，电路消耗、存储和释放能量的规模，能量的利用效率和设备的容量等，都是无法用功率瞬时值来衡量的。为此，需要寻求其他表征正弦交流电路功率的方式。

**1. 瞬时功率和平均功率**

1）瞬时功率 $p$

如图 3-21 所示为线性无源二端网络 N，其端口电流和电压采用关联参考方向。现在讨论在正弦交流电情况下，二端网络 N 的功率。

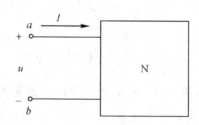

图 3-21　线性无源二端网络 N

设端口电压和电流为同频率的正弦量，分别表示为

$$i = \sqrt 2\, I\sin(\omega t + \psi_i)$$

$$u = \sqrt 2\, U\sin(\omega t + \psi_u) \tag{4-45}$$

则此二端网络的瞬时功率为

$$p = u\cdot i = \sqrt 2\, U\sin(\omega t + \psi_u)\cdot\sqrt 2\, I\sin(\omega t + \psi_i)$$

利用三角函数公式

$$\sin x\sin y = \frac{\cos(x-y) - \cos(x+y)}{2}$$

二端网络瞬时功率计算式可改写成

$$p = UI\cos(\psi_u - \psi_i) + UI\cos(2\omega t + \psi_u + \psi_i) \qquad (3-46)$$

式(3-46)表明二端网络瞬时功率由两部分组成：第一项 $UI\cos(\psi_u - \psi_i)$ 为常量，与时间无关，它的值取决于该二端网络的电压与其电流之间的相位差，可以认为是耗能元件（电阻元件）上的瞬时功率（瞬时功率的有功分量）；第二项 $UI\cos(2\omega t + \psi_u + \psi_i)$ 是正弦变化量，其频率两倍于二端网络的电压和电流的频率，可以认为是储能元件上（电感元件和电容元件）的瞬时功率。可见，在每一瞬间，电源提供的功率一部分被耗能元件消耗掉了，另一部分则用于与储能元件进行能量交换。

根据式(3-45)和式(3-46)画出电压 $u$、电流 $i$ 和瞬时功率 $p$ 波形曲线以及瞬时功能的有功分量，分别如图 3-22(a) 和图 3-22(b) 所示。

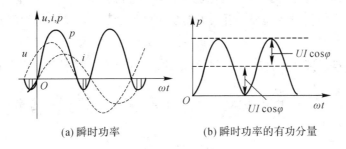

(a) 瞬时功率　　　　　　　(b) 瞬时功率的有功分量

图 3-22　二端网络的电压、电流、瞬时功率波形曲线以及瞬时功率的有功分量

由图 3-22 中可以看出，二端网络中的储能元件与外电路或电源分以下三种情况进行能量交换：

(1) 当电压 $u$ 和电流 $i$ 为零（$u=0$，$i=0$）时，$p=0$，说明没有进行能量交换。

(2) 当电压 $u$ 与电流 $i$ 同相（即 $u>0$，$i>0$ 或 $u<O$，$i<0$）时，$p>0$，说明二端网络吸收功率；

(3) 当电压 $u$ 与电流 $i$ 反相（即 $u>0$，$i<0$ 或 $u<0$，$i>0$）时，$p<0$，说明二端网络向外提供功率。

由于正弦交流电路的瞬时功率是随时间变化的，所以难以测量，而平均功率则比较容易测量。实际上，测量功率的仪器——瓦特表（也称为功率表）就是用于测量平均功率的。

2) 平均功率 $P$

由式(3-45)，以及根据平均功率的定义有

$$P = \frac{1}{T}\int_0^T p\,\mathrm{d}t = \frac{1}{T}\int_0^T UI[\cos(\psi_u - \psi_i) - \cos(2\omega t + \psi_u + \psi_i)]\mathrm{d}t = UI\cos(\psi_u - \psi_i)$$

式中 $\psi_u - \psi_i$ 为二端网络的电压与电流的相位差，也就是二端网络的等效阻抗的阻抗角 $\varphi$，又称功率因数角。故上式可以改写成

$$P = UI\cos\varphi \qquad (3-47)$$

式(3-47)就是正弦交流电路中二端网络的平均功率，也称有功功率，用 $P$ 表示。可见，二端网络的平均功率不仅与其电流、电压的大小（有效值）有关，而且与 $\cos\varphi$ 有关。$\cos\varphi$ 称为二端网络的功率因数，通常用 $\lambda$ 表示，即 $\lambda = \cos\varphi$。

(1) 当 $\varphi = 0$ 时，功率因数 $\cos\varphi = 1$，二端网络相当于一个电阻元件，吸收的功率为

$$P = UI = I^2 R = \frac{U^2}{R}$$

(2) 当 $\varphi = \pm 90°$ 时，功率因数 $\cos\varphi = 0$，二端网络相当于一个电感元件或者电容元件，吸收的功率为

$$P = UI\cos 90° = 0$$

因此，前面讨论的纯电阻、纯电感、纯电容元件的平均功率可以看成是二端网络平均功率的特殊情况。

**2. 无功功率和视在功率**

1) 无功功率 $Q$

二端网络内的储能元件虽然不消耗能量，但与电源不断地进行着能量交换。为了衡量储能元件存储和交换能量的规模，引入无功功率的概念。无功功率通常用 $Q$ 表示，即

$$Q = UI\sin\varphi \tag{3-48}$$

也就是说，无功功率不表示能量的损耗，仅表示一个二端网络与电源进行能量交换的规模。

(1) 当 $\varphi = 0$ 时，二端网络可等效为一个等效电阻，电阻总是从电源获得能量，没有能量的交换，因而有

$$Q = UI\sin\varphi = 0$$

(2) 若 $\varphi \neq 0$，说明二端网络中必有储能元件，因此，二端网络与电源之间有能量的交换。

① 如果二端电路等效为感性负载，则 $\varphi > 0$，$Q > 0$，即电感的无功功率为正值。

② 如果二端电路等效为容性负载，则 $\varphi < 0$，$Q < 0$，即电容的无功功率为负值。

在同一电路中计算总的无功功率时，电感元件的无功功率与电容元件的无功功率的代数和即为该电路的总无功功率。前面介绍过，由于无功功率不代表真正消耗的能量，为了与有功功率区分，用乏(var)作为其单位。

2) 视在功率 $S$

在电工技术中，常将一个二端网络的电压有效值 $U$ 与电流有效值 $I$ 的乘积定义为这个二端网络的视在功率，用 $S$ 表示，即

$$S = UI \tag{3-49}$$

视在功率表示了发电、配电设备的容量，它反映了供电设备可能提供的最大功率。为了区别于有功功率或无功功率，视在功率的单位为伏安($V \cdot A$)。

将图 3-18(b)所示 $RLC$ 串联电路的电压三角形的三条边所对应的电压值都乘以该电路的电流的有效值，就可以得到与电压三角形相似的功率三角形，其两直角边边长分别是 $IU_R = I^2 R$，$IU_X = I^2 X = I^2(X_L - X_C)$。由该功率三角形可以清楚地看出有功功率 $P$、无功功率 $Q$ 和视在功率 $S$ 三者之间的相互关系，即

$$P = IU_R = IU\cos\varphi$$

$$Q = IU_X = IU\sin\varphi$$

$$S = IU = \sqrt{P^2 + Q^2}$$

这为分析正弦交流电路中的 RLC 串联电路提供了另一条方便的途径。

# 3.11  功率因数的提高

### 1. 提高功率因数的意义

任何电器设备出厂时，都规定了额定电压和额定电流，即电器设备正常工作时的电压和电流，因而视在功率也有一个额定值。对于电阻性电器设备，如灯泡、电烙铁等功率因数等于 1，视在功率与平均功率在数值上相等，因此，额定功率以平均功率的形式给出，如 60 W 灯泡、25 W 电烙铁。但对于发电机、变压器这类设备，它们的输出功率与负载的性质有关，因此，只能给出额定的视在功率，而不能给出平均功率的额定值。例如，发电机的额定视在功率 S 等于 5000 V·A，若负载为电阻性负载，其 $\cos\varphi = 1$，那么发电机能输出的功率为 5000 W；若负载为电动机，假设其 $\cos\varphi = 0.85$，那么发电机只能输出 5000 W × 0.85 W＝4250 W 的功率。因此，为了充分利用电源设备的容量和提高电源设备的利用率，同时也为了减小输电线路和发电机绕组的损耗，应当尽量提高功率因数。

### 2. 提高功率因数的方法

要提高功率因数，就必须设法减小负载网络占用的无功功率。由于常用负载多为感性负载，所以常常需要提高感性负载的功率因数。其方法就是在感性负载的两端并联适当大小的电容，利用电容与电感的相互补偿作用来减小负载网络的无功功率，从而提高功率因数，如图 3-23(a)所示。并联的电容称常为补偿电容。

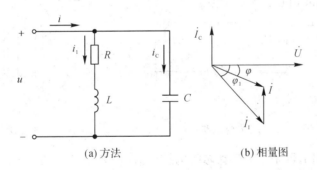

(a)方法                          (b) 相量图

图 3-23   电容与感性元件并联以提高功率因数的方法及相量图

由图 3-23(b)(相量图)可见，并联电容后，电路中电流与电压的相位差由 $\varphi_1$ 减小到 $\varphi$，提高了功率因数。这是由于并联电容后的电路总电流减小，总功率因数增大，总的有功功率不变。并联电容器后，感性负载支路的电流和功率因数均未发生变化，这是因为所加的电压和电路参数没有改变。但由于电容的补偿作用，电路的总电流变小了，电路的阻抗角即总电压和电路总电流之间的相位差 $\varphi$ 变小了，即 $\cos\varphi$ 变大了，从而提高了功率因数。

以上分析可以得出如下结论：

(1) 并联电容器后，减小了电源与负载网络之间的能量互换。

(2) 并联电容器后，线路总电流减小了（电流相量相加），因而减小了线路上的功率损耗。

(3) 应当注意，并联电容器以后感性负载的有功功率并未改变，这是因为电容器是不消耗电能的。

（4）通常，用以提高功率因数的并联补偿电容大小按下式确定，即

$$C = \frac{p}{wu}(\tan\varphi_1 - \tan\varphi)$$

# 3.12  日光灯电路

日光灯也称荧光灯，光线柔和，发光效率比白炽灯高，其温度为 40℃～50℃，所消耗的电功仅为同样明亮程度的白炽灯的 1/5～1/3，被广泛用于生活照明。

**1. 日光灯的组成**

日光灯电路主要由灯管、启辉器（也称启动器）和镇流器组成，其接线示意图如图 3-24 所示。

（1）灯管。日光灯管两端有能发射电子的灯丝，类似于电阻 $R$。

（2）启辉器。启辉器在日光灯接通过程中起自动开关作用，其结构如图 3-25 所示。启辉器内有一个充有氖气的氖泡，氖泡内有两个电极，一个是固定电极，另一个是由两片热膨胀系数相差较大的金属片碾压而成的可动电极。在两电极的引出端并联一个电容 $C$，用以消除对无线电设备的干扰。

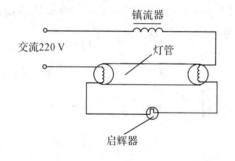

图 3-24  日光灯电路

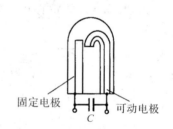

图 3-25  启辉器结构图

（3）镇流器。镇流器是一个带铁芯的电感线圈，它不是纯电感，可以用电阻与电感串联模型来等效，若忽略其电阻，则可用理想电感来代替。

**2. 日光灯的工作原理**

当日光灯电路接通电源后，因灯管尚未导通，所以电源电压全部加在启辉器两端，使氖泡的两电极之间发生辉光放电，使可动电极的双金属片受热膨胀而与固定电极接触，于是电源、镇流器、灯丝和启辉器构成一个闭合回路，所通过的电流使灯丝得到预热而发射电子。在氖泡内，两电极接触后，辉光放电熄灭，双金属片随之冷缩而与固定电极断开，断开的瞬间使电路电流突然消失，于是镇流器两端产生一个比电源电压高很多的感应电动势，连同电源电压一起加在灯管的两端，使灯管内的惰性气体电离而引起弧光放电，产生大量紫外线，灯管内壁的荧光粉吸收紫外线后，辐射出可见光，日光灯就开始正常工作了。

在正常状态下，由于交变电流通过整流器线圈而在线圈两端产生压降，镇流器承受着电源电压的大部分，灯管两端的电压则为其额定值。因此，整流器起着降压限流的作用。

# 复习与思考题

3-1　什么叫正弦量？简述正弦量的瞬时值、最大值、有效值的定义及相互关系。

3-2　正弦交流电的有效值与平均值的区别是什么？

3-3　如果说某一瞬间的电流为负值，这是指电流大小还是指方向？

3-4　标有额定值为"220 V，100 W"的白炽灯，220 V 是有效值还是最大值？

3-5　什么是正弦量的三要素？如何用三要素描述正弦量？

3-6　正弦量的初相位是如何描述正弦量的起点的？为什么说同频率的两个正弦量之间的相位差与时间无关？

3-7　如果两个幅度、频率都相同的正弦量的相位差为 $2\pi$，试画出其波形图。

3-8　已知两个正弦量的波形如图 3-26 所示，频率为 50 Hz，试指出它们的最大值、初相位以及它们之间的相位差，并说明哪个正弦量超前？超前多少角度？超前多少时间？

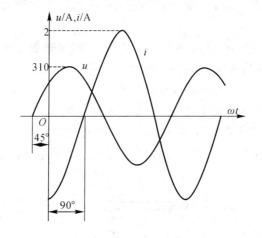

图 3-26　题 3-8 图

3-9　正弦电压 $u$ 的波形如图 3-27 所示，写出其正确的瞬时值表达式。

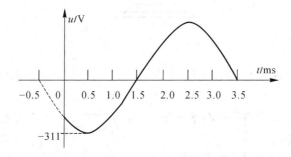

图 3-27　题 3-9 图

3-10　怎样理解虚数单位 j？

3-11　将下列复数改写成极坐标式。

（1）$A_1 = 3 + j4$；（2）$A_2 = 3 - j4$；（3）$A_3 = -3 + j4$；（4）$A_4 = -3 - j4$。

3-12　将下列复数改写成代数式(直角坐标式)。

(1) $A_1 = 5\angle 120°$；(2) $A_2 = 5\angle -120°$；(3) $A_3 = 10\angle 90°$；(4) $A_4 = 10\angle -90°$。

3-13　试写出下列正弦量的相量形式,并作出相量图。

(1) $i = 2\sin\omega t$ A；(2) $u = 220\sqrt{2}\sin(\omega t + 30°)$ V；(3) $e = 380\sqrt{2}\sin(\omega t - 45°)$ V。

3-14　写出下列正弦相量的瞬时表达式,设角频率均为 $\omega$。

(1) $\dot{I} = 5\angle -30°$ A；(2) $\dot{U} = 220\angle 60°$ V；(3) $\dot{E} = 380 + j380$ V。

3-15　计算两个同频率正弦量之和的方法有哪几种?哪种方法最方便?

3-16　简述欧姆定律与基尔霍夫定律的时域表达式。

3-17　欧姆定律和基尔霍夫定律的相量形式是怎样的?

3-18　简述纯电阻负载接入正弦交流电路中时电压与电流的关系。

3-19　什么是有功功率?有功功率是不是有用的功率?

3-20　把一个 100 Ω 的电阻元件接到频率为 50 Hz、电压有效值为 10 V 的正弦电源上,其通过的电流是多少?如保持电压值不变,而电源频率改变为 5000 Hz,这时电流为多少?

3-21　将"220 V,40 W"和"220 V,80 W"的灯泡串联接入电路中,哪个灯亮?

3-22　电感元件的伏安关系是怎样的?

3-23　为什么流过电感的电流不能发生跃变?

3-24　直流电流过电感元件时,其两端电压为多少?

3-25　一个 10 mH 电感通以 60 mA 电流,电感的储能为多少?

3-26　有的电阻器用电阻丝绕制而成,为了使它没有电感,常用双绕法,如图 3-28 所示,说明其理由。

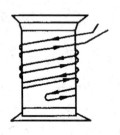

图 3-28　题 3-26 图

3-27　什么是感抗?它与频率有什么关系?电感元件在直流电路中为什么相当于短路?

3-28　正弦交流电路中的纯电感元件,其电压与电流的大小关系、频率关系、相位关系、相量关系是怎样的?

3-29　纯电感元件的有功功率为什么会等于零?

3-30　什么是无功功率?无功功率是否为无用的功率?如何计算电感元件上的无功功率?

3-31　当流过纯电感线圈的电流瞬时值为最大值时,线圈两端的瞬时电压值为多少?

3-32　电容元件的伏安关系是怎样的?

3-33　为什么电容元件两端的电压不能发生跃变？

3-34　当电容两端有电压时，电容中也必然有电流。这种说法对吗？为什么？

3-35　某一时刻电容的储能不仅与电压有关，也与电流有关。这种说法对吗？

3-36　一个 10 $\mu$F 电容两端电压为 12 V，电容的储能是多少？

3-37　当流过纯电容元件的电流瞬时值为最大值时，电容两端的瞬时电压值为多少？

3-38　什么是容抗？它与频率有什么关系？电容元件在直流电路中为什么相当于开路？

3-39　正弦交流电路中的纯电容元件，其电压与电流的大小关系、频率关系、相位关系、相量关系是怎样的？

3-40　纯电容元件的有功功率为什么会等于零？

3-41　如何计算电容元件上的无功功率？

3-42　一个 25 $\mu$F 的电容元件接到频率为 50 Hz、电压有效值为 10 V 的正弦电源上，电流是多少？若保持电压值不变，而电源频率改变为 500 Hz，这时电流又将为多少？

3-43　试理解相量与向量的概念和两者的区别。

3-44　什么叫电抗？当电抗为正、为负、为零时，电路的性质分别是什么？

3-45　什么叫阻抗？试画出阻抗三角形和电压三角形，并说明它们之间的关系。

3-46　如何计算阻抗角？请根据阻抗角切判断电路的性质。

3-47　在正弦电流电路中，两元件串联后的总电压必大于分电压，两元件并联后的总电流必大于分电流。这种说法对吗？

3-48　下列公式中，哪些是正确的？哪些是错误的？

(1) $u_L = iX_L$　　　　(2) $u_L = LX_L$　　(3) $\dot{U}_C = -\mathrm{j}\dot{I}X_C$　　(4) $U_C = LX_C$

(5) $U_C = I\omega C$　　　(6) $u_L = L\dfrac{\mathrm{d}i}{\mathrm{d}t}$　　(7) $u_R = iR$　　　　(8) $U_L = I\omega L$

(9) $u = u_R + u_L + u_C$　　(10) $U = U_R + U_L + U_C$

3-49　一个实际的电感线圈具有电阻 $R = 30\ \Omega$、$L = 127$ mH，与电容器 $C = 40\ \mu$F 串联后接至电压 $u = 220\sqrt{2}\sin(314t + 20°)$V 的电源上，如图 3-29 所示。求：(1) 复阻抗、电流有效值、电流相量、电流瞬时值表达式；(2) 电容电压的有效值；(3) 线圈上电压的有效值；(4) 画出相量图。

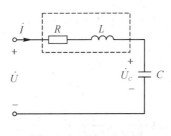

图 3-29　题 3-49 图

3-50　请画出功率三角形，并简述有功功率、无功功率、视在功率的定义，物理含义以及三者之间的大小关系。

3-51　能否从字面上把无功功率理解为无用的功率？为什么？

3-52　什么是功率因数？有哪几种方法可以计算功率因数？

3-53　日光灯电源的电压为 220 V，频率为 50 Hz，灯管相当于 300 Ω 的电阻，与灯管串联的镇流器在没有电阻的情况下相当于 500 Ω 感抗的电感，试计算日光灯电路的平均功率、无功功率、视在功率和功率因数。

3-54　已知某 RLC 串联电路中，$R=4$ Ω，$X_L=8$ Ω，$X_C=5$ Ω，则该电路的功率因数 $\cos\varphi$ 等于多少？

3-55　在正弦交流电路中，某负载的有功功率 $P=1000$ W，无功功率 $Q=577$ var，则该负载的功率因数 $\cos\varphi$ 为多少？

3-56　提高功率因数的意义是什么？

3-57　提高功率因数的方法是什么？

3-58　对实际作为补偿电容的电容器除了有容量的要求外，还有什么其他要求？

3-59　日光灯电路主要由哪几部分组成？各部分的作用是什么？

3-60　日光灯的灯管内壁上为什么要涂荧光粉？

3-61　简述日光灯的工作原理。

3-62　当日光灯启动后，去掉启辉器是否会影响日光灯的正常工作？

3-63　当启辉器坏了而手头暂时没有好的启辉器时，是否可以用一个开关来代替？如果可以，应如何连接和操作？

3-64　试将下列正弦交流量的瞬时值表达式用对应的相量表示出来。

(1) $i=5\sin\omega t$ A　　(2) $u=100\sqrt{2}\sin(\omega t+60°)$V　　(3) $e=500\sin(314t-60°)$V

3-65　已知：$u_A=220\sqrt{2}\sin314t$ V，$u_B=220\sqrt{2}\sin(314t-120°)$V，$u_C=220\sqrt{2}\cdot\sin(314t+120°)$V，试用相量法表示正弦量并画出相量图。

3-66　已知电流和电压的瞬时值函数式为 $u=317\sin(\omega t-160°)$V，$i_1=10\sin(\omega t-45°)$A，$i_2=4\sin(\omega t+70°)$A。试在保持相位差不变的条件下，将电压的初相角改为零度，并重新写出它们的瞬时值函数式。

3-67　已知某正弦交流电动势的有效值为 220 V，频率为 50 Hz，初相位为 $\pi/6$，试写出其瞬时值表达式并绘出其波形图。

3-68　在图 3-30 所示的相量图中，已知 $U=220$ V，$I_1=10$ A，$I_2=5$ A，它们的角频率是 $\omega$，试写出各正弦量的相量及瞬时值式。

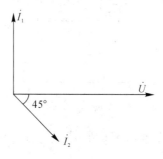

图 3-30　题 3-68 图

3-69    一个正弦电流的初相位 $\psi = 15°$，$t = T/4$ 时，$i(t) = 0.5$ A 试求该电流的有效值 $I$。

3-70    已知 $u_1 = 220\sqrt{2}\sin(\omega t + 20°)$V，$u_2 = 110\sqrt{2}\sin(\omega t + 45°)$V，试作 $u_1$ 和 $u_2$ 的相量图，并求 $u_1 + u_2$ 和 $u_1 - u_2$。

3-71    已知两个正弦电流 $i_1 = 4\sin(\omega t + 30°)$A，$i_2 = 5\sin(\omega t - 60°)$A，试求 $i_1 + i_2$。

3-72    某 220 V、50 Hz 的正弦交流电压分别加在纯电阻、纯电感和纯电容负载上，它们的电阻值、感抗值和容抗值均为 22 Ω，请：（1）分别求出三个元件的电流有效值和写出各电流的瞬时值表达式，并以电压为参考相量画出其相量图；（2）若电压的有效值不变，频率由 50 Hz 变到 500 Hz，重新解答以上问题。

3-73    电路如图 3-31 所示，已知 $u = 10\sin(\pi t - 180°)$V，$R = 4$ Ω，$\omega L = 3$ Ω，试求电感元件上的电压 $U_L$。

3-74    正弦交流电路如图 3-32 所示，已知 $X_L = X_C = R$，电流表 $A_3$ 的读数为 5 A，试求电流表 $A_1$ 和 $A_2$ 的读数。

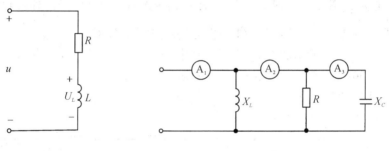

图 3-31    题 3-73 图                    图 3-32    题 3-74 图

3-75    含内阻的电感线圈与电容 $C$ 相串联，已知线圈电压 $U_{RL} = 50$ V，电容电压 $V_C = 30$ V，总电压与电流同相，求总电压的有效值 $U$。

3-76    RLC 串联交流电路中，已知 $R = 15$ Ω，$L = 30$ mH，$C = 20$ μF、电流 $i = 10\sqrt{2}\sin 1000t$ A。求总电压 $u$。

3-77    已知图 3-33 所示电路中电流表 $A_1$ 的读数均为 4 A，电流表 $A_2$ 的读数均为 3 A，试求电流表 A 的读数。

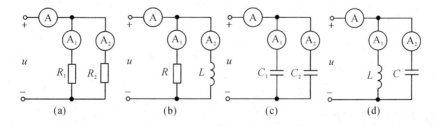

图 3-33    题 3-77 图

3-78    RL 串联电路如图 3-34 所示，已知 $u = 220\sqrt{2}\sin(100t + 60°)$V，$R = 10$ Ω，$L = 0.1$ H，求：$X_L$，$|Z|$，$I$，$\cos\varphi$ 以及功率 $P$、$Q$、$S$。

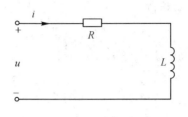

图 3 - 34　题 3 - 78 图

3 - 79　某 RL 串联电路中，电源电压 $u = 220\sqrt{2}\sin(314t + 30°)$ V，其中电流 $i = 11\sqrt{2}\sin(314t - 30°)$ A。求：该负载的阻抗 $|Z|$、阻抗角 $\varphi$、电阻 $R$ 和电感 $X_L$。

3 - 80　某 $RC$ 串联电路，已知 $R = 4$ Ω，$X_C = 3$ Ω，电源电压 $\dot{U} = 100\angle 0°$ V，求电流的有效值。

3 - 81　有一电感线圈接于 100 V、50 Hz 的正弦交流电源上，测得此电感线圈的电流 $I = 2$ A，有功功率 $P = 120$ W，求此线圈的电阻 $R$ 和电感 $L$。

3 - 82　电路如图 3 - 35 所示，已知 $R = 10$ kΩ，$C = 5100$ pF，外接电源电压 $u = \sqrt{2}\sin\omega t$ V，频率为 1000 Hz，试求：(1) 电路的复数阻抗 $Z$；(2) $\dot{I}$、$\dot{U}_R$、$\dot{U}_C$。

3 - 83　在图 3 - 36 所示的 $RLC$ 串联电路中，已知：$X_C = 24$ Ω，$X_L = 48$ Ω，$R = 18$ Ω，$U = 120$ V，$f = 50$ Hz。求：(1) 电路中的复数阻抗 $|Z|$；(2) 电流的有效值 $I$；(3) 各电压的有效值 $U_R$、$U_L$、$U_C$。

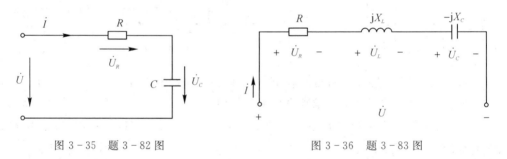

图 3 - 35　题 3 - 82 图　　　　　　　　图 3 - 36　题 3 - 83 图

3 - 84　由电阻 $R = 6$ Ω，电感 $X_L = 12$ Ω，电容 $X_C = 4$ Ω 组成的串联电路，接在电压 $u = 220\sqrt{2}\sin(314t + 60°)$ V 的电源两端，如图 3 - 36 所示。试判断电路的性质，并求：(1) 复数阻抗 $|Z|$；(2) 电流 $I$；(3) 各元件上的电压 $U_R$、$U_L$、$U_C$；(4) 有功功率 $P$ 及功率因数 $\cos\varphi$。

# 项目 4　谐 振 电 路

　　通过对正弦交流电路的分析可知，在含有电感和电容元件的电路中，由于感抗和容抗同时存在，电路性质既有可能为感性，又可能为容性，在一定条件下还可能为电阻性。将同时含有电感元件和电容元件的交流电路在一定条件下呈现为电阻特性、总电压与总电流同相位的现象称为谐振现象，简称谐振。电路出现谐振现象是电路中电容的无功功率和电感的无功功率完全补偿的结果。谐振现象有利有弊，在无线电技术及通信技术中，谐振电路所具有的某些特征得到了广泛的应用。例如在收音机、振荡器等电子线路中利用电路的谐振进行选频。但在电力系统中因电路参数配合不当而发生的谐振现象，则会导致电力系统局部产生过电流及高电压，从而损坏设备并危及人身安全，因此，应尽量避免发生谐振。无论是对谐振的利用还是对谐振的预防，都要求对谐振现象的基本特性有一个初步的认识和理解。本章将讨论电路发生谐振的条件、实现谐振的方法和谐振发生时电路呈现的特征等。

　　按发生谐振的电路结构上的不同，谐振电路分为串联谐振电路和并联谐振电路两大类。

## 4.1　串联谐振电路

　　在 RLC 串联电路中，电路的阻抗角 $\varphi = \psi_u - \psi_i = \arctan \dfrac{X_L - X_C}{R}$，所以当 $X_L > X_C$ 时，$\varphi > 0$，电路的总电压超前于总电流一个 $\varphi$ 角，电路呈感性；当 $X_L < X_C$ 时，$\varphi < 0$，总电压滞后于总电流一个 $|\varphi|$ 角，电路呈容性；当 $X_L = X_C$ 时，$\varphi = 0$，电路中的感抗和容抗的作用完全补偿(相互抵消)，此时电路中的总电压与总电流同相位，电路呈纯电阻性，此时电路就发生了串联谐振现象。

**1. 串联谐振的条件**

1) 谐振条件

RLC 串联电路的电路图和相量图分别如图 4-1(a)和图 4-1(b)所示，在正弦电压作用下，其复阻抗为

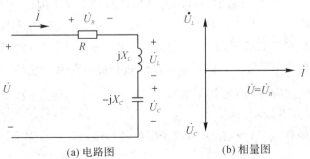

　　　　(a) 电路图　　　　　　　　　　(b) 相量图

图 4-1　RLC 串联谐振电路及相量图

$$Z = R + \mathrm{j}(X_L - X_C) = R + \mathrm{j}\left(\omega L - \frac{1}{\omega C}\right)$$

欲使电路发生谐振，即总电压与总电流同相位，应有

$$\varphi = \psi_u - \psi_i = \arctan \frac{X_L - X_C}{R} = 0$$

则 $X_L - X_C = 0$。

故产生串联谐振的条件为 $X_L = X_C$。

2）串联谐振的频率

满足谐振条件的电源频率称为谐振频率，也就是发生谐振时的电源频率被称为谐振频率。通常用 $\omega_0$ 表示谐振角频率，用 $f_0$ 表示谐振频率。

谐振条件 $X_L = X_C$ 可表示为

$$\omega_0 L = \frac{1}{\omega_0 C} \tag{4-1}$$

经整理后可得

$$\omega_0 = \frac{1}{\sqrt{LC}}$$

或

$$f_0 = \frac{1}{2\pi\sqrt{LC}} \tag{4-2}$$

式（4-2）说明，$RLC$ 串联电路的谐振频率完全由电路的参数 $L$、$C$ 决定，与参数 $R$ 和外加电源无关，它反映了电路的一种固有性质。当电路参数 $L$、$C$ 确定时，电路产生谐振的频率就随之确定了，因此 $f_0$ 又称为电路的固有频率。

3）实现谐振的方法

（1）当电路的参数 $L$、$C$ 固定不变时，可以改变电源频率 $f$ 使之等于电路的固有频率 $f_0$，即 $f = f_0$ 时，电路就会发生谐振。

（2）当电源频率 $f$ 固定不变时，可以改变电路的参数 $L$ 或 $C$，使电路的固有频率 $f_0$ 等于外加电源的频率 $f$，即 $f_0 = f$，电路也会发生谐振。通常收音机的输入回路就是通过改变电容 $C$ 的大小来选择不同电台频率的串联谐振电路。

**2. 串联谐振时的特征**

（1）$RLC$ 串联电路发生谐振时，电路的复阻抗虚部为零，因而电路呈纯电阻性，而且复阻抗的模最小，即 $Z = R + \mathrm{j}X = R + \mathrm{j}(X_L - X_C) = R$。这说明电源提供的电能全部被电阻所消耗，电感和电容之间的无功功率正好全部相互补偿，不必和电源之间进行能量的交换，即电路总的无功功率为零，电感和电容之间进行磁场能和电场能的交换。

应当注意：串联谐振时，电路的阻抗模 $|Z| = \sqrt{R^2 + (X_L - X_C)^2} = R$，感抗 $X_L$ 和容抗 $X_C$ 只是彼此相等，并不为零。

将串联谐振时的感抗或容抗称为串联谐振的特性阻抗，用 $\rho$ 来表示，即

$$\rho = \omega_0 L = \frac{1}{\omega_0 C} = \frac{1}{\sqrt{LC}} L = \sqrt{\frac{L}{C}}$$

它是一个仅与电路参数 $L$、$C$ 有关的常量。

（2）RLC 串联电路发生谐振时，电路中的电流达到最大值且与总电压同相位，即 $I_0 = \dfrac{U}{|Z|} = \dfrac{U}{R}$，$I_0$ 称为串联谐振电流。

$\varphi = \psi_u - \psi_i = 0$，即 $\psi_u = \psi_i$，这是串联谐振电路的一个重要特征，通常也用来判断电路是否产生了谐振。

（3）RLC 串联电路发生谐振时，电感电压与电容电压大小相等、相位相反，相互抵消。其有效值为总电压有效值的 $Q$ 倍，即

$$U_{L0} = I_0 X_L = \frac{U}{R} \cdot X_L = \frac{X_L}{R} U = QU$$

$$U_{C0} = I_0 X_C = \frac{U}{R} X_C = \frac{X_C}{R} U = QU \qquad (4-3)$$

式中，$Q$ 称为电路的品质因数。品质因数可由下式求出：

$$Q = \frac{X_L}{R} = \frac{\omega_0 L}{R} = \frac{2\pi f_0 L}{R} \quad \text{或} \quad Q = \frac{X_C}{R} = \frac{1}{\omega_0 CR} = \frac{1}{2\pi f_0 CR} \qquad (4-4)$$

由于 RLC 串联电路中的 $R$ 值一般很小，因而 $Q$ 值总是会远大于 1，一般可达几十至数百。可见，电路发生谐振时，电感与电容上的电压比电源电压大很多倍。正是由于 RLC 串联电路发生谐振时电感和电容上有可能出现高电压，所以串联谐振也称为电压谐振。

在电力系统（强电系统）中，由于电源本身电压很高，一旦发生电压谐振，这种高电压可能会破坏电容或电感的绝缘，引起电气设备损坏或造成人身伤亡事故等，因此，要尽量避免电压谐振或接近电压谐振的发生。但在通信工程中恰恰相反，由于其信号电压很微弱，往往利用电压谐振来获得较高的电压，以实现选频。

# 4.2　串联谐振的选择性

**1. 阻抗频率特性**

串联谐振时，若电源电压不变，电源频率增大或减小，复阻抗 $Z$ 都要增大，只有在谐振时 $Z$ 最小。阻抗随频率变化的曲线如图 4-2 所示。

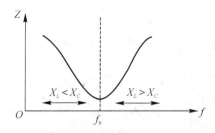

图 4-2　阻抗 $Z$ 随频率变化的曲线

**2. 电流谐振曲线**

串联谐振时，若电源电压不变，电源频率增大或减小，电路中的电流也将会增大或减小。电流随频率变化的曲线如图 4-3 所示。

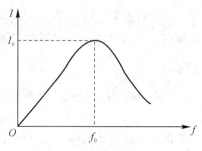

图 4-3　电流随频率变化的曲线

从图中不难看出，串联谐振时电流最大，只要电源频率稍微偏离电路的谐振频率 $f_0$，电流就会大幅度下降。

**3. 串联电路谐振时的通频带**

当含有多种频率成分的信号电流通过谐振电路时，可从众多频率信号中选出谐振频率信号的能力称为"选择性"。

电子工程上说明谐振电路选择性好坏的方法有两种。一种是用品质因数 $Q$ 的大小来表示电路选择性的好坏。图 4-4 为不同 $Q$ 值与谐振曲线之间的关系，从图中可以看出：谐振曲线的尖锐或平坦与 $Q$ 值有关，$Q$ 值越大，曲线越尖锐，说明谐振电路的选择性越好；反之，就说明谐振电路的选择性越差。

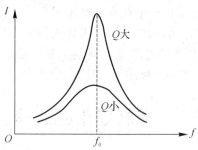

图 4-4　不同 $Q$ 值与谐振曲线的关系

还有一种是引用通频带宽度的概念来说明电路选择性的好坏。电子工程上规定：对应于 $0.707I_0$ 的两个频率之间的宽度称为通频带，它规定了谐振电路允许通过信号的频率范围，如图 4-5 所示。

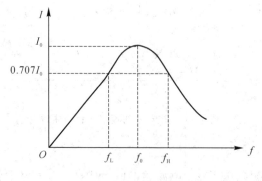

图 4-5　通频带

可见，通频带越窄，曲线越尖锐，谐振电路的选择性就越强。

通常，通频带宽度可用公式求得，即

$$\Delta f = \frac{f_0}{Q}$$

频率范围为

$$f_L = f_0 - \frac{\Delta f}{2}, \quad f_H = f_0 + \frac{\Delta f}{2}$$

**【例 4 - 1】** 已知 RLC 串联电路中，电源电压的有效值 $U=0.1$ V，$L=6$ mH，$C=15$ pF，$R=2$ Ω，试求：

(1) 当电路发生谐振时电路的总阻抗、总电流及谐振频率。

(2) $L$ 和 $C$ 上的电压。

(3) 电路的品质因数。

(4) 通频带宽度及频率范围。

**解** (1) 谐振时的总阻抗、总电流及谐振频率：

$$Z_0 = R = 2 \ \Omega$$

$$I_0 = \frac{U}{Z_0} = \frac{0.1}{2} A = 0.05 \ A$$

$$f_0 = \frac{1}{2\pi\sqrt{LC}} = \frac{1}{2 \times 3.14 \times \sqrt{6 \times 10^{-3} \times 15 \times 10^{-12}}} Hz = 530.8 \ kHz$$

(2) $U_L$ 和 $U_C$：

$$X_L = 2\pi fL = 2 \times 3.14 \times 530.8 \times 10^3 \times 6 \times 10^{-3} \ \Omega = 20 \ k\Omega$$

$$X_C = \frac{1}{2\pi fC} = \frac{1}{2 \times 3.14 \times 530.8 \times 10^3 \times 15 \times 10^{-12}} \Omega = 20 \ k\Omega$$

$$U_L = I_0 X_L = 0.05 \times 20 \times 10^3 \ V = 1000 \ V$$

$$U_C = I_0 X_C = 0.05 \times 20 \times 10^3 \ V = 1000 \ V$$

显然，在电力系统中是不允许发生谐振的，否则，电感元件和电容元件就要被损坏。

(3) 品质因数：

$$Q = \frac{U_L}{U} = \frac{1000}{0.1} = 10 \ 000 \quad 或 \quad Q = \frac{X_L}{R} = \frac{X_C}{R} = \frac{20 \ 000}{2} = 10 \ 000$$

(4) 通频带宽度：

$$\Delta f = \frac{f_0}{Q} = \frac{530.8 \times 10^3}{10 \ 000} Hz = 53.08 \ Hz$$

频率范围：

$$f_L = f_0 - \frac{\Delta f}{2} = (530.8 \times 10^3 - \frac{53.08}{2}) Hz = 529.7 \ kHz$$

$$f_H = f_0 + \frac{\Delta f}{2} = (530.8 \times 10^3 + \frac{53.08}{2}) Hz = 530.83 \ kHz$$

# 4.3 并联谐振电路

为了提高谐振电路的选择性，常常需要较高的品质因数 $Q$ 值。当信号源内阻较小时，可采用串联谐振电路。如果信号源的内阻很大，采用串联谐振 $Q$ 值就很低，选择性就会明显变差。这种情况下，可采用并联谐振电路。

　　电子工程中广泛应用由含有内阻的实际电感线圈与电容器相并联的谐振电路，如图4-6所示为典型的并联谐振电路及相量图。在并联谐振电路中，通常电容器 $C$ 的损耗很小，可视为理想电容，$R$ 为线圈的内阻，$L$ 为线圈的电感。

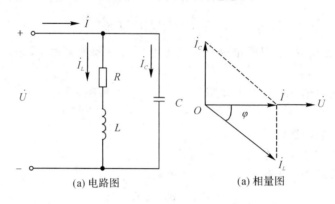

(a) 电路图　　　　　　　　(a) 相量图

图 4-6　并联谐振电路及相量图

**1. 并联谐振的条件**

线圈支路复阻抗为

$$Z_1 = R + \mathrm{j}\omega L$$

电容支路复阻抗为

$$Z_2 = -\mathrm{j}\frac{1}{\omega C}$$

电路中的总电流为

$$\dot{I} = \dot{I}_L + \dot{I}_C = \frac{\dot{U}}{Z_1} + \frac{\dot{U}}{Z_2} = \left[\frac{1}{R+\mathrm{j}\omega L} + \frac{1}{-\mathrm{j}\frac{1}{\omega C}}\right]$$

$$\dot{U} = \left\{\frac{R}{R^2+(\omega L)^2} + \mathrm{j}\left[\omega C - \frac{\omega L}{R^2+(\omega L)^2}\right]\right\}\dot{U}$$

电路发生并联谐振时，总电压 $\dot{U}$ 与总电流 $\dot{I}$ 必须同相位，也即上式中的虚部应等于零。由此可得并联谐振频率，即将电源角频率调到 $\omega_0$ 时，电路发生谐振，这时有

$$\omega_0 C = \frac{\omega_0 L}{R^2+(\omega_0 L)^2} \tag{4-5}$$

经整理，谐振角频率、频率分别为

$$\omega_0 = \sqrt{\frac{1}{LC} - \frac{R^2}{L^2}} \tag{4-6}$$

$$f_0 = \frac{1}{2\pi\sqrt{\frac{1}{LC} - \frac{R^2}{L^2}}} \tag{4-7}$$

　　一般情况下，在电路发生谐振时电感线圈的内阻，远小于 $\omega_0 L$，即 $R \ll \sqrt{\dfrac{L}{C}}$，可变换

为 $\frac{1}{LC} \gg \frac{R^2}{L^2}$，由此并联谐振条件可以近似为

$$\omega_0 C \approx \frac{1}{\omega_0 L} \quad \text{或} \quad \omega_0 L \approx \frac{1}{\omega_0 C} \qquad (4-8)$$

则谐振角频率和谐振频率可分别化简为

$$\omega_0 \approx \frac{1}{\sqrt{LC}} \qquad (4-9)$$

$$f_0 \approx \frac{1}{2\pi\sqrt{LC}} \qquad (4-10)$$

### 2. 并联谐振的特点

并联谐振的特点有：

(1) 电路的复阻抗呈纯电阻性，而且为最大值，即

$$Z_0 = \frac{R^2 + X_L^2}{R} = \frac{R^2 + (2\pi f_0 L)^2}{R} = \frac{L}{RC}$$

(2) 电路中的总电流最小，且与总电压同相位，整个电路呈纯电阻性，即

$$I_0 = \frac{U}{Z_0} = \frac{RC}{L}U$$

(3) 流过电感支路的电流 $I_L$ 与流过电容支路的电流 $I_C$ 大小近似相等，相位近似相反，几乎相互抵消。其两者电流有效值近似为总电流的 $Q$ 倍，即

$$I_L = I_C = QI_0$$

因而

$$Q = \frac{\omega_0 L}{R} = \frac{1}{\omega_0 CR}$$

$Q$ 仍被称为电路的品质因数，数值为几十至几百，所以并联谐振又称为电流谐振。

应注意，在图 4-6 所示的 RLC 并联电路发生谐振时，支路电流 $I_L$ 或 $I_C$ 是总电流的 $Q$ 倍，也就是发生谐振时电路的总阻抗的模为支路阻抗模的 $Q$ 倍。这种现象在直流电路中是不会发生的。在直流电路中，并联电路的等效电阻一定小于任何一条支路的电阻，而总电流一定大于支路电流。

### 3. 并联谐振的选择性

在并联电路中，当电源为某一频率时，电路发生谐振，电路总阻抗的模最大，电流通过时在电路两端产生的电压也最大；当电源为其他频率时，电路不发生谐振，阻抗模较小，电路两端的电压也较小。这样电路就起到了选频的作用。由不同 $Q$ 值时的阻抗特性曲线(图 4-4)可知，电路的品质因数 $Q$ 值越大，谐振时的阻抗模也越大，阻抗谐振曲线也越尖锐，选择性也就越好。

在无线电工程和工业电子技术中经常利用并联谐振电路谐振时阻抗的模最大的特点来选择信号或消除干扰信号。

【**例 4-2**】 在如图 4-6 所示并联电路中，$L=0.25$ mH，$R=25$ Ω，$C=85$ pF，求谐振角频率 $\omega_0$、谐振频率 $f_0$、谐振时的阻抗 $Z_0$ 以及品质因数 $Q$ 值。

**解** (1) 谐振角频率 $\omega_0$、谐振频率 $f_0$：

$$\omega_0 \approx \frac{1}{\sqrt{LC}} = \frac{1}{\sqrt{0.25 \times 10^{-3} \times 85 \times 10^{-12}}} \text{rad/s} = 6.86 \times 10^6 \text{rad/s}$$

$$f_0 = \frac{\omega_0}{2\pi} = \frac{6.86 \times 10^6}{2 \times 3.14} \text{Hz} = 1100 \text{ kHz}$$

（2）谐振时的阻抗 $Z_0$：

$$Z_0 = \frac{L}{RC} = \frac{0.25 \times 10^{-3}}{25 \times 85 \times 10^{-12}} \Omega = 117 \text{ } \Omega$$

（3）品质因数 $Q$ 值：

$$Q = \frac{\omega_0 L}{R} = \frac{6.86 \times 10^6 \times 0.25 \times 10^{-3}}{25} = 68.6$$

# 复习与思考题

4-1　RLC 串联电路满足什么条件会发生谐振？

4-2　电路发生串联谐振时，电路有何特点？

4-3　为什么串联谐振又称为电压谐振？

4-4　怎样计算串联谐振频率和品质因数？

4-5　什么是电路的选择性？

4-6　品质因数与电路的选择性有何关系？

4-7　如何计算通频带宽度及频率范围？

4-8　如何用通频带的概念来判断电路选择性的强弱？

4-9　并联谐振的条件是什么？

4-10　电路发生并联谐振时有哪些特点？

4-11　为什么并联谐振又称为电流谐振？

4-12　如何计算并联谐振频率和品质因数？

4-13　什么是谐振现象？

4-14　根据电路连接方式的不同，谐振电路分为哪几种？试绘出其电路图。

4-15　试分析电路发生谐振时能量的消耗和互换情况。

4-16　简述谐振的利弊。

4-17　有一 RLC 串联电路接于有效值为 2.5 V 的某正弦交流电源上，若 $R = 20$ $\Omega$，$L = 250$ $\mu\text{H}$，$C = 346$ pF。试求：（1）电路的谐振频率 $f_0$；（2）电路的品质因数 $Q$；（3）谐振时的电流 $I_0$；（4）谐振时各元件上电压的有效值。

4-18　已知内阻 $R$ 为 2 $\Omega$，电感 $L$ 为 40 $\mu\text{H}$ 的电感线圈与容量 $C$ 为 0.001 $\mu\text{F}$ 的电容器并联后接于电压为 15 V 的正弦交流电源上，其电路如图 4-6 所示。求：（1）电路的固有谐振频率 $f_0$；（2）谐振时阻抗 $Z_0$ 及总电流 $I_0$；（3）电路的品质因数 $Q$；（4）谐振时电感及电容支路上电流的有效值。

4-19　电路如图 4-6 所示，已知内阻 $R$ 为 10 $\Omega$，容量 $C$ 为 500 pF。当谐振频率为 2 MHz，试计算电感 $L$。

4-20　一个线圈和一个电容组成串联谐振电路，线圈的电感 $L$ 为 4 mH，电阻 $R$ 为

50 Ω，电容 $C$ 为 160 pF，试求：(1) 谐振频率 $f_0$、品质因数 $Q$ 值；(2) 电源电压为 25 mV 时，谐振时电容上的电压 $U_C$；(3) 电压不变，频率增加 10% 时，电容上的电压 $U_C$。

4-21 一个电阻 $R$ 为 25 Ω，电感 $L$ 为 0.25 mH 的电感线圈，与容量 $C$ 为 85 pF 的电容器分别接成串联和并联谐振电路。分别求其谐振频率 $f_0$ 和谐振阻抗 $Z_0$，并把结果加以比较。

4-22 电路如图 4-7 所示，在谐振时 $I_R = I_C = 10$ A，$U = 50$ V，求 $R$、$X_L$ 及 $X_C$ 的值。

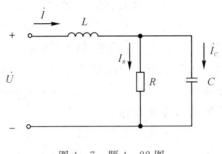

图 4-7 题 4-22 图

# 项目5　安全用电常识

电是人类光明与幸福的使者，它给人类带来了财富，推动了社会的进步。电一方面与人类的繁荣发展息息相关，另一方面也给人类活动蒙上了阴影，甚至酿成灾难。人们在生产活动与日常生活中，一个不小心，一个操作不慎，都会使电勃然大怒，从而导致破坏性的严重后果。有多少人因触电而身亡九泉，有多少个家庭因用电不当而支离破碎，在泪水与灰烬中后悔不已，又有多少工厂、企业因疏忽大意而使数亿资产付诸东流。因此，人们应正确地使用电和支配电，避免类似事故再次发生。电是人类光明与财富的使者，但也会变成光明与财富的破坏者，所以大家必须注意安全用电。

电气事故主要包括触电事故、电磁场伤害事故、静电事故、雷击事故、电路故障引发的电气火灾和爆炸事故以及危及人身安全的电气线路事故。由于物体带电不像机械危险部位那样容易被人们觉察，因此电更具有危险性。

## 5.1　安全作业常识

现代化生产和生活都离不开电。但是，由于电气作业的危险和特殊性，从事电气工作的人员必须经过专门的安全技术培训和考核，经考试合格取得安全生产综合管理部门核发的"特种作业操作证"后，才能独立作业。电工作业人员要严格遵守电工作业安全操作规程和各种安全规章制度，养成良好的工作习惯，严禁违章作业；坚持维护检修制度，特别是在进行高压检修工作时，必须坚持工作票、工作监护等工作制度。

**1. 电工安全操作基本要求**

（1）电工在进行安装和维修电气设备时，应严格遵守各项安全操作规程，如"电气设备维修安全操作规程""手提移动电动工具安全操作规程"等。

（2）做好操作前的准备工作，如检查工具的绝缘情况以及穿戴好劳动防护用品（如绝缘鞋、绝缘手套）等。

（3）严格禁止带电操作，应遵守停电操作规定，操作前要先断开电源，然后检查电气设备、线路是否已停电，未经检查的设备和线路都应视为有电。

（4）切断电源后，应及时挂上"禁止合闸，有人工作"的警示牌，必要时应加锁和带走电源开关内的熔断器，然后才能工作。

（5）工作结束后应遵守停电、送电制度，禁止约时送电，同时应取下警示牌，并装上电源开关的熔断器。

（6）低压线路带电操作时，应设专人监护，必须使用有绝缘柄的工具，必须穿长袖衣服和长裤，扣紧袖口，穿绝缘鞋，戴绝缘手套，工作时站在绝缘垫上。

（7）发现有人触电，应立即采取抢救措施，绝不允许临危逃离现场。

（8）其他安全操作规范。

**2. 电气设备安全运行的基本要求**

（1）对各种电气设备应根据环境的特点建立相适应的电气设备运行管理规程和电气设备的安装规程，以保证电气设备处于良好的安全工作状态。

（2）为了保证电气设备正常持续运行，必须制定维护检修规程，定期对各种电气设备进行维护检修，消除隐患，防止电气设备和人身事故的发生。

（3）应建立各种安全操作规程。如变配电室值班安全操作规程，电气装置安装规程，电气装置检修、安全操作规程，手持式电动工具的管理、使用、检查和维修安全技术规程等。

（4）对电气设备制定的安全检查制度应认真执行。例如，定期检查电气设备的绝缘情况，保护接零和保护接地是否牢靠，灭火器材是否齐全，电气连接部位是否完好等。发现问题应及时维护检修。

（5）应遵守负荷开关和隔离开关操作顺序：断开电源时应先断开负荷开关，再断开隔离开关；接通电源时顺序相反，即先合上隔离开关，再合上负荷开关。

（6）为了尽快排除故障和各种不正常运行情况，电气设备一般都应装有过载保护、短路保护、欠电压和失压保护以及断相保护和防止误操作保护等措施。

（7）凡有可能遭雷击的电气设备都应装有防雷装置。

（8）对于使用中的电气设备，应定期测定其绝缘电阻、接地装置、接地电阻，对安全工具、避雷器、变压器油等也应定期检查和测定或进行耐压试验。

（9）其他安全操作规范。

**3. 安全使用电气设备的基本知识**

（1）为了保证高压检修工作的安全，必须坚持必要的安全工作制度，如工作票制度、工作监护制度等。

（2）使用手提移动电器、机床和钳台上的局部照明灯及行灯等时，都应使用 36 V 及以下的低电压；在金属容器（如锅炉）、管道内使用手提移动电器及行灯时，电压不允许超过 12 V，并要加接临时开关，还应有专人在容器外监护。

（3）有多人同时进行停电作业时，必须由电工组长负责及指挥。工作结束后应由组长发令合闸通电。

（4）对断落在地面的带电导线，为了防止触电及跨步电压，应远离电线落地点 15～20 m，并设专人看守，直到事故处理完毕。若人已在跨步电压区域，则应立即用单脚或双脚并拢迅速跳到 15～20 m 以外地区。千万不能大步奔跑，以防跨步电压触电。

（5）电灯分路线每一分路装接的电灯数和插座数一般不超过 25 只，最大电流不应超过 15 A；电热分路线每一分路安装插座数一般不超过 6 只，最大电流应不超过 30 A。

（6）在一个插座上不可接过多电气设备，大功率电气设备应单独装接在相应电流的插座上。

（7）装接的熔断器应完好无损，接触应紧密可靠。熔断器的熔体大小应根据工作电流的大小来选择，不能随意安装。各级熔断器相互配合，下一级应比上一级小，以免越级断电。

（8）敷设导线时应先将导线穿在金属或塑料套管中间，然后埋在墙内或地下；严禁将导线直接埋设在墙内或地下。

（9）其他安全操作规范。

**4. 停送电原则**

在电气设备中，断路器有灭弧装置，它具有接通及断开电流和切断短路电流的能力。而隔离开关即闸刀开关没有灭弧装置，不能断开负荷电流，它的作用是在断开时能看到有明显的断点，以便检修设备安全需要。所以在执行停送电操作时，切记不能带负荷拉、合隔离开关。

进行传送电操作时应遵循下列基本原则：停电操作时，必须先用断路器断开负荷电流或短路电流，再断开隔离开关；合闸时，先合隔离开关，再合断路器；绝对禁止用隔离开关接通或断开负电流。

1）隔离开关操作安全要求

（1）手动合隔离开关时，先拔出联锁销子，开始要缓慢，当刀片接近刀嘴时，要迅速果断合上，以防产生弧光。但在合到位置时，不得用力过猛，防止冲击力过大而损坏隔离开关的绝缘子。

（2）手动拉闸时，应按"慢—快—慢"的过程进行。开始时，将动触头从固定触头中缓慢拉出，使之有一小间隙。若有较大电弧（错拉），应迅速合上；若电弧较小，则迅速将动触头拉开，以利灭弧。拉至位置时，应用力缓慢，防止冲击力过大，损坏隔离开关绝缘子和操作机构。

（3）隔离开关操作完毕，应检查其开、合位置，以及三相同期情况及触头接触插入深度是否正常。

2）断路器操作安全要求

操作控制开关时，操作应到位，停留时间以灯亮或灭为限，不要过快松开控制开关，防止分、合闸操作失灵，同时，不要用力过猛，以免损坏控制开关。断路器操作完毕，应检查断路器位置状态。

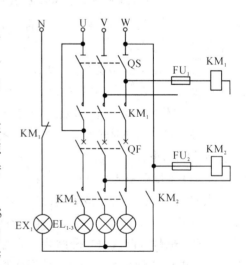

图 5-1　停、送电操作模拟电路

为了防止带负荷拉（合）刀闸，缩小事故范围，在进行倒闸操作时要求遵循下列顺序：送电应该由电源端往负荷端一级一级送电；停电顺序则相反，即由负荷端往电源端一级一级停电。

如图 5-1 所示为停、送电操作模拟电路。QS为闸刀开关，QF 为自动开关（断路器），KM 为控制用接触器，EL$_{1-3}$为三相负载，EX$_1$为操作错误报警指示灯。送电顺序：合上 QS→合上 QF；停电顺序：断开 QF→断开 QS。

应指出的是，在倒闸操作过程中，若发现带负荷误拉、合隔离开关，则误拉的隔离开关不得再合上，误合的隔离开关也不得再拉开。

# 5.2　电流对人体的作用

触电一般是指人体触及带电体时，电流对人体所造成的伤害。电流对人体的伤害是多方面的。根据伤害性质不同，触电可分为电伤和电击两种。

**1. 电伤**

电伤是指由于电流的热效应、化学效应和机械效应对人体的外表造成的局部伤害，如电灼伤、电烙印、皮肤金属化等。对于高于 1000 V 以上的高压电气设备，当人体过分接近它时，高压电可将空气电离，然后通过空气进入人体，此时还伴有高电弧，能把人体烧伤。

（1）电灼伤。电灼伤一般分接触灼伤和电弧灼伤两种。接触灼伤发生在高压触电事故时电流流过人体皮肤的进出口处。一般进口处比出口处灼伤严重。接触灼伤的面积较小，但深度大，大多为 3 度灼伤，灼伤处呈现黄色或褐黑色，并可伤及皮下组织、肌腱、肌肉及血管，甚至使骨骼呈现碳化状态，一般需要治疗的时间较长。

当发生带负荷误拉、合隔离开关及带地线合隔离开关时，所产生的强烈电弧都可能引起电弧灼伤，其情况与火焰烧伤相似，会使皮肤发红、起泡，组织烧焦、坏死。

（2）电烙印。电烙印发生在人体与带电体之间有良好接触的部位处，在人体不被电击的情况下，在皮肤表面留下与带电接触体形状相似的肿块痕迹。电烙印边缘明显，颜色呈灰黄色，有时在触电后，电烙印并不立即出现，而在隔一段时间后才出现。电烙印一般不发炎或化脓，但往往会造成局部麻木和失去知觉。

（3）皮肤金属化。皮肤金属化是由于高温电弧使周围金属熔化、蒸发并飞溅渗透到皮肤表面形成的伤害。皮肤金属化以后，皮肤表面粗糙、坚硬。金属化后的皮肤经过一段时间后能自行脱离，对身体机能不会造成不良的后果。

电伤在不是很严重的情况下，一般无致命危险。

**2. 电击**

电击是指电流流过人体内部造成人体内部器官的伤害。当电流流过人体时造成人体内部器官，如呼吸系统、血液循环系统、中枢神经系统等发生变化，机能紊乱，严重时会导致休克乃至死亡。

电击使人致死的原因有三个方面：第一是流过心脏的电流过大、持续时间过长，引起心室纤维性颤动而致死；第二是因电流作用使人产生窒息而死亡；第三是因电流作用使心脏停止跳动而死亡。研究表明心室纤维性颤动致死是最根本、占比例最大的原因。

电击是触电事故中后果最严重的一种，绝大部分触电死亡事故都是由电击造成的。通常所说的触电事故，主要也是指电击而言的。

电击伤害的严重程度取决于通过人体电流的大小、电压高低、持续时间、电流的频率、电流通过人体的途径以及人体的状况等因素。

1）伤害程度与电流大小的关系

通过人体的电流越大，人体的生理反应越明显，致命的危险性也就越大。按照工频交流电通过人体时对人体产生的作用，可将电流划分为以下三级：

（1）感知电流。引起人感觉的最小电流叫感知电流。成年男性平均感知电流的有效值大约为 1.1 mA，女性为 0.7 mA。感知电流一般不会对人体造成伤害。

（2）摆脱电流。人触电后能自主摆脱电源的最大电流称为摆脱电流。男性的摆脱电流为 9 mA，女性为 6 mA，儿童较成人而言要小一些。摆脱电流的能力是随触电时间的延长而减弱的。一旦触电，不能摆脱电源，后果是比较严重的。

（3）致命电流。在较短时间内危及生命的电流称为致命电流。电击致命的主要原因是电流引起心室纤维性颤动。引起心室颤动的电流一般在数百毫安以上。

一般情况下可以把摆脱电流作为流经人体的允许电流。在线路或设备安装有防止触电速断保护的情况下，人体的允许电流可按 30 mA 考虑。工频电流对人体的影响如表 5－1 所示。

表 5－1　电流对人体的影响

| 电流/mA | 交流电/50 Hz | | 直流电 |
| --- | --- | --- | --- |
| | 通电时间 | 人体反应 | 人体反应 |
| 0～0.5 | 连续 | 无感觉 | 无感觉 |
| 0.5～5 | 连续 | 有麻刺、疼痛感，无痉挛 | 无感觉 |
| 5～10 | 数分钟内 | 痉挛、剧痛，但可摆脱电源 | 有针刺、压迫及灼热感 |
| 10～30 | 数分钟内 | 迅速麻痹，呼吸困难，不能自由 | 压痛、刺痛，灼热强烈，有痉挛 |
| 30～50 | 数秒至数分钟 | 心跳不规则，昏迷，强烈痉挛 | 感觉强烈，有剧痛痉挛 |
| 5～100 | 超过 3 s | 心室颤动，呼吸麻痹，心脏骤停 | 剧痛，强烈痉挛，呼吸困难或死亡 |

2）电压高低对人体的影响

人体接触的电压越高，流经人体的电流越大，对人体的伤害就越重，如表 5－2 所示。但在触电事例的分析统计中，70% 以上死亡者都是在对地电压为 220 V 电压下触电而造成的。而高压虽然危险性更大，但由于人们对高压的戒备心而使触电死亡的大事故反而在 30% 以下。

表 5－2　电压对人体的影响

| 接触时的情况 | | 可接近的距离 | |
| --- | --- | --- | --- |
| 电压/V | 对人体的影响 | 电压/kV | 设备不停电时的安全距离/m |
| 10 | 全身在水中时跨步电压界限 | 10 及以下 | 0.7 |
| 20 | 湿手的安全界限 | 20～35 | 1.0 |
| 30 | 干燥手的安全界限 | 44 | 1.2 |
| 50 | 对人的生命无危险界限 | 60～110 | 1.5 |
| 100～200 | 危险性急剧增大 | 154 | 2.0 |
| 200 以上 | 对人的生命发生危险 | 220 | 3.0 |
| 3000 | 被带电体吸引 | 330 | 4.0 |
| 10000 以上 | 有被弹开而脱险的可能 | 500 | 5.0 |

3）伤害程度与通电时间的关系

电流对人体的伤害与流过人体电流的持续时间有密切的关系。电流持续时间越长，其对应的致颤阈值越小，对人体的危害越严重。这是因为：时间越长，体内积累的外能量越多，人体电阻因出汗及电流对人体组织的电解作用而变小，使伤害程度进一步增加；另外，人的心脏每收缩和舒张一次，中间约有 0.1 s 的间隙，在这 0.1 s 的时间内，心脏对电流最敏感，若电流在这一瞬间通过心脏，即使电流很小（几十毫安），也会引起心室颤动。显然，电流持续时间越长，重合这段危险期的概率就越大，危险性也就越大。

一般认为，工频电流 15～20 mA 以下及直流 50 mA 以下，对人体是安全的，但如果电流流过人体的持续时间很长，即使电流小到 8～10 mA，也可能使人致命。因此，一旦发生触电事故，要尽可能快地使触电者脱离电源。

4）伤害程度与电流途径的关系

电流通过心脏时会导致心跳停止，血液循环中断，会引起心室颤动，所以危险性最大；电流通过头部会使人昏迷，严重的会使人不醒而死亡；电流通过脊髓会导致肢体瘫痪；电流通过中枢神经有关部分，会引起中枢神经系统强烈失调而致残。电流途径与流经心脏的电流比例关系如表 5-3 所示。

**表 5-3　电流途径与流经心脏的电流比例关系**

| 电流途径 | 左手至脚 | 右手至脚 | 左手至右手 | 左脚至右脚 |
| --- | --- | --- | --- | --- |
| 流经心脏的电流与通过人体总电流的比例（%） | 6.43.7 | 3.3 | 0.4 | |

实践证明，左手至前胸是最危险的电流途径，此外，右手至前胸、单手至单脚、单手至双脚、双手至双脚等也是很危险的电流途径。电流从左脚至右脚这一电流途径危险性虽小，但人体可能因痉挛而摔倒，从而导致电流通过全身或发生二次事故而产生严重后果。

5）伤害程度与电流种类的关系

电流种类不同，对人体的伤害程度也不一样。当电压在 250～300 V 以内时，触及频率为 50 Hz 的交流电比触及相同电压的直流电的危险性大 3～4 倍。不同频率的交流电流对人体的影响也不相同。通常，50～60 Hz 的交流电对人体的危险性最大，低于或高于此频率的电流对人体的伤害程度要显著减轻。但是高频率的电流通常以电弧的形式出现，因此有灼伤人体的危险。频率在 20 kHz 以上的交流小电流，对人体已无危害，所以在医学上用于理疗。

6）伤害程度与人体电阻大小的关系

人体触电时，流过人体的电流在接触电压一定时由人体的电阻决定。人体电阻愈小，流过的电流则愈大，人体所遭受的伤害也愈大。人体的不同部分（如皮肤、血液、肌肉及关节等）对电流呈现出一定的阻抗（即人体电阻），其大小不是固定不变的，而是取决于许多因素，如接触电压、电流途径、持续时间、接触面积、温度、压力、皮肤薄厚及完好程度、潮湿度、脏污程度等。总之，人体电阻由体内电阻和表皮电阻组成。

体内电阻是指电流流过人体时，人体内部器官呈现的电阻。它的大小主要决定于电流的通路。当电流流过人体内不同部位时，体内电阻呈现的阻值大小也不同。电阻最大的通路是从一只手到另一只手，或从一只手到另一只脚或到双脚，这两种电阻大小基本相同；电流流过人体其他部位时，呈现的体内电阻都小于此两种电阻。一般认为人体的体内电阻大小为 500 Ω 左右。

表皮电阻指电流流过人体时，两个不同触电部位皮肤上的电极和皮下导电细胞之间的电阻之和。表皮电阻随外界条件不同而在较大范围内变化。当电流、电压、电流频率及持续时间、接触压力、接触面积、温度增加时，表皮电阻会下降，当皮肤受伤甚至破裂时，表皮电阻也会随之下降，甚至降为零。可见，人体电阻是一个变化范围较大，且决定于许多因素的变量，只有在特定条件下才能测定。不同条件下的人体电阻如表 5-4 所示。

**表 5-4　不同条件下的人体电阻**

| 加于人体的电压/V | 人体电阻/Ω | | | |
| --- | --- | --- | --- | --- |
| | 皮肤干燥 | 皮肤潮湿 | 皮肤湿润 | 皮肤浸入水中 |
| 10 | 7000 | 3500 | 1200 | 600 |
| 25 | 5000 | 2500 | 1000 | 500 |
| 50 | 4000 | 2000 | 875 | 440 |
| 100 | 3000 | 1500 | 770 | 375 |
| 250 | 2000 | 1000 | 650 | 325 |

一般情况下，人体电阻可按 $1000 \sim 2000 \, \Omega$ 考虑，在安全程度要求较高的场合，人体电阻可按不受外界因素影响的体内电阻（$500 \, \Omega$）来考虑。

当人体电阻一定时，作用于人体电压越高，则流过人体的电流越大，其危险性也越大。实际上，通过人体电流的大小并不与作用于人体的电压成正比。由表 5-4 可知，随着作用于人体的电压的升高，因皮肤破裂及体液电解使人体电阻下降，导致流过人体的电流迅速增加，对人体的伤害也就更加严重。

# 5.3　触电事故产生的原因

触电事故发生的原因是多方面的，同时也有一定的规律。了解这些原因和规律有助于防止触电，做到安全用电。

引起触电的原因主要有以下几方面：

（1）缺乏电气安全知识。在日常生活中，有很多触电事故是由于缺乏电气安全知识而造成的。例如儿童玩耍带电导线、在高压电线附近放风筝等等。

（2）违章操作。由于电气设备种类繁多和电工工种的特殊性，国家各有关部门根据各行业、各工种，甚至特定种类设备制订了具体的安全操作规程，但还是存在很多电工从业人员由于违章操作而发生触电事故。例如：违反"停电检修安全工作制度"，因误合闸造成维修人员触电；违反"带电检修安全操作规程"，使操作人员触及电气的带电部分；带电乱拉临时照明线等。

（3）电气设备不合格。市面上流通的大多数假冒伪劣产品使用了劣质材料，生产工艺水平低下，使电气设备的绝缘等级和抗老化能力很低，这就很容易造成触电事故。

（4）维修不善，如大风刮断的低压线路和刮倒电杆未能得到及时处理，以及电动机接线破损而使外壳长期带电等。

（5）偶然因素，如大风刮断电力线而落到人体上等。

调查研究发现，大部分的触电事故发生在分支线和线路末端（即用电设备上），同时触电事故还具有明显的季节性（春、夏季事故较多，6～9 月最集中），低压触电多于高压触电，农村触电事故多于城市，中、青年人触电事故多，单相触电事故多，"事故点"多数发生在电气连接部位等规律。掌握这些规律对于安排和进行安全检查，以及考虑和实施安全技术措施具有很大的意义。

# 5.4　触 电 方 式

按照人体触及带电体的方式和电流通过人体的途径，触电可分为单相触电、两相触电和跨步电压触电三种情况。

**1. 单向触电**

单相触电是指人体在地面上或其他接地导线上，人体某一部位触及一相带电体的事故。大部分触电事故都是单相触电事故。一般情况下，接地电网比不接地电网的单相触电危险性大。

如图 5-2 所示为电源中性点接地系统的单相触电示意图，这种情况下人体处于相电压的作用下，危险性较大。

图 5-2　电源中性点接地系统的单相触电示意图

如图 5-3 所示为电源中性点不接地系统的单相触电情况，通过人体的电流取决于人体电阻与输电线对地绝缘电阻的大小。若输电线绝缘良好，绝缘电阻较大，这种触电对人体的危害性比较小。

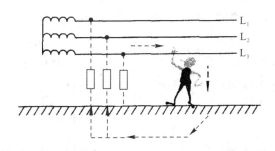

图 5-3　电源中性点不接地系统的单相触电情况

## 2. 两相触电

两相触电是指人体同时触及两相带电体的触电事故,如图 5-4 所示。这种情况下,人体在电源线电压的作用下,危险性比单相触电危险性更大。

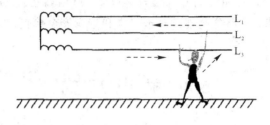

图 5-4　两相触电

## 3. 跨步电压触电

当带电体接地有电流流入地下时,电流在接地点周围土壤中产生电压降,人在接地点周围,两脚之间出现的电压即为跨步电压,由此引起的触电事故叫跨步电压触电,如图 5-5 所示。高压故障接地处,或有大电流流过的接地装置附近都可能出现较高的跨步电压。一般情况下在离开带电体接地 20 m 处,跨步电压就接近于零。人的跨步距离一般按 0.8 m 考虑。

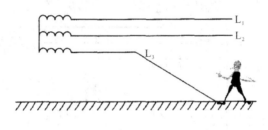

图 5-5　跨步电压触电

# 5.5　预防触电事故的措施

预防触电事故,保证电气设备工作的安全措施可分为组织措施和技术措施两个方面。

在电气设备上工作,保证安全的组织措施主要有下列四项制度:工作票制度,工作许可制度,工作监护制度,工作间断、转移和终结制度。

保证安全的技术措施主要有:停电、验电、挂接地线、挂告示牌及设遮拦。

为了防止偶然触及或过分接近带电体造成的直接电击,可采取绝缘、屏护、间距等安全措施。为了防止触及正常不带电而意外带电的导电体造成的直接电击,可采取接地、接零和应用漏电保护等安全措施。

### 1. 绝缘、屏护和间距

1）绝缘

绝缘就是用绝缘材料把带电体封闭起来。瓷、玻璃、云母、橡胶、木材、胶木、塑料、布、纸和矿物油等都是常用的绝缘材料。应当注意,很多绝缘材料受潮后会丧失绝缘性能,或在强电场作用下遭到破坏也会丧失绝缘性能。良好的绝缘能保证电气设备正常运行，还能保证人体不会接触带电部分。

电气设备或线路的绝缘必须与所采用的电压等级相符合，也必须与周围的环境和运行条件相适应。绝缘的好坏，主要由绝缘材料所具有的电阻大小来反映。绝缘材料的绝缘电阻是指加于绝缘材料的直流电压与流经绝缘材料的电流（泄露电流）之比。足够的绝缘电阻能把泄露电流限制在很小的范围内，能防止漏电造成的触电事故。不同线路或电气设备对绝缘电阻有不同的要求。比如新装和大修后的低压电力线路与照明线路要求绝缘电阻值不低于 0.5 MΩ，运行中的线路可降低到 1000 Ω/V（即每千伏不小于 1 MΩ）。绝缘电阻通常用摇表（兆欧表）测定。

2）屏护

屏护是指采用遮拦、护罩、护盖、箱匣等把带电体同外界隔绝开来，以防止人身触电的措施。例如开关电器的可动部分一般不能包以绝缘材料，所以需要屏护。对于高压设备，不论是否有绝缘，均应采取屏护或其他防止接近的措施。屏护除具有防止触电的作用之外，有的屏护装置还起到了防止电弧伤人和防止弧光短路以及便于检修工作的作用。

3）间距

间距就是指保证人体与带电体之间安全的距离。为了避免车辆或其他器具碰撞或过分接近带电体造成事故，以及为了防止火灾、过电压放电和各种短路事故，在带电体与地面之间、带电体与其他设施和设备之间、带电体与带电体之间均需保证留有一定的安全距离。例如：10 kV 架空线路经过居民区时与地面（或水面）的最小距离应为 6.5 m；常用开关设备安装高度应为 1.3～1.5 m；明装插座离地面高度应为 1.3～1.5 m；暗装插座离地距离应为 0.2～0.3 m；在低压操作中，人体或其携带工具与带电体之间的最小距离不应小于 0.1 m。

**2. 接地和接零**

电气设备一旦漏电，其金属外壳、支架以及与其相连的金属部分都会呈现一定的对地电压。人体接触到这种非正常带电部位就会造成触电事故。电网中采取了各种接地措施来防止或减轻这种间接触电的危害。

接地就是把电源或电气设备的某一部分（通常是其金属外壳）用接地装置同大地紧密连接。接地装置由埋入地下的金属接地体和接地线组成。接地分为正常接地（即人为接地）和故障接地（即电气设备或电气线路的带电部分与大地之间意外的连接）。正常接地又有工作接地和安全接地之分。安全接地主要包括防止触电的保护接地、防雷接地、防静电接地及屏蔽接地等。

1）工作接地

在三相交流电力系统中，作为供电电源的变压器低压中性点接地称为工作接地，如图 5-6 所示。工作接地有如下作用：

（1）减小高压窜入低压的危险。配电变压器中存在高压绕组窜入低压绕组的可能性。一旦高压窜入低压，整个低压系统都将带上非常危险的对地电压。但有了工作接地，就能减少低压电网的对地电压，在高压窜入低压时将低压系统的对地电压限制在规定的 120 V 以下。

（2）减小低压一相接地时的触电危险。在中性点不接地系统中，当一相接地时，因为导线和地面之间存在电容和绝缘电阻，可构成电流通路，但由于阻抗很大，接地电流很小，不足使保护装置动作而切断电源，所以接地故障不易被发现，可能长时间存在。而在中性点接地的系统中，一相接地后的接地电流较大，接近单相短路，保护装置迅速动作，从而断开故障点。

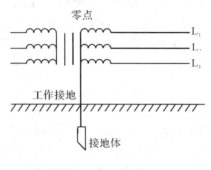

图 5-6　工作接地

我国的 380 V/220 V 低压配电系统都采用了中性点直接接地的运行方式。工作接地是低压电网运行的主要安全设施。工作接地电阻要求必须不大于 4 Ω。

2）保护接地

为了防止电气设备外露的不带电导体意外带电造成危险，将该电气设备经保护接地线与深埋在地下的接地体紧密连接起来的做法叫保护接地。

由于绝缘破坏或其他原因而可能带有危险电压的金属部分都应采取保护接地措施。如电机、变压器、开关设备、照明器具及其他电气设备的金属外壳都应予以接地。在一般低压系统中，保护接电电阻应小于 4 Ω。如图 5-7 所示是保护接地的示意图。保护接地是中性点不接地低压系统的主要安全措施。当设备的绝缘损坏（如电动机某一相绕组的绝缘受损）而使外壳带电，在外壳未接地的情况下人体触及外壳就相当于单相触电，如图 5-8 所示。这时接地电流 $I_e$（经过故障点流入大地中的电流）大小取决于人体电阻 $R_b$ 和线路绝缘电阻 $R_0$，当系统的绝缘性能下降时就有触电的危险。

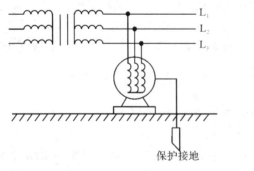

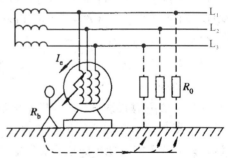

图 5-7　保护接地　　　　　　　图 5-8　没有保护接地时的触电

当设备的绝缘损坏（如电动机某一相绕组的绝缘受损）而使外壳带电，在外壳进行接地的情况下人体触及外壳时（如图 5-9 所示），由于人体电阻 $R_b$ 与接地电阻 $R_e$ 并联，通常接地电阻远远小于人体电阻，所以通过人体的电流很小，不会有危险。

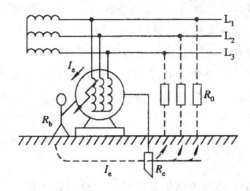

图 5-9　有保护接地时的触电

3）保护接零

把电气设备在正常情况下不带电的金属部分与电网的零线（或中性线）紧密地连接起来的做法就是保护接零。应当注意的是，在三相四线制的电力系统中，通常是把电气设备的金属外壳同时接地、接零，这就是所谓的重复接地保护措施。但还应该注意，零线回路中不允许装设熔断器和开关。如图 5-10 所示的保护接零是中性点接地的三相四线和五线制低压配电电网采取的最主要的安全措施。当电动机某一相绕组的绝缘损坏而与外壳相接时，就造成相应相线电源的直接短路，很大的短路电流（通常可以到达数百安培）就促使电路上的保护装置迅速动作（例如使熔断器烧断或使自动开关跳闸），从而及时切断电源，于是外壳不再带电。

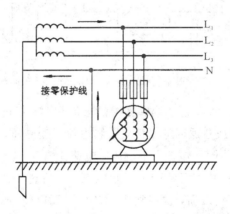

图 5-10　保护接零

**3. 安装漏电保护装置**

为了保证电气设备在故障情况下人身和设备的安全，应尽量装设漏电流动作保护器（也称为漏电保护装置）。漏电保护装置可以在设备及线路漏电时通过保护装置的检测机构获得异常信号，经中间机构转换和传递，然后促使执行机构动作，自动切断电源来起保护作用。漏电保护装置可以防止设备漏电而引起的触电、火灾和爆炸事故，广泛应用于低压电网，也可用于高压电网。当漏电保护装置与自动开关组装在一起时，就构成漏电自动开关，这种开关同时具备短路、过载、欠压、失压和漏电等多种保护功能。

当设备漏电时，通常出现两种异常现象：一种是三相电流的平衡遭到破坏，出现零序电流；另一种是某些正常状态下不带电的金属部分出现对地电压。漏电保护装置就是通过检测机构获得这两种异常信号，然后通过一些机构断开电源。漏电保护装置的种类很多，按照反应信号的种类，可分为电流型漏电保护装置和电压型漏电保护装置。电压型漏电保护装置的主要参数是动作时间和动作电压；电流型漏电保护装置的主要参数是动作电流和动作时间。以防止人身触电为目的的漏电保护装置，应该选用高灵敏度快速型的（动作电流为 30 mA）。

电流型漏电保护装置又可分为单相双极式、三相三极式和三相四极式三类。三相三极式漏电保护开关应用于三相动力电路，而在动力、照明混用的三相电路中则应选用三相四极式漏电保护开关。对于居民住宅及其他单相电路，应用最广泛的就是单相双极式电流型漏电保护开关，其动作原理如图 5-11 所示。

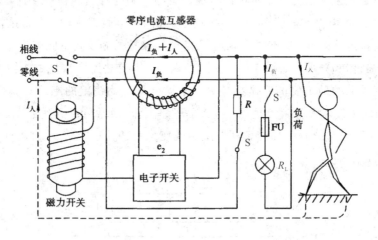

图 5-11　单相双极式电流型漏电保护开关原理图

线路和设备正常运行时，流过相线和零线的电流相等，穿过零序电流互感器铁芯的电流在任何时刻都等于穿过铁芯返回的电流，铁芯内无交变磁通，电子开关就没有输入漏电信号而不导通，磁力开关线圈无电流，不跳闸，电路正常工作。当有人在相线触电或相线漏电（包括漏电触电）时，线路就对地产生了漏电电流，流过相线的电流大于零线电流，零序电流互感器铁芯中有交变磁通，次级线圈就产生了漏电信号并传输至电子开关输入端，促使电子开关导通，于是磁力开关得电，产生吸力拉闸，完成人身触电或漏电的保护。

在三相五线制配电系统中，零线分为工作零线（N）和保护零线（PE）。工作零线与相线一同穿过漏电保护开关的互感器铁芯，只通过单相回路电流和三相不平衡电流，且工作零线末端和中端均不可重复接地。保护零线只作为短路电流和漏电电流的主要回路，与所有设备的接零保护线相接，但不能经过漏电保护开关，而且末端必须进行重复接地。如图 5-12 所示为漏电保护与接零保护共用时的正确接法。漏电保护器必须正确安装接线。错误的安装接线可能导致漏电保护装置误动作或拒动作。

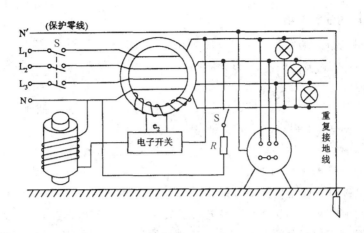

图 5-12　漏电保护与接零保护共用时的正确接法

### 4. 采用安全电压

采用安全电压是用于小型电气设备或小容量电气线路的安全措施。根据欧姆定律，电压越大，电流也就越大。因此，可以把可能加在人体上的电压限制在某一范围内，使得在这种电压下，通过人体的电流不超过允许范围，这一电压就叫做安全电压。安全电压的工频有效值不超过50 V，直流不超过 120 V。我国规定安全电压的工频有效值的等级为42 V、36 V、24 V、12 V 和 6 V，具体如表 5-5 所示。

GB/T 3805-2008
特低电压(ELV)限值

表 5-5　安全电压等级标准(摘自 GB/T 3805—2008 特低电压(ELV)限值)

| 安全电压(交流有效值) | | 选用举例 |
|---|---|---|
| 额定值/V | 空载上限值/V | |
| 42 | 50 | 在有触电危险的场所使用手持式电动工具 |
| 36 | 43 | 潮湿场所,如矿井及多导电粉尘环境所使用的行灯等 |
| 24 | 29 | 可供某些具有人体可能偶然触及的带电体的设备选用 |
| 12 | 15 | |
| 6 | 8 | |

　　为了防止因触电而造成人身直接伤害，在一些容易触电和有触电危险的特殊场所必须采用特定电源供电的电压系列。我国国家标准规定：凡手提照明灯、危险环境下的携带式电动工具、高度不足 2.5 m 的一般照明灯，如果没有特殊安全结构或安全措施，应采用42 V 或 36 V 安全电压；凡金属容器内、隧道内、矿井内等工作地点狭窄、行动不便，以及周围有大面积接地导体的环境，使用手提照明灯时应采用 12 V 安全电压。

　　安全电压与人体的电阻存在一定的关系。从人身安全的角度考虑，人体电阻一般按1700 Ω 计算。由于人体允许通过的电流为 30 mA，因此人体允许持续接触的安全电压为$U_{saf} = 30 \text{ mA} \times 1700 \text{ Ω} = 50 \text{ V}$。

**5. 防止触电的注意事项**

为了避免触电事故的发生，我们应理解和掌握"回路、湿手、触摸"三个关键问题，并做好以下工作。

（1）不得随便乱动或私自修理电气设备。

（2）经常接触和使用的配电箱、配电板、闸刀开关、按钮开关、插座、插销以及导线等必须保持完好、安全，不得有破损或将带电部分裸露出来。

（3）不得用铜丝等代替保险丝，并保持闸刀开关、磁力开关等盖面完整，以防短路时发生电弧或保险丝熔断飞溅伤人。

（4）经常检查电气设备的保护接地、接零装置，保证其连接牢固。

（5）在使用手电钻、电砂轮等手持电动工具时，必须安装漏电保护装置，工具外壳要进行防护性接地或接零，并要防止移动工具时导线被拉断。操作时应戴好绝缘手套并站在绝缘板上。

（6）在移动电风扇、照明灯、电焊机等电气设备时，必须先切断电源，并保护好导线，以免磨损或拉断。

（7）在雷雨天，不要走进高压电杆、铁塔、避雷针的接地导线周围 20 m 之内。当遇到高压线断落时，周围 10 m 之内禁止人员入内；若已经在 10 m 范围之内，应单足或并足跳出危险区。

（8）对设备进行维修时，一定要切断电源，并在明显处放置"禁止合闸 有人工作"的警示牌。

# 5.6　触电急救

人触电以后，有些伤害程度较轻，神志清醒，有些程度严重，会出现神经麻痹、呼吸中断、心脏停止跳动等症状。如果处理及时和正确，则因触电而假死的人有可能获救。触电急救一定要做到动作迅速，方法得当。从人触电后一分钟开始救治，90％的触电者有良好的恢复效果。但如果从触电后十几分钟才开始救治触电者，则救活的可能性就很小了。由于大多数人普遍缺乏必要的电气安全知识，一旦发现人体触电事故往往惊慌失措，所以国家规定电工从业人员都必须具备触电急救的知识和能力。

**1. 脱离电源**

人触电以后，如果流过人体的电流大于摆脱电流，则人体不能自行摆脱电源。使触电者尽快脱离电源是救护触电者的首要步骤。

（1）低压触电脱离。对于低压触电事故，如果触电者触及电压带电设备，救护人员应设法迅速拉开电源开关或电源插头，或者使用带有绝缘柄的电工钳切断电源。当电线搭接在触电者身上或被压在身下时，可用干燥的衣服、手套、木棒等绝缘物作为工具，拉开触电者或挑开电线，使触电者脱离电源。

（2）高压触电脱离。对于高压触电事故，救护人应带上绝缘手套，穿上绝缘靴，使用相应电压等级的绝缘工具拉开电源开关；或者抛掷金属线使线路短路、接地，迫使保护装置动作，切断电源。对于没有救护条件的，应该立即电话通知有关部门停电。

　　救护人既要救人，也要注意保护自己。救护人员可站在绝缘垫上或干木板上进行救护。触电者未脱离电源之前，不得直接用手触及触电者，也不能抓他的鞋，而且最好用一只手进行救护。当触电者处在高处的情况下，应考虑触电者解脱电源后可能会从高处坠落，所以要同时作好防摔措施。

**2. 急救处理**

　　当触电者脱离电源以后，必须迅速判断触电者伤害程度，立即对症救治，同时通知医生前来抢救。具体处理方法如下：

　　（1）如果触电者神志清醒，则应使之就地平躺，严密观察，暂时不要让其站立或走动，同时也要注意保暖和保持空气新鲜。

　　（2）如果触电者已神志不清，则应使之就地平躺，确保气道通畅，特别要注意他的呼吸、心跳状况。注意不要摇动伤员头部呼叫伤员。

　　（3）如果触电者失去知觉，停止呼吸，但心脏微有跳动，应在通畅气道后立即施行口对口（或鼻）人工呼吸。

　　（4）如果触电者伤势非常严重，呼吸和心跳都已停止，通常对触电者立即就地采用口对口（或鼻）人工呼吸法和胸外心脏挤压法进行抢救。有时应根据具体情况采用摇臂压胸呼吸法或俯卧压背呼吸法进行抢救。

**3. 口对口人工呼吸法**

　　口对口人工呼吸法的具体操作步骤如下：

　　（1）迅速松开触电者的上衣、裤带或其他妨碍呼吸的装饰物，使其胸部能自由扩张。

　　（2）使触电者仰卧，清除触电者口腔中的血块、痰唾或口沫，取下假牙等物，然后将其头部尽量往后仰（最好用一只手托在触电者颈后），鼻孔朝天，使其呼吸道畅通，如图 5-13 所示。

　　（3）救护人员捏紧触电者鼻子，深深吸气后向触电者口中吹入 $500\sim600$ mL 的潮气量，为时约 2 s，如图 5-14(a)所示。吹气完毕后救护人员应立即离开触电者的嘴巴，放松触电者的鼻子，使之自身呼气，为时约 3 s，如图 5-14(b)所示。

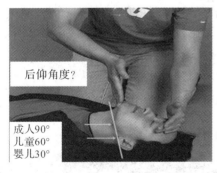

后仰角度？

成人90°
儿童60°
婴儿30°

图 5-13　保证呼吸道畅通的姿势

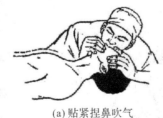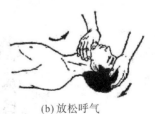

(a) 贴紧捏鼻吹气　　　　(b) 放松呼气

图 5-14　口对口人工呼吸法

　　按照上述要求对触电者反复吹气、换气，每分钟约 12 次。对儿童使用人工呼吸法时，只可小口吹气，以免使其肺泡破裂。如果触电者的口无法张开，则改用口对鼻人工呼吸法进行抢救。

### 4. 胸外心脏挤压法

胸外心脏挤压法的具体操作步骤如下：

(1) 首先要解开触电者的衣服和腰带，清除口腔内异物，使呼吸道通畅。

(2) 触电者仰天平卧，头部往后仰，后背着地处的地面必须平整牢固，如硬地或木板之类。

(3) 救护人员位于触电者的一侧，最好是跪跨在触电者臀部位置，两手相叠，左手掌按图 5-15(a)所示的位置放在触电者心窝稍高一点的地方(大约胸骨下三分之一至二分之一处)，右手掌复压在右手背上。

(4) 救护人员向触电者的胸部垂直用力向下挤压，压出心脏里的血液。按压时应将成人胸骨按下至少 5 cm，如图 5-15(b)所示。

(5) 按压后，掌根迅速放松，但手掌不要离开胸部，让触电者胸部自动复原，心脏扩张，使血液又回到心脏，如图 5-15(c)所示。

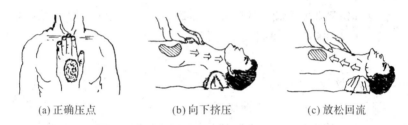

　　(a) 正确压点　　　　　　(b) 向下挤压　　　　　　(c) 放松回流

图 5-15　胸外心脏挤压法

按照上述步骤反复地对触电者的心脏进行按压和放松，每分钟至少 100 次按压速率较为合理。急救者在挤压时，切忌用力过猛，以防造成触电者内伤，但也不可用力过小，而使挤压无效。如果触电者是儿童，则可用一只手按压，用力要轻，以免损伤胸骨。

注意对心跳和呼吸都停止的触电者的急救要同时采用人工呼吸法和胸外心脏挤压法。如果现场只有一人时，可采用单人操作。先有效胸外按压 30 次，再进行两次有效人工吹气，循环周期操作，如图 5-16(a)所示。如果由两人合作进行抢救则更为适宜，方法是上述两种方法的组合，但在吹气时应将触电者胸部放松，挤压只可在换气时进行，如图 5-16(b)所示。

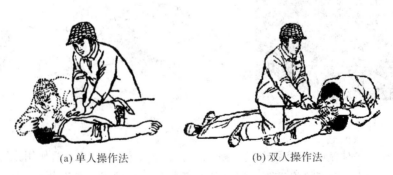

　　(a) 单人操作法　　　　　　　　　(b) 双人操作法

图 5-16　对心跳和呼吸均停止的触电者的急救

**5. 摇臂压胸呼吸法**

摇臂压胸呼吸法的具体操作步骤如下：

（1）使触电者仰卧，头部后仰。

（2）救护人员在触电者头部一只腿做跪姿，另一只腿半蹲。两手将触电者的双手臂向后拉直，压胸时，将触电者的手臂向前顺推，至胸部位置时，将两手向胸部靠拢，用触电者两手压胸部。在同一时间内还要完成以下几个动作：跪着的一只腿向后蹬（成前弓后箭状），半蹲的腿向前倒，然后用身体重量自然向触电者胸部压下。压胸动作完成后，将触电者的手向左右扩张。完成后，将触电者两手臂往后顺向拉直，恢复原来位置。

（3）压胸时不要有冲击力，两手关节不要弯曲，压胸深度要看施救对象，对小孩不要用力过猛，如图 5-17 所示，每分钟完成 14～16 次。

图 5-17　摇臂压胸法

**6. 俯卧压背呼吸法**

俯卧压背法只适宜触电后溺水，肚内喝饱了水的情况。具体操作方法如下：

（1）使触电者俯卧，使触电者的一只手臂弯曲枕在头下，脸侧向一边，另一只手臂放在头旁伸直。救护人员跨腰跪在触电者身体上方，四指并拢，尾指压在触电者背部肩脚骨下（相当于第七对肋骨），如图 5-18 所示。

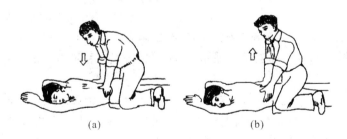

(a)　　　　　　　　　　　(b)

图 5-18　俯卧压背呼吸法

（2）压背时，救护人员手臂不要弯，用身体重量向前压。向前压的速度要快，向后收缩的速度可稍慢，每分钟完成 14～16 次。

（3）也可将触电者面部朝下平放在木板上，木板向前倾斜 10°左右，触电者腹部垫放柔软的垫物（如枕头等），这样，压背时会迫使触电者将吸入腹内的水吐出。

**7. 急救注意事项**

急救时应注意下列事项：

（1）抢救触电者任何药物都不能替代口对口人工呼吸和胸外心脏挤压法，这两种是对触电者最基本的急救方法。

（2）抢救触电者应迅速而持久地进行抢救，在没有确定触电者确已死亡的情况下，不要轻易放弃，以免错过机会。

（3）要慎重使用肾上腺素。只有经过心电图仪鉴定心脏确已停止跳动且配备有心脏除颤装置时，才允许使用肾上腺素。

（4）对于与触电同时发生的外伤，应分情况酌情处理。

# 5.7　电气火灾知识

电气火灾是指由电气原因引发燃烧而造成的灾害。短路、过载、漏电、接触不良等的所有电气故障都能引发火灾。设备自身缺陷，施工安装不当，电气接触不良，雷击、静电引起的高温，电弧和电火花等是导致电气火灾的直接原因。周围存放易燃易爆物是电气火灾的环境条件。

**1. 电气火灾的主要原因**

1）电气设备或线路发生短路

电气设备或线路故障短路电流可达正常电流的几十倍甚至上百倍，产生的热量（正比于电流的平方）使温度上升超过自身和周围可燃物的燃点而引起燃烧，从而导致火灾。造成短路的原因主要有绝缘损坏、电路年久失修、疏忽大意、操作失误及设备安装不合格等。

（1）安装、接线疏忽引起的相间短路。如果断路器进线接线端子的连接螺钉比较短，未达到国家标准规定值，或连接松弛（特别是有振动的场所），使接触电阻增大，时间一长，便爆出火花，进而引起相间短路。这种短路电流因为发生在断路器前面，不经过断路器，故断路器无法保护。另外有些短路电流值未达到上一级保护断路器的动作额定值，上一级断路器不动作（比如短路电流仅为上一级断路器额定电流的 7 倍，它属于延时范围，动作时间为 7 s 左右），即在上一级断路器跳闸之前导线已被烧毁，导致电气火灾。

（2）安装断路器的场所潮湿严重。断路器虽未合闸，但其上的刀开关因疏忽而合上，则在断路器电源端的相间（如连接为裸铜排）因布满水气，引起相间击穿而短路，使配电箱被烧和楼房建筑物起火。

（3）泄漏电流因绝缘受损或线路对地电容大，相对产生泄漏电流。如泄漏电流达 300 mA（对额定电流为 40 A 的线路，泄漏电流是 100 mA），故障处的消耗功率约为 20 W，时间延续 2 h，将使绝缘进一步遭到损坏，从而造成相对地短路（若不使用剩余电流动作保护器 RCD，而使用熔断器或小型断路器动作），时间一长，容易引起火花放电，酿成火灾。

2）过载或不平衡引起电气设备过热

选用线路或电气设备不合理，线路的负载电流量超过了导线额定的安全载流量，以及电气设备长期超载（超过额定负载能力），引起线路或设备过热而导致火灾。

（1）断路器（熔断器）的额定电流偏大。如果设计时选择的断路器（熔断器）额定电流比线路的允许持续载流量、配电保护额定值大很多，当发生过载时，断路器在规定的时间内不动作，线路就长期处于过载状态，对绝缘、接线端子和周围物体形成损害，严重时将引起短路。

(2) 线缆电流密度偏大。IEC354—3—523 标准对 2.5 mm² 的铜芯塑料线的载流量规定为 26 A，而我国的标准是 32 A，则电流密度高出 IEC 标准 23%。若线缆电流密度偏大而引起过载，再加上保护不当，也易引起短路。

(3) 线路实际载流量超过设计载流量。当线路实际载流量超过设计载流量时，其后果是断路器频繁跳闸，无法用电。如强行使用(如用铜丝代替熔丝或拆除断路器)就会因过载造成短路。

(4) 三相负载不平衡。对于大量的单相设备，由于三相负载不平衡，引起某相电压升高，严重时将烧毁单相用电设备，导致起火。如以下三种形式：

① 负载阻抗大小相等而功率因数不相等，则某相出现过电压，严重时可达到额定电压的 1.27 倍。

② 负载阻抗大小不等而功率因数相等，负载阻抗大的一相电压最高，最大值可达到额定电压的 1.73 倍。

③ 如果三相负载阻抗和功率因数都不相等，最大相的负载过电压有可能达到额定电压的 2.36 倍。

3) 接触不良或断线引起过热

例如接头连接不牢或不紧密，以及动触头压力过小等使接触电阻过大，都可在接触部位发生过热现象。

(1) 中性线断裂引起电气设备烧毁的原因。

① 因装设马虎、受风雨侵袭或某些机械原因使中性线断开。

② 一些非线性负荷(如舞台调光用晶闸管、家用电器中的微波炉、电子镇流器等)的三次谐波很大，最大将超过 30% 额定电流，加上三相负载不平衡，N 线的电流最大可达 2 倍多额定电流。

③ N 线的截面积设计为 1/2 甚至 1/3 相线截面积，使 N 线烧断。中性线断裂后，如保护不当，则电气设备绝缘受损，引起单相电气设备烧坏，产生电气火灾。

(2) 单相接地故障。

对于 TI 系统，相线碰外壳或金属管道等而引起的短路，通常受接地电阻的限制，短路的电流约为 15.7 A，多数熔断器或断路器无法在如此小的电流下熔断或跳闸，就会引起打火或接弧。对于 TN 系统，它的 PE 线端子和接头发生接触不良，不易察觉，一旦发生磁壳等接地故障，将迸发高阻抗的电火花或拉电弧，限制了短路电流，使保护电器不能及时动作，而电弧、电火花的局部高温将使易燃物起火。

4) 通风散热不良

大功率设备缺少通风散热设施或通风散热设施损坏，造成过热。

5) 电炉等使用不当

如电炉、电熨斗、电烙铁等未按要求使用，或用后忘记断开电源。

6) 电火花和电弧

有些电气设备正常运行时就能产生电火花、电弧，如大容量开关和接触器触头的分合操作等都会产生电弧和电火花。电火花温度可达数千摄氏度，遇可燃物便可点燃，遇可燃气体会发生爆炸。

**2. 电气火灾的防护措施**

电气火灾的防护措施主要是要消除隐患,提高用电安全性。具体措施可从以下几个方面着手。

(1) 了解易燃易爆环境。

在日常生活和生产的各个场所中,广泛存在着易燃易爆物质,如石油液化气、煤气、天然气、汽油、柴油、酒精、棉、麻、化纤织物、木材、塑料等,另外一些设备本身可能会产生易燃易爆物质,如设备的绝缘油在电弧作用下分解和气化,喷出大量的油雾和可燃气体,酸性电池排出氢气并形成爆炸性混合物等。一旦这些易燃易爆环境遇到电气设备和线路故障导致的火源,便会立刻着火燃烧。

(2) 正确设计、选择电气设备,防止电气火灾发生。

① 对正常运行条件下可能产生电热效应的电气设备要采取隔热等结构,并注重耐热、防火材料的使用。

② 按规程要求设置包括短路、过载、漏电等完备的电气保护,并校验其动作的灵敏性和可靠性。对电气设备和线路正确设置接地或接零保护,为防雷电应安装避雷器及接地装置。

③ 设计、选择电气设备时应考虑使用环境和条件。例如恶劣的自然环境和有导电尘埃的地方应选择有抗绝缘老化功能的产品,或增加相应的措施;对易燃易爆场所则必须使用防爆电气产品。

(3) 正确安装电气设备,防止电气火灾发生。

因安装不符合规程规定,造成电气火灾的情况为数较多。容易引发电气火灾的设备的安装应符合以下规定:

① 当固定式电气设备的表面温度能够引燃邻近物料时,应将其安装在能承受这种温度且具有低热度的物料之上或之中,或用低导热的物料将其与邻近的易燃物料隔开,或选择安装位置与邻近易燃物之间保持足够的安全距离,以便热量顺利扩散。

② 对于在正常工作时能够产生电弧或火花的电气设备,应使用灭弧材料将其全部围隔起来,或将其与可能被引燃的物料用耐弧材料隔开,或与可能引起火灾的物料之间保持足够的距离,以便安全消弧。

③ 安装和使用有局部热聚焦或热集中的电气设备时,使局部热聚焦或热集中部位与易燃物料必须保持足够的距离以防引燃。

④ 电气设备周围的防护屏障材料必须能承受电气设备产生的高温(包括故障情况下)。应根据具体情况选择不可燃、阻燃材料或在可燃性材料表面喷涂防火涂料。

(4) 正确使用电气设备,防止电气火灾发生。

为了避免由于电气设备使用不当造成的电气火灾,应做到按电气设备使用说明书的规定进行操作。一些典型电气设备的操作应符合下面的要求。

① 带冷却或加热辅助系统的电气设备开机前应先开辅助系统,再开主机。

② 电热设备用后要随手断电。

③ 意外停电时,应及时关断电气设备的电源开关,恢复供电后再重新开启。对无人照管的电气设备必须装配停电时自动分闸、来电时人工合闸的停电保安装置,以防恢复供电

时用电设备持续运转，发生意外事故。

④ 严格执行停送电操作规程，杜绝诸如隔离开关带负载拉闸等错误操作。

⑤ 一般情况下，电气设备不得带故障或超载运行。

⑥ 电加热设备或其他大功率设备须设温度保护装置。

**3. 高层楼宇火灾**

随着国家经济建设的迅速发展，改革开放的深入，人民生活水平的不断提高，以及其他各项事业的兴旺发展，城市用地日益紧张，因而促进了高层建筑的发展，使高层建筑越来越多。高层建筑一旦发生火灾，后果不堪设想。

1）高层建筑的火灾危险性

（1）火势蔓延快。

高层建筑的楼梯间、电梯井、管道井、风道、电缆井、排气道等竖向井道，如果防火分隔或防火处理不好，发生火灾时好像一座座高耸的烟囱，成为火势迅速蔓延的途径。尤其是高级宾馆、综合楼以及重要的图书楼、档案楼、办公楼、科研楼等高层建筑，一般室内可燃物较多，有的高层建筑还有可燃物品库房，一旦起火，燃烧猛烈，容易蔓延。

据测定，在火灾初起阶段，因空气对流，在水平方向造成的烟气扩散速度为 0.3 m/s；在火灾燃烧猛烈阶段，由于高温状态下的热对流而造成的水平方向烟气扩散速度为 0.5～3 m/s，烟气沿楼梯间或其他竖向管井扩散速度为 3～4 m/s。如一座高度为 100 m 的高层建筑，在无阻挡的情况下，半分钟左右，烟气就能顺竖向管井扩散到顶层。

例如，韩国汉城 22 层的"大然阁"酒店二楼咖啡间的液化石油气瓶爆炸起火，烟火很快蔓延到整个咖啡间和休息厅，并相继通过楼梯和其他竖向管井迅速向上蔓延，顷刻之间全楼变成一座"火塔"。大火烧了约 9 h，烧死 163 人，烧伤 60 人，烧毁大楼内全部家具、装修等，造成了严重损失。

助长火势蔓延的因素较多，其中风对高层建筑火灾就有较大的影响。因为风速是随着建筑物的高度增加而相应加大的。据测定，在建筑物 10 m 高处的风速为 5 m/s 时，在 30 m 高处的风速为 8.7 m/s，在 60 m 高处的风速为 12.3 m/s，在 90 m 高处的风速为 15.0 m/s。由于风速增大，势必会加速火势的蔓延扩大。

（2）疏散困难。

高层建筑有以下特点：一是层数多，垂直距离长，将人员疏散到地面或其他安全场所的时间也会长些；二是人员集中；三是发生火灾时由于各种竖井拔气力大，火势和烟雾向上蔓延快，增加了疏散人员的困难。在目前，我国有些城市从国外购置了为数不多的登高消防车，而大多数建有高层建筑的城市尚无登高消防车，即使有，高度也不很高，不能满足高层建筑安全疏散和扑救的需要。普通电梯在火灾时由于切断电源等原因往往停止运转，因此，多数高层建筑安全疏散主要是靠楼梯，而楼梯间一旦窜入烟气，就会严重影响人员疏散。这些都是高层建筑发生火灾时进行安全疏散和扑救的不利条件。

（3）扑救难度大。

高层建筑高达几十米，甚至超过二三百米，发生火灾时从室外进行扑救相当困难，一般要立足于自救，即主要靠室内消防设施。但由于目前我国经济、技术条件所限，高层建筑内部的消防设施还不是很完善，尤其是二类高层建筑仍以消火栓系统扑救为主，因此，扑救高层建筑火灾往往很困难。例如：热辐射强，烟雾浓，火势向上蔓延的速度快和途径多，消防人员难以堵截火势蔓延；扑救高层建筑火灾缺乏实战经验，指挥水平不高；高层建筑的消防用水量是根据我国目前的技术、经济水平按一般的火灾规模考虑的，当形成大面积火灾时，其消防用水量显然不足，需要利用消防车向高楼供水；建筑物内如果没有安装消防电梯，消防队员需要攀登高楼，就不能及时到达起火层进行扑救，消防器材也不能随时补充。

（4）火险隐患多。

一些高层综合性的建筑，功能复杂，可燃物多，消防安全管理不严，火险隐患多。如：有的建筑设有商业营业厅、可燃物仓库、人员密集的礼堂、餐厅等；有的办公建筑，出租给十几家或几十家单位使用，安全管理不统一，潜在火险隐患多，一旦起火，容易造成大面积火灾。火灾实例证明，这类建筑发生火灾，火势蔓延更快，扑救疏散更为困难，容易造成较大的损失。

2）高层建筑消防装置简介

高层建筑发生火灾时，主要利用建筑物本身的消防设施进行灭火和疏散人员、物资，故都设有较完善的消防系统。一般有以下装置：

（1）自动报警系统。该系统由烟雾感应器、光敏感应器或温度感应器作为火灾探测头，可根据不同的场合，选用不同的探头。当感应器探测到有火灾现象时，向消防中央控制室发出火灾报警信号，并向本层及上、下层发出信号驱动警铃，中央控制室根据火灾信号的区域显示，可启动监控进行确认。

（2）手动报警系统。它由多个红色小方盒按钮组成，当发生火灾时，只要按下该按钮，则该层的火灾警铃被驱动，发出报警信号，并向消防中心传递火灾报警区域信息。

（3）自动喷淋系统。该系统由喷淋水泵、管道、水流开关、喷淋头、水流警铃等组成。当温度上升到喷淋头的熔化点时，喷淋头的阀门被打开，水向外喷出，达到自动灭火的目的。水流动起来后，水流开关动作，启动喷淋泵，以保喷淋管道的水压。动作温度的高低，取决于喷淋头的材料，一般以各种不的颜色来区分不同的动作温度。例如红色的喷淋头，动作温度为68℃，用在普通场合；绿色的动作温度为93℃，用于厨房；黄色的动作温度为102℃（也有117℃），用于锅炉房等。

（4）消防栓系统。该系统由消防水泵、消防管道、消防栓、水带、水枪和打烂玻璃按钮组成。它的作用是为灭火提供水源及工具。灭火时，只需连接好消防栓、水带、水枪，开启消防栓的水阀，水就可从水枪头喷出。为了保证消防水管水压，此时可将玻璃按钮的玻璃打烂，消防水泵即可自动启动为水管加压。采用水枪灭火时，应在停电后进行。

（5）排烟系统。该系统由排烟风机、排烟阀及通风管道组成。当有火灾报警信号时，消防中心控制系统发出指令打开排烟阀，排烟阀打开后，启动排烟风机，抽走烟雾，以减小走火通道的烟雾浓度，为人们逃生创造条件。排烟风机的出口端装有温度感应元件，当出口温度达到280℃时，证明火灾已到较高的级别，排烟风机停止工作，以免给火灾现场加氧而加大火势。

（6）诱导灯系统。该系统主要由带有光源的箭头指示器组成，用来指示人们安全逃生的方向。

（7）广播系统。该系统由功率放大器、扬声器及线路网络组成。通过广播，使人们了解火灾的基本情况，指挥及引导人们逃生。

（8）事故照明系统。当该系统接到火灾报警信号后，自动切断本层电源，以控制火势的迅速蔓延，同时事故照明开启，给逃生及灭火提供光源。

（9）监控系统。该系统由摄像头、监视器、录像机等设备组成。可通过监控来确认火灾信号的真伪或确定火灾位置及火灾的情况，为消防中心发出疏散和灭火指令提供依据。

当有火灾信号发出时，可通过消防中心使消防装置各系统协调动作。如：排烟阀打开；排烟风机启动；中央空调的新风送风机停止送风；电梯取消所有召唤及指令，返回基站并关闭轿门、厅门；火灾层电源断开，事故照明灯及诱导灯打开等。所有这些设备都需要电源供电，如没有可靠的电源，就不能及时报警、灭火，不能有效地疏散人员、物资和控制火势蔓延，势必造成重大的损失。因此，合理地确定高层建筑消防用电负荷等级，保障高层建筑消防用电设备的可靠供电是非常重要的。根据我国的具体情况，对高层建筑的消防用电负荷要求应至少为Ⅱ类负荷供电。

3）火灾现场逃生

发现火灾后第一件事就是有条件的要迅速打电话报警，报警时要简明扼要地把发生火灾的确切地址、单位、起火部位、燃烧物和着火程度等说清楚。

当火灾发生后，若判断已经无法扑灭时，应该马上逃生。特别是在人员集中的较封闭的厂房、车间、工棚内发生火灾和在公共场所（如影剧院、宾馆、办公大楼、高层集体宿舍等）发生火灾时，更要尽快逃离火区。火场逃生，要注意以下几点：

（1）不要惊慌，要尽可能做到沉着、冷静，更不要大吵大叫，互相拥挤。

（2）正确判断火源、火势和蔓延方向，以便选择合适的逃离路线。

（3）回忆和判断安全出口的方向、位置（这要平时养成良好的习惯，每到一个新场所，先要观察安全通道、安全出口的位置），以便能在最短时间内找到安全出口。

（4）准备好各种救生设备。疏散时，不能争先恐后，应先确认火灾的方位，找准出口就近从消防通道逃生，切不可乘坐电梯。

（5）要有友爱精神，听从指挥，有秩序地撤离火场。例如克拉玛依火灾事故，由于没有统一指挥，不少人挤到安全出口时乱作一团，不少小学生惨死在出口处，这是一个惨痛的教训。

（6）火势较大伴有浓烟且撤离较困难时必须采取措施。因为火灾现场浓烟是有毒的，而且浓烟在室内上方聚集，越低的地方越安全，所以逃生者要就地将衣服、帽子、手帕等物弄湿，捂住自己的嘴、鼻，防止烟气呛入或吸入毒气中毒，采用低姿或爬行的方法逃离；视线不清时，手摸着墙缓慢撤离。

（7）楼道内烟雾过浓无法撤离时，应利用窗户、阳台逃生，拴上安全绳、床单并沿管道逃生，如不具备条件，切不可盲目跳楼。

（8）无法逃离火场时，要选择相对安全的地方。火若是从楼道方向蔓延的，可以关紧房门，用湿布塞住门缝，并向门上泼水降温，挥动醒目的标志向外求救或设法呼救，尽量找一个安全的地方躲避，等待援救。注意不要鲁莽行事，造成其他伤害。

**4. 电气火灾的扑救**

电气火灾是电路短路、过载、接触电阻增大、设备绝缘老化、电路产生火花或电弧，以及操作人员或维护人员违反规程等造成的。它会造成严重的设备损坏及人员伤亡事故,给国家带来极大的损失。因此,在电气设备管理和电气操作中严格遵守电气防火规程,是每一位电气工作人员必须时刻谨记之事。

1) 发生电气火灾时的消防方法

(1) 电气设备发生火灾,首先要马上切断电源,然后进行灭火,并立即拨打电话报警,向公安消防部门求助。扑救电气火灾时应注意触电危险,为此要及时切断电源,并通知电力部门派人到现场指导和监护扑救工作。

(2) 正确选择使用灭火器,在扑救尚未确定是否断电的电气火灾时,应选择适当的灭火器和灭火装置,否则,有可能造成触电事故和更大危害。如普通水枪射出的直流水柱或泡沫灭火器射出的泡沫会导电,使用它们灭火时会导致触电。

(3) 若无法切断电源,应立即采取带电灭火的方法,选用二氧化碳、四氯化碳、1211、干粉等不导电的灭火剂灭火。灭火器和人体与 10 kV 及以下的带电体要保持 0.7 m 以上的安全距离;与 35 kV 及以下的带电体保持 1 m 以上的安全距离。灭火过程中同时要确保安全和防止火势蔓延。

(4) 用水枪灭火时应使用喷雾水枪,同时要采取安全措施,要穿绝缘鞋和戴绝缘手套,水枪喷嘴应可靠接地。带电灭火时使用喷雾水枪比较安全,原因是这种水枪通过水柱的泄漏电流较小。用喷雾水枪灭电气火灾时水枪喷嘴与带电体的距离可参考以下数据:10 kV 及以下者(指带电体电压)不应小于 0.7 m;35 kV 以下者不应小于 1 m;110 kV 及以下者不应小于 3 m;220 kV 的不应小于 5 m。

(5) 带电灭火必须有人监护。

(6) 用四氯化碳灭火器灭火时,灭火人员应站在上风侧,当发现有毒烟雾时,应马上戴上防毒面罩,以防中毒;灭火后空间要注意通风。使用二氧化碳灭火时,当其浓度达 10% 时,人就会感到呼吸困难,要注意防止窒息。凡转动的电气设备或器件着火,不准使用泡沫灭火器和砂土灭火。

(7) 若火灾发生在夜间,应准备足够的照明和消防用电。

(8) 室内着火时,千万不要急于打开门窗,以防止空气流通而加大火势。只有做好充分灭火准备后,才可有选择地打开门窗。

(9) 当灭火人员身上着火时,灭火人员可就地打滚或撕脱衣服;不能用灭火器直接向灭火人员身上喷射,而应使用湿麻袋、石棉布或湿棉被将灭火人员覆盖。

2) 灭火的基本原理

由燃烧所必须具备的几个基本条件可以得知,灭火就是破坏燃烧条件使燃烧反应终止的过程。其基本原理归纳为以下四个方面:冷却、窒息、隔离和化学抑制。

(1) 冷却灭火。

对一般可燃物来说,能够持续燃烧的条件之一就是它们在火焰或热的作用下达到了各自的着火温度。因此,对于一般可燃物火灾,将可燃物冷却到其燃点或闪点以下,燃烧反应就会中止。水的灭火机理主要是冷却作用。

(2) 窒息灭火。

各种可燃物的燃烧都必须在其最低氧气浓度以上进行,否则燃烧不能持续进行。因此,通过降低燃烧物周围的氧气浓度可以起到灭火的作用。通常使用的二氧化碳、氮气、水蒸气等的灭火机理主要是窒息作用。

(3) 隔离灭火。

把可燃物与引火源或氧气隔离开来,燃烧反应就会自动中止。火灾中隔离灭火的措施有:关闭有关阀门,切断流向着火区的可燃气体和液体的通道;打开有关阀门,使已经发生燃烧的容器或受到火势威胁的容器中的液体可燃物通过管道流到安全区域。

(4) 化学抑制灭火。

化学抑制灭火就是使灭火剂与链式反应的中间体自由基反应,从而使燃烧的链式反应中断,使燃烧不能持续进行。常用的干粉灭火剂、卤代烷灭火剂的主要灭火机理就是化学抑制作用。

3) 常用灭火器

各种场合根据灭火的需要必须配置相应种类和数量的消防器材、设备、设施,如消防桶、消防梯、铁锹、安全钩、沙箱(池)、消防水池(缸)、消防栓和灭火器。灭火器是一种可由人力移动的轻便灭火器具,它能在其内部压力作用下将所充装的灭火剂喷出,用来扑灭火灾。由于它的结构简单,操作方便,使用面广,对扑灭初起火灾有一定的效果,因此,在工厂、企业、机关、商店、仓库,以及汽车、轮船、飞机等交通工具上,几乎到处可见,已成为群众性的常规灭火武器。

灭火器的种类很多,按其移动方式可分为手提式和推车式;按驱动灭火剂的动力来源可分为储气瓶式、储压式、化学反应式;按所充装的灭火剂则又可分为泡沫、干粉、二氧化碳、清水、卤代烷灭火器。目前常用的灭火器有泡沫灭火器、酸碱灭火器、干粉灭火器、二氧化碳灭火器和 1211 灭火器等五种灭火器。种类不同,其性能、使用方法和保管检查方法也有差异,下面分别予以介绍。

(1) 清水灭火器。

水是自然界中分布最广、最廉价的灭火剂,由于水具有较高的比热($4.186$ J/(g·℃))和汽化热($2260$ J/g),因此在灭火中其冷却作用十分明显。其灭火机理主要依靠冷却和窒息作用进行灭火。水灭火剂的主要缺点是会产生水渍损失和造成污染,以及不能用于带电火灾的扑救。发生火灾时将喷雾水枪接上消防栓,可用来扑灭油类、变压器和多油开关等电气设备的火灾。使用时,打开消防栓的门,卸下消防栓出水口上的堵头,接上水带,再接上喷雾水枪,最后打开消防栓的水闸即可使用,如图 5-19 所示。

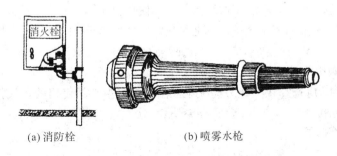

(a) 消防栓                    (b) 喷雾水枪

图 5-19    消防栓和喷雾水枪

CB/T 4032—2005
J 类法兰青铜消防栓

GB 2032—93
船用法兰消防栓

GA 534—2005
脉冲气压喷雾水
枪通用技术条件

（2）二氧化碳灭火器。

二氧化碳灭火器利用其内部充装的液态二氧化碳的蒸气压将二氧化碳喷出灭火。由于二氧化碳灭火剂具有灭火不留痕迹，并有一定的电绝缘性能等特点，因而可扑救 600 V 以下的带电电气、贵重设备、图书资料、仪器仪表等初起火灾，以及一般可燃液体的火灾，但不能扑救钾、钠、镁、铝等物质的火灾。

在使用二氧化碳灭火器灭火时，将灭火器提到或扛到火场，在距燃烧物 5 m 左右放下，拔出保险销，一手握住喇叭筒根部的手柄，另一只手紧握启闭阀的压把，如图 5 - 20 所示。

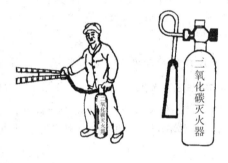

图 5 - 20　二氧化碳灭火器的使用

DB31/77—92 手提式二氧化碳
灭火器维修安全技术条件

对没有喷射软管的二氧化碳灭火器，应把喇叭筒往上扳 70°～90°。使用时，不能直接用手抓住喇叭筒外壁或金属连接管，以防止手被冻伤。灭火时，当可燃液体呈流淌状燃烧时，使用者应将二氧化碳灭火器的喷流由近而远向火焰喷射；如果可燃液体在容器内燃烧时，使用者应将喇叭筒提起，从容器的一侧上部向燃烧的容器中喷射，但不能将二氧化碳射流直接冲击在可燃液面上，以防止可燃液体冲出容器而扩大火势，造成灭火困难。

推车式二氧化碳灭火器一般由两个人操作，使用时由两人一起将灭火器推或拉到着火处，在离燃烧物 10 m 左右停下，一人快速取下喇叭筒并展开喷射软管后，握住喇叭筒根部的手柄，另一人快速按顺时针方向旋动手轮，并开到最大位置。灭火方法与手提式的方法一样。

使用二氧化碳灭火器应注意：当空气中二氧化碳含量达到 10% 时，会使人感到呼吸困难，在室外使用的，应选择在上风方向喷射，在室内窄小空间使用的，一定要打开门窗，保证通风；灭火后操作者应迅速离开，以防窒息。

（3）干粉灭火器。

干粉灭火器以液态二氧化碳或氮气为动力，将灭火器内干粉灭火剂喷出进行灭火。它适用于扑救石油及其制品、可燃液体、可燃气体、可燃固体物质的初起火灾等。由于干粉有 5 kV 以上的电绝缘性能，因此也能扑救带电设备火灾，但不宜扑救旋转电机的火灾。这种灭火器广泛应用于工厂、矿山、油库及交通等场所。

干粉灭火器适用范围：碳酸氢钠干粉灭火器适用于易燃可燃液体、气体及带电设备的初起火灾；磷酸铵盐干粉灭火器除可用于上述几类火灾外，还可扑救固体类物质的初起火灾。但它们都不能扑救轻金属燃烧的火灾。

在使用干粉灭火器灭火时，可手提或肩扛灭火器快速奔赴火场，在距燃烧物 5 m 左右，放下灭火器。如在室外，应选择在上风方向喷射。使用的干粉灭火器若是外挂式储气瓶的，操作者应一手紧握喷枪，另一手提起储气瓶上的开启提环。如果储气瓶的开启是手轮式的，则按逆时针方向旋开，并旋到最高位置，随即提起灭火器。当干粉喷出后，迅速对准火焰的根部扫射。使用的干粉灭火器若是内置式储气瓶的或者是储压式（也称贮压式）的，操作者应先将开启把手的保险销拔下，然后握住喷射软管前端喷嘴根部，另一手将开启压把压下，打开灭火器喷射灭火，如图 5 - 21 所示。有喷射软管的灭火器或储压式灭火器在使用时，一手应始终压下压把，不能放开，否则会中断喷射。

图 5 - 21　干粉灭火器的使用

T / ZZB 1560−2020
手提贮压式灭火器（干粉、水基型）

干粉灭火器扑救可燃、易燃液体火灾时，应对准火焰根部扫射。如被扑救的液体火灾呈流淌燃烧时，应对准火焰根部由近而远，并左右扫射，直至把火焰全部扑灭。如果可燃液体在容器内燃烧，使用者应对准火焰根部左右晃动扫射，使喷射出的干粉流覆盖整个容器开口表面；当火焰被赶出容器时，使用者仍应继续喷射，直至将火焰全部扑灭。在扑救容器内可燃液体火灾时，应注意不能将喷嘴直接对准液体表面喷射，防止喷流的冲击力使可燃液体喷出而扩大火势，造成灭火困难。如果可燃液体在金属容器内燃烧时间过长，容器壁温度已高于被扑救可燃液体的自燃点，此时极易造成灭火后复燃的现象，可与泡沫类灭火器联用，则灭火效果更佳。

（4）卤代烷灭火器。

凡内部充装卤代烷灭火剂的灭火器统称为卤代烷灭火器。常用的有 1211 灭火器。1211灭火器利用装在筒体内的氮气压力将 1211 灭火剂喷出灭火。由于 1211 灭火剂的机理是化学抑制灭火，其灭火效率很高，具有无污染、绝缘等优点，因而可适用于除金属火灾外的所有火灾，尤其适用于扑救精密仪器、计算机、珍贵文物及贵重物资仓库等的初起火灾。

1211 灭火器在使用时，应手提灭火器的提把或肩扛灭火器将灭火器带到火场。在距燃烧物 5 m 左右，放下灭火器，先拔出保险销，一手握住开启压把，另一手握在喷射软管前端的喷嘴处。如灭火器无喷射软管，可一手握住开启压把，另一手扶住灭火器底部的底圈部分，先将喷嘴对准燃烧处，用力握紧开启压把，使灭火器喷射，如图 5-22 所示。

图 5-22　1211 灭火器的使用

当被扑救的可燃液体呈流淌状燃烧时，使用者应对准火点由近而远并左右扫射，向前快速推进，直至火焰全部扑灭。如果可燃液体在容器中燃烧，应对准火焰左右晃动扫射，当火焰被赶出容器时，喷射流跟着火焰扫射，直至把火焰全部扑灭，但应注意不能将喷流直接喷射在燃烧液面上以防止灭火剂的冲力将可燃液体冲出容器而扩大火势，造成灭火困难。如果扑救可燃固体物质的初起表面火灾时，则将喷流对准燃烧最猛烈处喷射，当火焰被扑灭后，应及时采取措施，不让其复燃。

1211 灭火器使用时不能颠倒，也不能横卧，否则灭火剂不会喷出。另外，在室外使用时，应选择在上风方向喷射；在窄小空间的室内灭火时，灭火后操作者应迅速撤离（因为1211 灭火剂也有一定毒性），以防对人体造成伤害。

（5）泡沫灭火器。

泡沫灭火器指灭火器内充装的为泡沫灭火剂，可分为化学泡沫灭火器和空气泡沫灭火器。化学泡沫灭火器内装硫酸铝（酸性）和碳酸氢钠（碱性）两种化学药剂，使用时，两种溶液混合引起化学反应产生泡沫，并在压力作用下喷射出去进行灭火。空气泡沫灭火器充装的是空气泡沫灭火剂，它的性能优良，保存期长，灭火效力高，使用方便，是化学泡沫灭火器的更新换代产品，它可根据不同需要充装蛋白泡沫、氟蛋白泡沫、聚合物泡沫、轻水（水成膜）泡沫和抗溶性泡沫等。泡沫灭火器可用于扑救油类或其他易燃液体的火灾，不能扑救忌水和带电物体的火灾。

化学泡沫灭火器的使用方法：手提筒体上部的提环靠近火场，在距着火点 10 m 左右，将筒体颠倒过来，稍加摇动，一只手握紧提环，另一只手握住筒体的底圈，将射流对准燃烧物，如图 5-23 所示。

图 5-23　泡沫灭火器的使用

　　泡沫灭火器在扑救可燃液体火灾时，如可燃液体已呈流淌状燃烧，则将泡沫由远及近喷射，使泡沫完全覆盖在燃烧液面上；如在容器内燃烧，应将泡沫射向容器内壁，使泡沫沿容器内壁流淌，逐步覆盖着火液面。切忌直接对准液面喷射，以免由于射流的冲击将燃烧的液体冲出容器而扩大燃烧范围。在扑救固体火灾时，应将射流对准燃烧最猛烈处进行灭火。在使用过程中，灭火器应当始终处于倒置状态，否则会中断喷射。

　　4）使用灭火器扑灭电气火灾的注意事项

　　（1）对于初起的电气火灾，可使用二氧化碳灭火器、四氯化碳灭火器、1211 灭火器或干粉灭火器等。这些灭火器中的灭火剂是非导电物质，可用于带电灭火。电气火灾不能直接用水或泡沫灭火器灭火，因为水和泡沫都是导电物质，且对电气设备的绝缘有腐蚀作用，不宜用于带电灭火。

　　（2）用喷雾水枪带电灭火时，通过水柱的泄漏电流较小，比较安全。若用直流水枪灭火，通过水柱的泄漏电流会威胁人身安全。为此，直流水枪的喷嘴应接地，灭火人员应戴绝缘手套，穿绝缘鞋或均压服。

　　（3）带电灭火时，灭火人员与带电体之间应保持必要的安全距离。用水灭火时，水枪喷嘴至带电体的距离为：110 kV 及以下者不小于 3 m；220 kV 及以上者不小于 5 m。用不导电灭火剂灭火时，喷嘴至带电体的最小距离为：10 kV 者不小于 0.4 m；35 kV 者不小于0.6 m。

　　（4）对于旋转的电机火灾，为防止设备的轴承、轴等变形，可用二氧化碳、四氯化碳、1211 或喷雾灭火器扑救。但不能用沙子和干粉扑救，以防沙子、干粉落入电机内。

　　（5）绝缘油是可燃液体，受热汽化可能形成很大的压力，造成充油设备爆炸。因此，充油设备着火有更大的危险性。对于配电装置如变压器、油浸式互感器等的火灾，宜使用干式灭火机（器）扑救。如果充油设备内部故障起火，则必须立即切断电源，用冷却灭火法和窒息灭火法使火焰熄灭。即使在火焰熄灭后，还应持续喷洒冷却剂直到设备温度降至绝缘油闪点以下，以防止高温使油气重燃造成重大事故。如果油箱已经爆裂，燃油外泄，可用泡沫灭火器或黄沙扑灭地面和贮油池内的燃油，同时注意采取措施防止燃油蔓延。只有在不得已时，才可使用干沙直接投向电气设备。

　　（6）对于地面上变压器油等燃料的灭火，可使用干沙或泡沫灭火器灭火，但不可用消防水龙头的水冲浇。

　　（7）当溢在变压器盖顶上的变压器油着火时，应开启变压器下部的放油阀排油，使油面下降至低于燃火处。

　　（8）对于电力电缆的火灾，可使用干沙和干土覆盖，但不能使用水或泡沫灭火器扑救。

　　（9）对于架空线路等空中设施进行灭火时，要注意人体与带电体之间的仰角不宜超过45°角，防止导线跌落时伤人。

　　5）灭火器材的保管

　　灭火器在不使用时，应注意对它的保管与检查。具体注意如下几点：

　　（1）灭火器应放在便于取用处。

　　（2）注意有效期限，保证随时可正常使用。

　　（3）防止喷嘴堵塞；冬季应防冻，夏季要防晒；防止受潮、摔碰。

　　（4）定期检查，保证完好。如对于二氧化碳灭火器，应每月测量一次，当重量低于原重量的 90％时，应充气；对于四氯化碳灭火器、干粉灭火器，应检查压力情况，少于规定压力时应及时充气、检修及更换。

# 复习与思考题

5-1　安全用电应注意哪些事情？

5-2　人体触电有几种类型和形式？

5-3　电流对人体的损害与哪些因素有关？

5-4　什么叫安全电压？我国对安全电压是如何规定的？

5-5　简述触电急救的方法。

5-6　做人工呼吸法之前须注意哪些事项？

5-7　安全用电有哪些预防措施？

5-8　简述触电急救的步骤和方法。

5-9　实训现场起火，应该怎么办？

5-10　带电设备起火，应如何进行灭火？

5-11　不带电设备起火，应如何进行灭火？

5-12　在商场购物时，若发生火灾，应怎样逃生？

# 项目 6　电工工具与电工材料

## 6.1　电工常用工具

**1. 验电笔**

1) 验电笔的结构

维修电工使用的低压验电笔又称测电笔(简称电笔)。电笔有钢笔式和螺钉旋具式两种,它们由氖管、电阻、弹簧和笔身等组成,如图 6-1 所示。

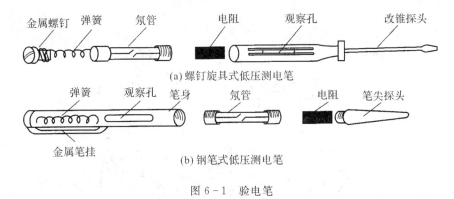

(a) 螺钉旋具式低压测电笔

(b) 钢笔式低压测电笔

图 6-1　验电笔

2) 功能及使用

使用验电笔时应将笔尖触及被测物体,手指则应触及笔尾的金属体。具体使用方法为:手拿验电笔以一个手指触及金属盖或中心螺钉,金属笔尖与被检查的带电部分接触,使氖管小窗背光朝自己,如氖灯发亮则说明设备带电(灯愈亮则电压愈高,灯愈暗则电压愈低)。低压验电器有如下几个用途:

(1) 在 220 V/380 V 三相四线制系统中,可检查系统故障或三相负荷不平衡。不管是相间短路、单相接地、相线断线,还是三相负荷不平衡,中性线上均会出现电压,若验电笔灯亮,则证明系统故障或负荷严重不平衡。

(2) 可检查相线接地。在三相三线制系统(Y 接线)中,用验电笔分别触及三相时,发现氖灯两相较亮,一相较暗,表明灯光暗的一相有接地现象。

(3) 可检查设备外壳漏电。当电气设备的外壳(如电动机、变压器)有漏电现象时,则验电笔氖灯发亮;如果外壳原是接地的,氖灯发亮则表明接地保护断线或有其他故障(接地良好时氖灯不亮)。

(4) 可检查电路接触不良。当发现氖灯闪烁时,表明回路接头接触不良或松动,或是两个不同电气系统相互干扰。

（5）可区分直流、交流及直流电的正负极。验电笔通过交流电时，氖灯的两个电极同时发亮，通过直流电时，氖灯的两个电极中只有一个发亮，这是因为交流正负极交变而直流正负极不变形成的。把验电笔连接在直流电的正负极之间，氖灯亮的那端为负极。人站在地上，用验电笔触及直流电正极或负极，氖灯不亮，证明直流不接地；否则，直流接地。

3）使用注意事项

在使用验电笔时要注意防止金属体笔尖触及皮肤，以避免触电，同时也要防止因金属体笔尖引起短路事故。验电笔只能用于 380 V/220 V 系统；验电笔使用前须在有电设备上验证其是否良好。

**2. 钢丝钳**

（1）钢丝钳的结构。钢丝钳由钳头和钳柄及钳柄绝缘柄套等部分组成，绝缘柄套的耐压为 500 V。

（2）钢丝钳的功能。钢丝钳的钳口用来弯绞或钳夹导线线头，齿口用来固紧或起松螺母，刀口用来剪切导线或剖切导线绝缘层，铡口用来剪切电线芯线和钢丝等较硬金属线，如图 6 - 2 所示。

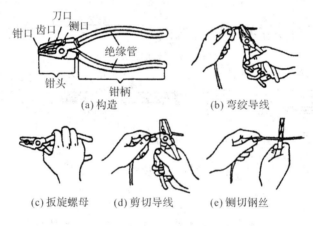

图 6 - 2 钢丝钳

（3）钢丝钳的规格。钢丝钳以钳身长度计有 160 mm、180 mm、200 mm 三种规格。

钢丝钳质量检验内容：绝缘胶套外观良好；无破损，整体外观良好；目测钳口密合不透光；钳柄绕垂直导线大面积范围转动灵活，但不能沿垂直钳身方向运动。

（4）使用注意事项。钢丝钳使用应注意以下事项：使用前应检查绝缘柄套是否完好，绝缘柄套破损的钢丝钳不能使用；用以切断导线时，不能将相线和中性线或不同相的相线同时在一个钳口处切断，以免发生事故；不能将钢丝钳当榔头和撬杠使用；爱护绝缘柄套。

**3. 尖嘴钳**

（1）尖嘴钳的结构。尖嘴钳由钳头和钳柄及钳柄上耐压为 500 V 的绝缘套等部分组成。

（2）尖嘴钳的功能。尖嘴钳尖嘴头部细长成圆锥形，接近端部的钳口上有一段棱形齿纹。由于它的头部尖而长，因而适应在较窄小的工作环境中夹持轻巧的工件或线材，或剪切、弯曲细导线。其外形如图 6 - 3 所示。

图 6-3　尖嘴钳

(3) 尖嘴钳的规格。根据钳头的长度尖嘴钳可分为短钳头(钳头为钳子全长的 1/5)和长钳头(钳头为钳子全长的 2/5)两种。规格以钳身长度计有 125 mm、140 mm、160 mm、180 mm、200 mm 五种。

### 4. 斜口钳

(1) 斜口钳的结构。斜口钳由钳头、钳柄和钳柄上耐压为 1000 V 绝缘套等部分组成，其特点是剪切口与钳柄成一定角度。质量检验内容与钢丝钳相似。

(2) 斜口钳的功能。斜口钳用以剪断较粗的导线和其他金属丝，还可直接剪断低压带电导线。在工作场所比较狭窄的地方和设备内部，用以剪切薄金属片、细金属丝，或剖切导线绝缘层。其外形如图 6-4 所示。

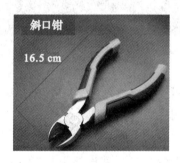

图 6-4　斜口钳

(3) 斜口钳的规格。斜口钳常用规格有 125 mm、140 mm、160 mm、180 mm、200 mm 五种。

### 5. 螺钉旋具

(1) 螺钉旋具的结构。螺钉旋具由金属杆头和绝缘柄组成。按金属杆头部分的形状(又称刀品形状)，分为"十"字起子(螺丝刀、批等)及"一"字起子和多用起子。

(2) 螺钉旋具的功能。螺钉旋具是用来旋动头部带一字形或十字形槽螺钉的手用工具。使用时，应按螺钉的规格选用合适的旋具刀口。任何"以大代小，以小代大"使用旋具均会损坏螺钉或电气元件。电工不可使用金属杆直通柄根的旋具，必须使用带有绝缘柄的旋具。为了避免金属杆触及皮肤及邻近带电体，应在金属杆上穿套绝缘管。其外形如图 6-5 所示。

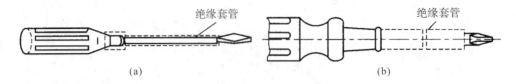

图 6-5 螺钉旋具

### 6. 剥线钳

（1）剥线钳的结构。剥线钳由钳头和手柄两部分组成，钳头由压线口和切口组成，有直径为 0.5～3 mm 的多个切口，以适应不同规格芯线的剥、削。

（2）剥线钳的功能。剥线钳是电工专用的用于剥离导线头部的一段表面绝缘层的工具。使用时切口大小应略大于导线芯线直径，否则会切断芯线。它的特点是使用方便，剥离绝缘层不伤线芯，可适用芯线横截面积为 6 mm² 以下的绝缘导线。其外形如图 6-6 所示。

图 6-6 剥线钳

（3）剥线钳的规格。剥线钳常用规格有 140 mm、180 mm 两种。

（4）使用注意事项。使用剥线钳时不允许带电剥线。

### 7. 电工刀

（1）电工刀的结构。电工刀也是电工常用的工具之一，是一种切削工具，其外形如图 6-7所示，由刀身和刀柄两部分组成。

图 6-7 电工刀

（2）电工刀的功能。电工刀主要用于剥、削导线绝缘层和木桦等。有的多用电工刀还带有手锯和尖锥，用于电工材料的切割。

（3）电工刀的规格。电工刀有一用、两用、多用之分，常见规格为 1 号刀（柄长 115 mm）、2 号刀（柄长 105 mm）、3 号刀（柄长 95 mm）。电工刀主要用于割、削 6 mm² 以上电线的绝缘层、棉纱绝缘索等。

（4）使用注意事项。电工刀使用时注意以下事项：使用时应刀口朝外，以免伤手；用毕，随即把刀身折入刀柄；因为电工刀柄不带绝缘装置，所以不能带电操作，以免触电。

# 6.2　常用电工材料

## 1. 常用绝缘材料

绝缘材料又称电介质，其电阻率大于 $10^9 \Omega \cdot m$（某种材料制成的长度为 1 m、横截面积为 1 mm² 的导线的电阻叫做这种材料的电阻率），它在外加电压的作用下，只有很微小的电流通过，也就是通常所说的不导电物质。绝缘材料的主要功能是能将带电体与不带电体相隔离，或将不同电位的导体相隔离，以确保电流的流向或人身的安全。在某些场合，还起支撑、固定、灭弧、防晕、防潮等作用。

绝缘材料种类繁多，按其形态可分为气体绝缘材料、液体绝缘材料和固体绝缘材料三大类。

电工作业中常见的绝缘材料主要是固体绝缘材料，其按绝缘材料的化学性质可分为有机绝缘材料、无机绝缘材料和混合绝缘材料。有机绝缘材料主要有橡胶、树脂、麻、丝、漆、塑料等，具有较好的机械强度和耐热性能。无机绝缘材料主要有云母、石棉、大理石、电瓷、玻璃等，其耐热性能和机械强度都优于有机绝缘材料。混合绝缘材料是由无机绝缘材料和有机绝缘材料经加工后制成的各种成型绝缘材料，常用作电器的底座、外壳等。

1）绝缘材料的基本性能

绝缘材料的品质在很大程度上决定了电工产品和电气工程的质量及使用寿命，而其品质的优劣与它的物理、化学。机械和电气等基本性能有关。这里仅就其中的耐热性、绝缘强度、机械性能做一简要的介绍。

（1）耐热性。

耐热性是指绝缘材料承受高温而不改变介电、机械、理化等特性的能力。通常，电气设备的绝缘材料长期在热态下工作，其耐热性是决定绝缘性能的主要因素。

（2）绝缘强度。

绝缘材料在高于某一极限数值的电压作用下，通过电介质的电流将会突然增加，这时绝缘材料被破坏而失去绝缘性能，这种现象称为电介质的击穿。电介质发生击穿时的电压称为击穿电压。单位厚度的电介质被击穿时的电压称为绝缘强度，也称击穿强度，单位为 kV/mm。需要指出的是，固体绝缘材料一旦被击穿，其分子结构发生了改变，即使取消外加电压，它的绝缘性能也不能恢复到原来的状态。

（3）力学性能。

绝缘材料的机械性能有多种指标，其中主要一项是抗张强度，它表示绝缘材料承受力的能力。

2）电工绝缘材料

（1）电工塑料。

塑料是由合成树脂或天然树脂、填充剂、增塑剂和添加剂等配合而成的高分子绝缘材料。它有密度小、机械强度高、介电性能好、耐热、耐腐蚀、易加工等优点，在一定的温度压力下可以加工成各种规格、形状的电工设备绝缘零件，是主要的导线绝缘和护层材料。

（2）电工橡胶。

橡胶分天然橡胶和人工合成橡胶两类。

天然橡胶由橡胶树分泌的浆液制成，主要成分是聚异戊二烯，其抗张强度、抗撕性和回弹性一般比人工合成橡胶好，但不耐热，易老化，不耐臭氧，不耐油和不耐有机溶剂，且易燃。天然橡胶适合制作柔软性、弯曲性和弹性要求较高的电线电缆绝缘和护套，长期使用温度为 60℃～65℃，耐电压等级可达 6 kV。

人工合成橡胶是碳氢化合物的合成物，主要用于电线电缆的绝缘和护套材料。

（3）绝缘薄膜。

绝缘薄膜是由若干高分子聚合物通过拉伸、流涎、浸涂、车削辗压和吹塑等方法制成的。选择不同材料和方法可以制成不同特性和用途的绝缘薄膜。电工用绝缘薄膜厚度在0.006～0.5 mm 之间，具有柔软、耐潮、电气性能和机械性能好的特点，主要用于电机、电气线圈和电线电缆包绝缘以及电容器介质。

（4）绝缘黏带。

电工用绝缘黏带分为织物黏带、薄膜黏带和无底材黏带三类。织物黏带是以无碱玻璃布或棉布为底材，涂以胶黏剂，再经烘焙、切带而成的。薄膜黏带是在薄膜的一面或两面涂以胶黏剂，再经烘焙、切带而成。无底材黏带由硅橡胶或丁基橡胶和填料、硫化剂等经混炼、挤压而成。绝缘黏带多用于导线、线圈的绝缘，其特点是在缠绕后自行黏牢，使用方便，但应注意保持黏面清洁。

黑胶布是最常用的绝缘黏带，又称绝缘胶布带、黑包布、布绝缘胶带，是电工用途最广、用量最多的绝缘黏带。黑胶布是在棉布上刮胶、卷切而成的。胶浆由天然橡胶、炭黑、松香、松节油、重质碳酸钙、沥青及工业汽油等制成，有较好的黏着性和绝缘性能。它适用于交流电压 380 V 以下（含 380 V）的电线、电缆的包扎绝缘，在 -10℃～40℃ 环境范围使用。使用时，不必借用工具即可撕断，操作方便。其外形如图 6-8 所示。

图 6-8　黑胶布

## 2. 常用导电材料

导电材料的主要用途是输送和传递电流，是相对绝缘材料而言的。能够通过电流的物体称为导电材料，其电阻率与绝缘材料相比大大降低，一般都在 0.1 Ω·m 以下。大部分金属都具有良好的导电性能，但不是所有金属都可作为理想的导电材料。金属作为导电材料应考虑如下几个因素：

（1）导电性能好（即电阻系数小）。

（2）有一定的机械强度。

（3）不易氧化和腐蚀。

（4）容易加工和焊接。

（5）资源丰富，价格便宜。

导电材料分为一般导电材料和特殊导电材料。一般导电材料又称良导体材料，是专门传送电流的金属材料，要求其电阻率小，导热性优，线胀系数小，抗拉强度适中，耐腐蚀，不易氧化等。常用的良导体材料主要有铜、铝、铁、钨、锡、铅等，其中铜和铝是优良的导电材料，因此常用做主要的导电材料。在一些特殊的使用场合，也有用合金作为导电材料的。

1）铜和铝

铜的导电性能强，电阻率为 $1.724 \times 10^{-8}$ Ω·m。因其在常温下具有足够的机械强度，且延展性能良好和化学性能稳定，故便于加工，不易氧化和腐蚀，易焊接。常用的导电用铜是含铜量在99.9%以上的工业纯铜。电机、变压器上使用的是含铜量在99.5%～99.95%之间的纯铜，俗称紫铜，其中硬铜用于做导电的零部件，软铜用于做电机、电器等的线圈。杂质含量、冷变形、温度和耐腐蚀性等是影响铜性能的主要因素。

铝的导电性及耐腐蚀性能好，易于加工，其导电性能、机械强度稍逊于铜。铝的电阻率为 $2.864 \times 10^{-8}$ Ω·m，但铝的密度比铜小（仅为铜的33%），因此导电性能相同的两根导线相比较，铝导线的截面积虽比铜导线大1.68倍，但重量反比铜导线的轻了约一半。而且铝的资源丰富，价格低廉，是目前推广使用的导电材料。目前，在架空线路、照明线路、动力线路、汇流排、变压器和中小型电机的线圈都已广泛使用铝线。唯一不足的是铝的焊接工艺较复杂，质硬塑性差，因而在维修电工中广泛应用的仍是铜导线。与铜一样，影响铝性能的主要因素也为杂质含量、冷变形、温度和耐腐蚀性等。

2）裸导线

导线又称为电线，是用来输送电能的。在内外线安装工程中，常用的导线分为裸导线和绝缘导线两大类。裸导线是指导体外表面无绝缘层的电线。

（1）裸导线的性能。

裸导线具有良好的导电性能，有一定的机械强度，裸露在空气中不易氧化和腐蚀，容易加工和焊接，并希望导体材料资源丰富，价格便宜。常用来制作导线的材料有铜、铜锡合金（青铜）、铝和铝合金、钢材等。

裸导线包括各种金属和复合金属圆单线、各种结构的架空输电线用的绞线、软接线和型接线等，某些特殊用途的导线也可采用其他金属或合金制成。如：对于负荷较大、机械强度要求较高的线路，则应采用钢芯铝绞线；熔断器的熔体、熔片需具有易熔的特点，应选用铅锡合金；电热材料需具有较大的电阻系数，常选用镍铬合金或铁铬合金；电光源的灯丝要求熔点高，需选用钨丝等。裸导线分单股和多股两种，主要用于室外架空线。常用的裸导线有铜绞线、铝绞线和钢芯铝绞线。

（2）规格型号。

裸导线常用文字符号表示，即"T"表示铜，"L"表示铝，"Y"表示硬性，"R"表示软性，"J"表示绞合线。

例：TJ—25 表示 25 mm² 铜绞合线；LJ—35 表示 35 mm² 铝绞合线；LGJ—50 表示 50 mm² 钢芯铝绞线。

常用的截面积有 16 mm²、25 mm²、35 mm²、50 mm²、70 mm²、95 mm²、120 mm²、150 mm²、185 mm²、240 mm² 等。

3) 绝缘导线

绝缘导线是指导体外表有绝缘层的导线。绝缘层的主要作用是隔离带电体或不同电位的导体，使电流按指定的方向流动。

根据其作用，绝缘导线可分为电气装备用绝缘导线和电磁线以及护套软线三大类。

电气装备用绝缘导线包括将电能直接传输到各种用电设备、电器的电源连接线，各种电气设备内部的装接线，以及各种电气设备的控制、信号、继电保护和仪表用电线。

电气装备用绝缘线的芯线多由铜、铝制成，可采用单股或多股。它的绝缘层可采用橡胶、塑料、棉纱、纤维等。

常用的绝缘导线符号有：BV—铜芯塑料线；BLV—铝芯塑料线；BX—铜芯橡皮线；BLX—铝芯橡皮线。

绝缘导线常用截面积有 0.5 mm²、1 mm²、1.5 mm²、2.5 mm²、4 mm²、6 mm²、10 mm²、16 mm²、25 mm²、35 mm²、50 mm²、70 mm²、95 mm²、120 mm²、150 mm²、185 mm²、240 mm²、300 mm²、400 mm²。

绝缘导线又分为塑料线和橡皮线两种。

(1) 塑料线。

塑料线的绝缘层为聚氯乙烯材料，亦称聚氯乙烯绝缘导线。按芯线材料可分成塑料铜线和塑料铝线。

塑料铜线与塑料铝线相比较，其突出特点是：在相同规格条件下，载流量大，机械强度好，但价格相对昂贵。塑料铜线主要用于低压开关柜与电气设备内部配线及室内、户外照明和动力配线，用于室内、户外配线时，必须配相应的穿线管。

塑料铜线按芯线根数可分成塑料硬线和塑料软线。塑料硬线又有单芯和多芯之分，单芯规格一般为 1～6 mm²，多芯规格一般为 10～85 mm²，如图 6-9(a) 所示。塑料软线为多芯，其规格一般为 0.1～95 mm²，如图 6-9(b) 所示。这类电线柔软，可多次弯曲，外径小而质量轻，它在家用电器和照明中应用极为广泛，在各种交直流的移动式电器、电工仪表及自动装置中也适用。常用的有 RV 型聚氯乙烯绝缘单芯软线。塑料铜线的绝缘电压一般为 500 V，塑料铝线全为硬线，亦有单芯和多芯之分，其规格一般为 1.5～85 mm²，绝缘电压为 500 V。

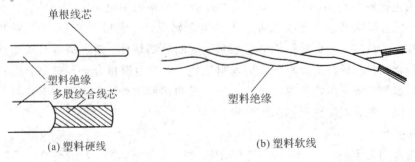

(a) 塑料硬线　　　　　　　　　　(b) 塑料软线

图 6-9　塑料线

（2）橡皮线。

橡皮线的绝缘层外面附有纤维纺织层，按芯线材料可分成橡皮铜线和橡皮铝线，其主要特点是绝缘护套耐磨，防风雨日晒能力强。RXB 型棉纱编织橡皮绝缘平型软线和 RXS 型软线常用于家用电器、照明用吊灯电源线。使用时要注意工作电压，大多为交流 250 V 或直流 500 V 以下。RVV 型软线则用于交流 1000 V 以下。橡皮铜线规格一般为 $1\sim185$ $mm^2$。橡皮铝线规格为 $1.5\sim240$ $mm^2$，其绝缘电压一般均为 500 V，主要用于户外照明和动力配线，架空时亦可明敷设。

（3）漆包线。

漆包线是电磁线的一种，由铜材或铝材制成，其外涂有绝缘漆作为绝缘保护层。漆包线特别是漆包铜线，漆膜均匀、光滑柔软，有利于线圈的自动绕制，广泛用于中小型电工产品中。漆包线也有很多种，按漆膜及作用特点可分为普通漆包线、耐高温漆包线、自粘漆包线、特种漆包线等，其中普通漆包线是一般电工常用的品种，如 Q 型油性漆包线、QQ 型缩醛漆包线、QZ 型聚酯漆包线。

（4）护套软线。

护套软线绝缘层由两部分组成：其一为公共塑料绝缘层，可将多根芯线包裹在里面；其二为每根软铜芯线的塑料绝缘层。其规格有单芯、两芯、三芯、四芯、五芯等，且每根芯线截面积较小，规格一般为 $0.1\sim2.5$ $mm^2$。护套软线常做照明电源线或控制信号线之用，它还可以在野外一般环境中用于轻型移动式电源线和信号控制线。塑料扁平线或平行线等也属于护套软线。

常用电线型号及主要用途如表 6-1 所示。

表 6-1　常用电线型号及主要用途

| 名称 | 型号 | 主要用途 |
| --- | --- | --- |
| 铜芯塑料绝缘线 | BV | 室内外电器、动力、照明等固定敷设 |
| 铝芯塑料绝缘线 | BLV | 室内外电器、动力、照明等固定敷设 |
| 铜芯塑料绝缘软线 | BVR | 室内外电器、动力、照明等固定敷设，适宜安装要求电线较柔软的场合 |
| 橡皮花线 | BXH | 室内电器、照明等固定敷设，适宜安装要求电线较柔软的场合 |
| 铜芯塑料绝缘护套软线 | RVV | 电器设备、仪表等引接线、控制线 |

4）电缆

将单根或多根导线绞合成线芯，裹以相应的绝缘层，再在外面包以密封包皮（铅、铝、塑料等），称之为电缆。电缆种类繁多，按用途分就有电力电缆、通信电缆、控制电缆等。最常用的电力电缆是输送和分配大功率电力的电缆。电缆与导线相比其突出特点是：外护层（护套）内包含一根至多根规格相同或不同的聚氯乙烯绝缘导线，导线的芯线有铜芯和铝芯之分，敷设方式有明敷、埋地、穿管、地沟、桥架等。

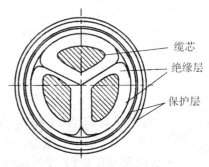

缆芯
绝缘层
保护层

图 6-10　电力电缆结构图

电力电缆由导电线芯（缆芯）、绝缘层和保护层三个主要部分构成，如图 6-10 所示。

（1）导电线芯又称缆芯，通常采用高电导率的铜或铝制成，截面有圆形、半圆形、扇形等多种，均有统一的标称等级。缆芯有单芯、双芯、三芯和四芯等几种。当缆芯截面大于 $25\ mm^2$ 时，通常采用多股导线绞合，经压紧成型，以便增加电缆的柔软性并使结构稳定。

（2）绝缘层的主要作用是防止漏电和放电，以及将缆芯与缆芯、缆芯与保护层互相绝缘和隔开。绝缘层通常采用纸、橡皮、塑料等材料。其中纸绝缘应用最广，它经过真空干燥再放到松香和矿物油混合的液体中浸渍以后，缠绕在电缆导电线芯上。对于双芯、三芯和四芯电缆，除每相缆芯分别包有绝缘层外，在它们绞合后外面再用绝缘材料做统包绝缘。

（3）电缆外面的保护层主要起机械保护作用，保护线芯和绝缘层不受损伤。保护层分内保护层和外保护层。内保护层用于保护绝缘层不受潮湿并防止电缆浸渍剂外流，常用铝或铅、塑料、橡胶等材料制成。外保护层用于保护绝缘层不受机械损伤和化学腐蚀，常用的有沥青麻护层、钢带铠等几种。

**3. 特殊导电材料**

特殊导电材料是相对一般导电材料而言的，它不以输送电流为目的，而是为实现某种转换或控制而接入电路。常见的特殊导电材料有电阻材料、电热材料和熔体材料等。

1）常用电阻材料

电阻材料是用于制造各种电阻元件的合金材料，又称为电阻合金。其基本特性是具有高的电阻率和很低的电阻温度系数。

常用的电阻合金有康铜丝、新康铜丝、锰铜丝和镍铬丝等。康铜丝以铜为主要成分，具有较高的电阻系数和较低的电阻温度系数，一般用于制作分流、限流、调整等电阻器和变阻器。新康铜丝是以铜、锰、铬、铁为主要成分，不含镍，是一种新型电阻材料，性能与康铜丝相似。锰铜丝是以锰、铜为主要成分，具有电阻系数高、电阻温度系数低及电阻性能稳定等优点，通常用于制造精密仪器仪表的标准电阻、分流器及附加电阻等。镍铬丝以镍、铬为主要成分，电阻系数较高，除可用做电阻材料外，还是主要的电热材料，一般用于电阻式加热仪器及电炉。

2）常用电热材料

电热材料主要用于制造电热器具及电阻加热设备中的发热元件，它们可将电能转换为热能。对电热材料的要求是电阻率要高，电阻温度系数要小，能耐高温，在高温下抗氧化性好，便于加工成形等。常用电热材料主要有镍铬合金、铁铬铝合金及高熔点纯金属等。

3）常用熔体材料

熔体材料是一种保护性导电材料，可作为熔断器的核心组成部分，具有过载保护和短路保护的功能。

熔体一般都做成丝状或片状，称为保险丝或保险片，统称为熔丝，是电工经常使用的电工材料。

（1）熔体的保护原理。接入电路的熔体，当正常电流通过时，它仅起导电作用；当发生过载或短路时，导致电流增加，由于电流的热效应，会使熔体的温度逐渐上升或急剧上升，当达到熔体的熔点温度时，熔体自动熔断，电路被切断，从而起到保护电气设备的作用。

（2）熔体材料的种类和特性。熔体材料包括纯金属材料和合金材料，按其熔点的高低，分为两类：一类是低熔点材料，如铅、锡、锌及其合金（有铅锡合金、铅锑合金等），一般在小电流情况下使用；另一类是高熔点材料，如铜、银等，一般在大电流情况下使用。

**4. 绝缘材料的选择**

1）绝缘导线种类的选择

导线种类主要根据使用环境和使用条件来选择。

室内环境如果是潮湿的，如水泵房、豆腐作坊，或者有酸碱性腐蚀气体的厂房，应选用塑料绝缘导线，以提高抗腐蚀能力，保证绝缘。比较干燥的房屋，如图书室、宿舍，可选用橡皮绝缘导线，对于温度变化不大的室内，在日光不直接照射的地方，也可以采用塑料绝缘导线。

电动机的室内配线，一般采用橡皮绝缘导线，但在地下敷设时，应采用地埋塑料电力绝缘导线。

经常移动的绝缘导线，如移动电器的引线、吊灯线等，应采用多股软绝缘护套线。

2）绝缘导线截面的选择

绝缘导线使用时首先要考虑允许载流量，也叫导线的安全载流量或安全电流值。一般绝缘导线的最高允许工作温度为 65℃，若超过这个温度时，导线的绝缘层就会迅速老化，变质损坏，甚至会引起火灾。所谓导线的允许载流量，就是指导线的工作温度不超过 65℃时可长期通过的最大电流值。

由于导线的工作温度除与导线通过的电流大小有关外，还与导线的散热条件和环境温度有关，所以导线的允许载流量并非某一固定值。同一导线采用不同的敷设方式（敷设方式不同，其散热条件也不同）或处于不同的环境温度时，其允许载流量也不相同。

线路负荷的电流可由下列式子计算。

（1）单相纯电阻电路：

$$I = \frac{P}{U} \tag{6-1}$$

（2）单相含电感电路：

$$I = \frac{P}{U\cos\varphi} \tag{6-2}$$

（3）三相纯电阻电路：

$$I = \frac{P}{\sqrt{3}\,U_L} \tag{6-3}$$

（4）三相含电感电路：

$$I = \frac{P}{\sqrt{3}\,U_L\cos\varphi} \tag{6-4}$$

上面几个式子中，$P$ 为负荷功率，单位为 $W$；$U_L$ 是三相电源的线电压，单位为 V；$\cos\varphi$ 为功率因数。

按导线允许载流量选择时，一般原则是导线允许载流量不小于线路负荷的计算电流。

3）机械强度的选择

电路负荷太小时，如果按允许载流量计算，选择的绝缘导线截面就会太小。绝缘导线太细，往往不能满足机械强度的要求，容易发生断线事故。因此，对于室内配线线芯的最小允许截面有专门的规定，详见表 6 - 2。当按允许载流量选择的绝缘导线截面小于表中的规定时，则应按表中绝缘导线的截面来选择。

**表 6 - 2　室内配线线芯最小允许截面积**

| 用途 | | 线芯最小允许截面积/mm² | | |
|---|---|---|---|---|
| | | 多股铜芯线 | 单根铜线 | 单根铝线 |
| 灯头下引线 | | 0.4 | 0.5 | 1.5 |
| 移动式电器引线 | | 生活用:0.2<br>生产用:1.0 | 不宜使用 | 不宜使用 |
| 管内穿线 | | 不宜使用 | 1.0 | 2.5 |
| 固定敷设导线支持点间的距离 | 1 m 以内 | 不宜使用 | 1.0 | 1.5 |
| | 2 m 以内 | | 1.0 | 2.5 |
| | 6 m 以内 | | 2.5 | 4.0 |
| | 12 m 以内 | | 2.5 | 6.0 |

4）线路允许电压损失的选择

若配线线路较长，导线截面过小，可能造成电压损失过大。这样会使电动机功率不足或发热烧毁，照明灯发光效率也大大降低。所以一般对用电设备或用电电压都有如下的规定：电动机的受电电压不应低于额定电压的 95%；照明灯的受电电压不应低于额定电压的 95%，即允许的电压降为 5%。

室内配线的电压损失允许值要根据电源引入处的电压值而定。若电源引入处的电压为额定电压值，则可按上述受电电压允许降低值计算电压损失允许值；若电源引入处的电压已低于额定值，则室内配线的电压损失值应相应减少，以尽量保证用电设备的最低允许受电电压值。

室内配线电压损失的计算方法如下：

（1）单相两线制（220 V）。

① 电压损失 $\Delta'U$ 的计算方法：

$$\Delta'U = IR \qquad\qquad (6-5)$$

将式 $I = \dfrac{P}{U\cos\varphi}$ 和 $R = 2 \cdot \rho \dfrac{l}{S}$ 代入式（6 - 5）得

$$\Delta'U = \frac{2\rho l P}{S U \cos\varphi} \qquad\qquad (6-6)$$

② 电压损失率 $\Delta'U/U$ 的计算方法：

$$\frac{\Delta U}{U} = \frac{2\rho l P}{S U^2 \cos\varphi} \qquad\qquad (6-7)$$

式（6 - 7）中：$\rho$ 为电阻率，铝线 $\rho = 0.0280$ Ω·mm²/m，铜线 $\rho = 0.0175$ Ω·mm²/m；$S$ 为导线的截面积，单位为 mm²；$l$ 为导线的长度，单位为 m；$\cos\varphi$ 为功率因数；$P$ 为负载的有功功率，单位为 W；$U$ 为电压，单位为 V。

(2) 三相三线制或各相负载对称的三相四线制(380 V)。

① 三相线路的电压损失 $\Delta'U$ 计算方法：

$$\Delta U = \sqrt{3}\,\Delta U_\varphi = \sqrt{3}\,IR\cos\varphi \tag{6-8}$$

将 $I = \dfrac{P}{\sqrt{3}\,U_{\mathrm{L}}\cos\varphi}$ 和 $R = \rho\,\dfrac{l}{S}$ 代入式(6-8)得

$$\Delta U = \frac{\rho l P}{S U_{\mathrm{L}}} \tag{6-9}$$

② 电压损失率 $\Delta'U/U$ 的计算方法：

$$\frac{\Delta U}{U} = \frac{\rho l P}{S U_{\mathrm{L}}^2} \tag{6-10}$$

式(6-10)中，$U_{\mathrm{L}}$ 为三相电源的线电压，其他各项与前面意义相同。

**5. 绝缘导线的连接与绝缘恢复**

配线过程中，常常因为导线太短和线路分支，需要把一根导线与另一根导线连接起来，再把最终出线与用电设备的端子连接，这些连接点通常称为接头。

绝缘导线的连接方法很多，有绞接、焊接、压接和螺栓连接等，各种连接方法适用于不同导线及不同的工作地点。

绝缘导线的连接无论采用哪种方法，都不外乎下列四个步骤。

1) 绝缘导线线头绝缘层的剖削

导线线头绝缘层的剖削是导线加工的第一步，是为以后导线的连接做准备。电工必须学会用电工刀、钢丝钳或剥线钳来剖削绝缘层。无论是塑料单芯电线，还是多芯电线，线芯截面在 4 mm² 以下的电线绝缘层的处理可采用剥线钳，也可用钢丝钳，且绝缘层剖削方便快捷。橡皮电线同样可用剥线钳剖削绝缘层。用剥线钳剖削导线绝缘层时，先定好所需的剖削长度，然后把导线放入相应的切口中，用力将钳柄一握，导线的绝缘层就被割破自动弹出。需注意剥线钳的切口选用要适当，切口的直径应稍大于线芯的直径。

(1) 塑料硬线绝缘层的剖削。

线芯截面为 4 mm² 及以下的塑料硬线一般用钢丝钳进行剖削。剖削方法如下：

① 用左手捏住导线，在需剖削线头处用钢丝钳刀口轻轻切破绝缘层，如图 6-11(a)所示，但不可切伤线芯。

② 用左手拉紧导线，右手握住钢丝钳头部用力向外勒去塑料层，如图 6-11(b)所示。

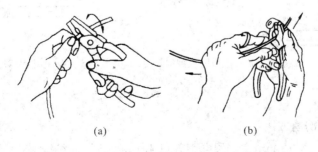

(a)　　　　　　　　　　(b)

图 6-11　钢丝钳剖削塑料硬线绝缘层示意

　　在勒去塑料层时，不可在钢丝钳刀口处加剪切力，否则会切伤线芯。剖削出的线芯应保持完整无损，如有损伤，应剪断后重新剖削。

　　线芯面积大于 4 mm² 的塑料硬线可用电工刀来剖削绝缘层。剖削方法如下：

　　① 在需剖削线头处，用电工刀以 45°角倾斜切入塑料绝缘层，注意刀口不能伤着线芯，如图 6 - 12(a)、(b)所示。

　　② 刀面与导线保持 25°角左右，用刀向线端推削，只削去上面一层塑料绝缘，不可切入线芯，如图 6 - 12(c)所示。

　　③ 将余下的线头绝缘层向后扳翻，把该绝缘层剥离线芯，见图 6 - 12(d)，再用电工刀切齐。

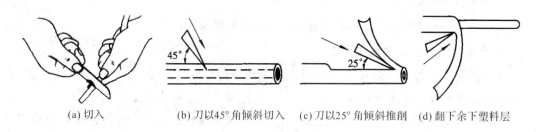

(a) 切入　　　(b) 刀以45°角倾斜切入　(c) 刀以25°角倾斜推削　(d) 翻下余下塑料层

图 6 - 12　电工刀剖削塑料硬线绝缘层示意

　　(2) 塑料软线绝缘层的剖削。

　　塑料软线绝缘层用剥线钳或钢丝钳剖削。剖削方法与用钢丝钳剖削塑料硬线绝缘层的方法相同。不可用电工刀剖削，因为塑料软线由多股铜丝组成，用电工刀容易损伤线芯。

　　(3) 塑料护套线绝缘层的剖削。

　　塑料护套线具有两层绝缘即护套层和每根线芯的绝缘层。塑料护套线绝缘层用电工刀剖削。

　　护套层的剖削方法：

　　① 在线头所需长度处用电工刀的刀尖对准护套线中间线芯缝隙处划开护套层，如图 6 - 13(a)所示。如偏离线芯缝隙处，电工刀可能会划伤线芯。

　　② 向后扳翻护套层，用电工刀把它齐根切去，如图 6 - 13(b)所示。

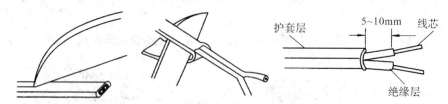

(a) 用刀尖在线芯缝隙处划开护套层　(b) 扳翻护套层并齐根切去　(c) 内部绝缘层的剖削

图 6 - 13　塑料护套线绝缘层的剖削

　　内部绝缘层的剖削方法：

　　在距离护套层 5～10 mm 处，用电工刀以 45°角倾斜切入绝缘层，其剖削方法与塑料硬线剖削方法相同，如图 6 - 13(c)所示。

（4）橡皮线绝缘层的剖削。

在橡皮线绝缘层外还有一层纤维编织的保护层，其剖削方法如下：

① 把橡皮线纤维编织保护层用电工刀尖划开，将其扳翻后齐根切去，剖削方法与剖削护套线的保护层方法相同。

② 用与剖削塑料线绝缘层相同的方法削去橡胶层。

③ 最后松散棉纱层到根部，用电工刀切去。

（5）花线绝缘层的剖削。

花线绝缘层的剖削方法如下：

① 用电工刀在线头所需长度处将棉纱织物保护层四周割切一圈后将其拉掉。

② 在距离棉纱织物保护层 10 mm 处用钢丝钳按照与剖削塑料软线相同的方法勒去橡胶层。

2）导线的连接

（1）导线连接的基本要求。

在配线工程中，导线连接是一道非常重要的工序，导线的连接质量决定线路和设备运行的可靠性和安全程度，线路的故障往往发生在导线接头处。安装的线路能否安全可靠地运行，在很大程度上取决于导线接头的质量。对导线连接的基本要求如下：

① 接触紧密，接头电阻小，稳定性好，与同长度同截面导线的电阻比值不应大于 1。

② 接头的机械强度应不小于导线机械强度的 80%。

③ 耐腐蚀。

④ 接头的绝缘强度应与导线的绝缘强度一样。

注意：不同金属材料的导体不能直接连接；同一档距内不得使用不同线径的导线。

（2）导线的连接种类。

导线的连接种类有以下几种：

① 导线与导线之间的连接。

② 导线与接线桩的连接。

③ 插座与插头的连接。

④ 压接。

⑤ 焊接。

（3）铜导线的连接。

铜导线连接前首先要将导线拉直，常用两种方法：一种方法是将导线放在地上，一端用钳子夹住，另一端用手捏紧，用螺纹刀柄压住导线来回推拉数次；另一方法是用两手分别捏紧导线两端，将导线绕过有圆棱角的固定物体，用适当的力量使导线压紧圆棱角（如椅背）来回运动数次。

常用导线连接的方式和方法如下：

① 单股芯线直接连接。

A. 先将两导线端去其绝缘层后作 X 相交，如图 6 - 14（a）所示。

B. 互相绞合 2~3 匝后扳直，如图 6-14(b)所示。

C. 两线端分别在芯线上紧密并绕 6 圈，多余线端剪去，钳平切口，如图 6-14(c)所示。

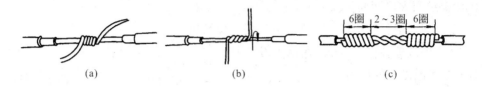

图 6-14　单股芯线直接连接

② 单股芯线 T 字分支连接。

A. 将两导线剥去绝缘层后，支线端和干线十字相交，在支线芯线根部留出约 3 mm 后绕干线一圈。

B. 将支线端围绕自身线绕 1 圈，收紧线端向干线并绕 6 圈，剪去多余线头，钳平切口，如图 6-15(a)所示。

C. 如果连接导线截面较大，两芯线十字相交后，直接在干线上紧密缠绕 8 圈后剪去余线即可，如图 6-15(b)所示。

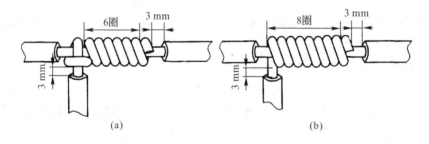

图 6-15　单股芯线 T 字分支连接

③ 7 股芯线的直接连接。

A. 先将除去绝缘层的两根线头分别散开并拉直，在靠近绝缘层的 1/3 线芯处将该段线芯绞紧，把余下的 2/3 线头分散成伞骨状，如图 6-16(a)所示。

B. 两个分散的线头隔根对叉，如图 6-16(b)所示。然后放平两端对叉的线头，如图 6-16(c)所示。

C. 把一端的 7 股线芯按 2、2、3 股分成三组，把第一组的两股线芯扳起，垂直于线头，如图 6-16(d)所示。然后按顺时针方向紧密缠绕两圈，将余下的线芯向右与线芯平行方向扳平，如图 6-16(e)所示。

D. 将第二组两股线芯扳成与线芯垂直方向，如图 6-16(f)所示。然后按顺时针方向紧压着前两股扳平的线芯缠绕两圈，也将余下的线芯向右与线芯平行方向扳平。

E. 将第三组的 3 股线芯扳于线头垂直方向，如图 6-16(g)所示。然后按顺时针方向紧压线芯向右缠绕。

F. 缠绕 3 圈后，切去每组多余的线芯，钳平线端，如图 6-16(h)所示。

　　G. 用同样的方法再缠绕另一边线芯。

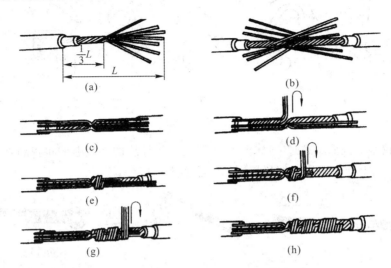

图 6-16　7 股芯线的直接连接

　　④ 7 股芯线的 T 型分支连接。

　　A. 在支线留出的连接线头 1/8 根部进一步绞紧，其余部分散开，支线线头分成两组，4 根一组插入干线的中间（干线分别以 3、4 股分组，两组中间留出插缝），如图 6-17(a) 所示。

　　B. 将 3 股芯线的一组往干线一边按顺时针缠 3～4 圈，剪去余线，钳平切口，如图 6-17(b) 所示。

　　C. 另一组用相同方法缠绕 4～5 圈，剪去余线，钳平切口，如图 6-17(c) 所示。

图 6-17　7 股芯线的 T 型分支连接

　　⑤ 线头与平压式接线桩的连接。

　　平压式接线桩利用半圆头、圆柱头或六角头螺钉加垫圈将线头压紧，完成连接。如常用的开关、插座、普通灯头、吊线盒等。对于载流量小的单芯导线，必须把线头弯成圆圈（俗称羊眼圈），羊眼圈弯曲的方向与螺钉旋紧方向一致。制作步骤如下：

　　A. 用尖嘴钳在离导线绝缘层根部约 3 mm 处向外侧折角成 90°，如图 6-18(a) 所示。

　　B. 用尖嘴钳夹住导线端口部按略大于螺钉直径弯曲圆弧，如图 6-18(b) 所示。

　　C. 剪去芯线余端，如图 6-18(c) 所示。

　　D. 修正圆圈为圆。把弯成的圆圈（俗称羊眼圈）套在螺钉上，圆圈上加合适的垫圈，拧紧螺钉，通过垫圈压紧导线，如图 6-18(d) 所示。

　　E. 绝缘层剥切长度约为紧固螺钉直径的 3.5～4 倍，如图 6-18(e) 所示。

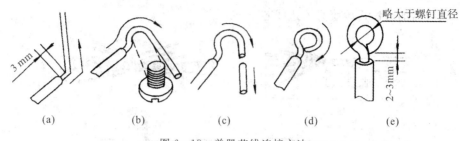

图 6-18　单股芯线连接方法

载流量较小的截面不超过 10 mm² 的 7 股及以下导线的多股芯线也可将线头制成压接圈，采用图 6-19 所示多股芯线压接圈的方法实现连接。

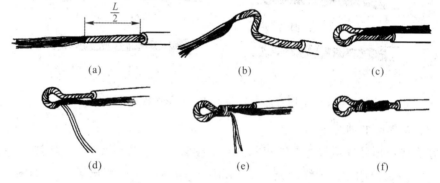

图 6-19　多股导线压接圈连接方法

平压式接线桩的连接工艺要求是：压接圈的弯曲方向应与螺钉拧紧方向一致，连接前应清除压接圈、接线桩和垫圈上的氧化层，再将压接圈压在垫圈下面，用适当的力将螺丝拧紧，以保证良好的接触；压接时注意不得将导线绝缘层压入垫圈内；对于载流量较大，截面超过 10 mm² 或股数多于 7 的导线端头，应安装接线端子。

⑥ 导线通过接线鼻与接线螺钉连接。

接线鼻又称接线耳，俗称线鼻子或接线端子，是一种铜或铝接线片。对于大载流量的导线，如截面在 10 mm² 以上的单股线或截面在 4 mm² 以上的多股线，由于线粗，不易弯成压接圈，同时弯成圈的接触面会小于导线本身的截面，造成接触电阻增大，在传输大电流时产生高热，因而多采用接线鼻进行平压式螺钉连接。接线鼻的外形如图 6-20 所示，从 1 A 到几百安有多种规格。

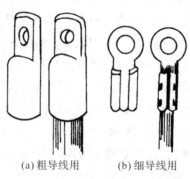

(a)粗导线用　　　(b)细导线用

图 6-20　接线鼻

用接线鼻实现平压式螺钉连接的操作步骤(如图 6-21 所示)如下：

A. 根据导线载流量选择相应规格的接线鼻。

B. 对没挂锡的接线鼻进行挂锡处理后，对导线线头和接线鼻进行锡焊连接。

C. 根据接线鼻的规格选择相应的圆柱头或六角头接线螺钉，导线穿过垫片、接线鼻和旋紧接线螺钉，然后将接线鼻固定，完成连接。

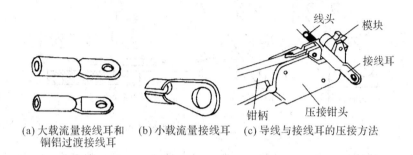

　(a) 大载流量接线耳和　(b) 小载流量接线耳　(c) 导线与接线耳的压接方法
　　　铜铝过渡接线耳

图 6-21　用接线鼻实现平压式螺钉连接

有的导线与接线鼻的连接还可采用锡焊或钎焊。锡焊是将清洁好的铜线头放入铜接线端子的线孔内，然后用焊料焊接到一起。铝接线端子与线头之间一般用压接钳压接，也可直接进行钎焊。有时为了使导线接触性能更好，也常常采用先压接后焊接的方法。

接线鼻应用较广泛，大载流量的电气设备，如电动机、变压器、电焊机等的引出接线都采用接线鼻连接；小载流量的家用电器、仪器仪表内部的接线则是通过小接线鼻来实现的。

⑦ 线头与瓦形接线桩的连接。

瓦形接线桩的垫圈为瓦形，压接时为了不致使线头从瓦形接线桩内滑出，压接前应先将已去除氧化层和污物的线头弯曲成 U 形，将导线端按紧固螺丝钉的直径加适当的长度剥去绝缘后，在其芯线根部留出约 3 mm，用尖嘴钳向内弯成 U 形；然后修正 U 形圆弧，使 U 形长度为宽度的 1.5 倍，并剪去多余线头，如图 6-22(a)所示。使螺钉从瓦形垫圈下穿过 U 形导线，旋紧螺钉，如图 6-22(b)所示。如果在接线桩上有两个线头连接，应将弯成 U 形的两个线头相重合，再卡入接线桩瓦形垫圈下方压紧，如图 6-22(c)所示。

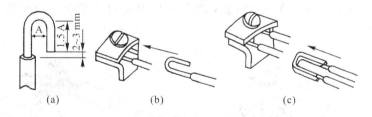

　　(a)　　　　　　　　(b)　　　　　　　　(c)

图 6-22　导线头与瓦形接线桩的连接方式示意

⑧ 线头与针孔式接线桩的连接。

线头与针孔式接线桩的连接方法叫螺钉压接法。这种方法使用的是瓷接头或绝缘接头(又称接线桥或接线端子)，用瓷接头上接线柱的压线螺钉来实现导线的连接。瓷接头由电瓷材料制成的外壳和内装的接线柱组成。接线柱又称针形接线桩，一般由铜质或钢质材料制作，其上有针形接线孔，两端各有一只压线螺钉。使用时，将需连接的铝导线或铜导线接头分别插入两端的针形接线孔，然后旋紧压线螺钉就完成了导线的连接。图 6-23 所示是二路四眼瓷接头结构图。

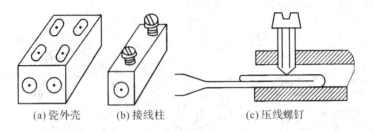

(a) 瓷外壳　　　(b) 接线柱　　　　　(c) 压线螺钉

图 6-23　二路四眼瓷接头结构图

螺钉压接法适用于负荷较小的导线连接，优点是简单易行。其操作步骤如下：

A. 如是单股芯线，且与接线桩接头插线孔大小适宜，则把芯线线头插入针孔并旋紧螺钉即可，如图 6-24 所示。

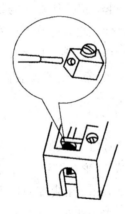

图 6-24　单股芯线与针孔式接线桩的连接

B. 如单股芯线较细，则应把芯线线头折成双根，插入针孔再旋紧螺钉。连接多股芯线时，先用钢丝钳将多股芯线进一步绞紧，以保证压接螺钉顶压时不致松散，如图 6-25 所示。

(a) 针孔合适的连接　　(b) 针孔过大时线头的处理　(c) 针孔过小时线头的处理

图 6-25　多股芯线与针孔式线桩的连接

无论是单股还是多股芯线的线头，在插入针孔时应注意：一是注意插到底；二是不得使绝缘层进入针孔，针孔外的裸线头的长度不得超过 2 mm；三是凡有两个压紧螺钉的，应先拧紧近孔口的一个，再拧紧近孔底的一个，如图 6 - 26 所示。

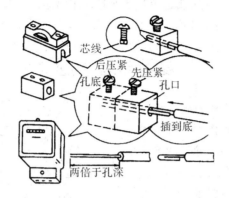

图 6 - 26　针孔式接线桩连接要求和连接方法示意

3）导线绝缘层的恢复

导线绝缘层破损和导线接头连接后均应恢复绝缘层。恢复后的绝缘层强度不应低于原有绝缘层的绝缘强度。常用黄蜡带、涤纶薄膜带和黑胶带作为恢复导线绝缘层的材料，其中黄蜡带和黑胶带最好选用规格为 20 mm 宽的。

（1）绝缘带包缠方法。

将黄蜡带从导线左边完整的绝缘层上开始包缠，包缠两个带宽后就可进入连接处的芯线部分。包至连接处的另一端时，也同样应包入完整绝缘层上两个带宽的距离，如图 6 - 27（a）所示。

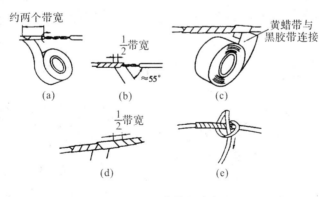

图 6 - 27　绝缘带包缠方法

包缠时，绝缘带与导线保持约 45°斜角，每圈包缠时压叠带宽的 1/2，如图 6 - 27（b）所示；包缠一层黄蜡带后，将黑胶带接在黄蜡带的尾端，按另一斜叠方向再包缠一层黑胶带，也要每圈压叠带宽的 1/2，如图 6 - 27（c）、（d）所示，或用绝缘带自身套结扎紧，如图 6 - 27（e）所示。

（2）绝缘带包缠注意事项。

① 恢复 380 V 线路上的导线绝缘层时，必须先包缠 1～2 层黄蜡带（或涤纶薄膜带），

然后再包缠一层黑胶带。

② 恢复 220 V 线路上的导线绝缘层时，先包缠一层黄蜡带（或涤纶薄膜带），然后再包缠一层黑胶带，也可只包缠两层黑胶带。

③ 包缠绝缘带时，不可过松或过疏，更不允许露出芯线，以免发生短路或触电事故。

④ 绝缘带不可保存在温度或湿度很高的地方，也不可被油脂浸染。

# 复习与思考题

6-1　验电笔使用时应注意哪些事项？

6-2　钢丝钳在电工操作中有哪些用途？钢丝钳使用时应注意哪些问题？

6-3　如何用电工刀剖削导线的绝缘层？

6-4　型号为 BLV 的导线名称是什么？主要用途是什么？

6-5　导线连接有哪些要求？

6-6　常用导线一般用什么材料制成？为什么？选用导线时应考虑哪些因素？

▶▶▶▶▶ **第二篇**

# 提高篇(高职阶段)

# 项目 7　供配电系统

## 7.1　电力系统概述

**1. 电力系统**

1) 电力系统的概念

由于电能不能大量储存，电能的生产、传输、分配和使用就必须在同一时间内完成。由各种电压的电力线路将一些发电厂和变电所以及电力用户联系起来的一个发电、变电、输电、配电和用电的整体，称为电力系统。

电力系统加上发电厂的动力部分及其热能系统和热能用户，就构成了动力系统。在整个动力系统中，除发电厂的锅炉、汽轮机等动力设备外的所有电气设备都属于电力系统的范畴，主要包括发电机、变压器、架空线路、电缆线路、配电装置、各类用电设备。图 7 - 1 所示是电力整体结构示意图，图 7 - 2 所示是从发电厂到电力用户的输、配电过程示意图。

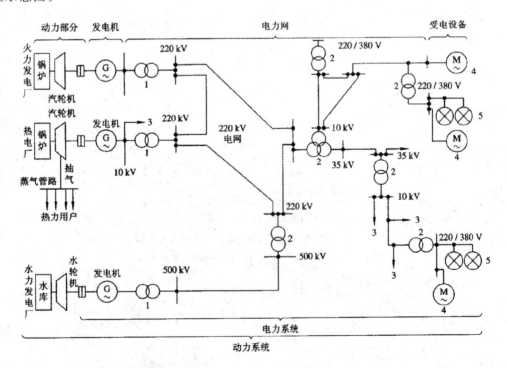

1—升压变压器；2—降压变压器；3—负荷；4—电动机；5—电灯

图 7 - 1　电力结构示意图

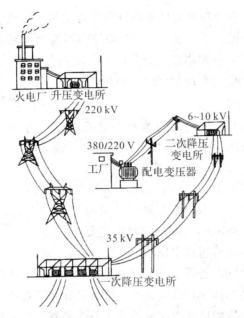

图 7-2　从发电厂到电力用户的输、配电过程示意图

2）电力系统的优点

现在各国建立的电力系统越来越大，甚至出现了跨国电力系统。建立大型的电力系统可以更经济、合理地利用动力资源，减少电能损耗，降低发电成本，保证供电质量，并大大提高供电可靠性，有利于整个国民经济的发展。为了充分利用动力资源，减少燃料运输，降低发电成本，可以在有水力资源的地方建造水电站，在有燃料资源的地方建造火电厂。但是，这些有动力资源的地方往往离用电中心地区较远，必须用高压输电线路进行远距离输电。这就需要各种升压、降压变电所和输配电线路。特别是在电力系统构成环网后，对重要用户的供电就有了保证，当系统中某局部设备故障或某部分线路检修时，可以通过变更电力网的运行方式，对用户连续供电，这就减少了由于停电所造成的损失，减少了系统的备用容量，使电力系统的运行更具有灵活性。另外，各地区也可以通过电力网互相支援，使电网所必需的备用机组数量大大地减少。

**2. 发电厂**

1）发电厂类型

自然界中存在的电能只有雷电。人类使用的所有电能都不能从一次能源中直接获得，而必须由其他形式的能源（如水能、热能、风能、光能等）转化而来。发电厂是实现这种能源转化的场所，也是电力系统的中心环节。

发电厂按照所利用的能源种类可分为水力、火力、风力、核能、太阳能发电厂等。现阶段我国的发电厂主要是火力发电厂和水力发电厂，同时核电厂也在大力发展中。近年来，我国也开始建立了一批利用绿色能源和再生能源进行发电的发电厂，如风力发电厂、潮汐发电厂、太阳能发电厂、地热发电厂和垃圾发电厂等，以逐步缓解未来能源短缺和绿色环保问题，并做到因地制宜、合理利用。

根据电厂容量大小及其供电范围，发电厂可分为区域性发电厂、地方性发电厂和自备电厂等。区域性发电厂大多建在水力或煤矿资源丰富的地区附近,其容量大,距离用电中心远,往往要几百公里以至一千公里以上,需要超高压输电线路进行远距离输电。地方性发电厂一般为中小型电厂,建在用户附近。自备电厂建在大型厂矿企业,作为自备电源,对重要的大型厂矿企业和电力系统起到后备作用。

2) 发电厂的电压、频率

一般发电厂的发电机发出的电是对称的三相正弦交流电(有效值相等,相位分别相差 120°,三相电压为 $e_U$、$e_V$、$e_W$,如图 7-3 所示)。在我国,发电厂输出的电压等级主要有 10.5 kV、13.8 kV、15.75 kV、18 kV 等,频率为 50 Hz(此频率称为工频)。工频的频率偏差一般不得超过 ±0.5 Hz。频率的调整主要是通过发电厂调节发电机的转速来实现的。

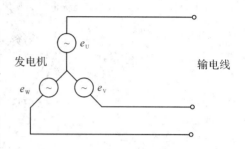

图 7-3　对称的三相电源

电力系统中的所有电气设备都是在一定的电压和频率下工作的。能够使电气设备正常工作的电压就是电气设备的额定电压。各种电气设备在额定电压下运行时,其技术性能和经济性最佳。频率和电压是衡量电能质量的两个基本参数。由于发电厂输出的电压不能满足所有不同用户的需要,同时电能在输送过程中会产生不同的损失,所以需要在发电厂和用户之间建立电力网,将电能安全、可靠、经济地输送和分配给用户。

**3. 电力网**

1) 电力网的概念

电力系统中,在各个发电厂、变电所和电力用户之间,需用不同电压的电力线路连接起来,这些不同电压的电力线路和变电所的组合,称为电力网。电力网的任务是输送和分配电能,即把由各发电厂发出的电能经过输电线路传送并分配给用户。

2) 电力网的分类

电力网按其电压、用途和特征可分为直流电力网和交流电力网,低压电力网和高压电力网,城市电力网、工矿电力网和农村电力网,户外电力网和户内电力网等。

通常为了便于分析研究,把电力网分成区域电力网和地方电力网。电压在 35 kV 以上,供电区域较大的电力网叫区域电力网。电压在 35 kV 以下,供电范围不大的电力网叫地方电力网。至于 35 kV 的电力网,既可属于区域电力网,也可属于地方电力网。

电力网按其在电力系统中的作用,又可分为供电网和配电网。如果电能是先从电源输送到供、配电中心,然后从供、配电中心再引出到配电网,则这种电力网叫供电网,它是电力系统中的主网,又称网架,电压通常在 35 kV 以上。如果电能是由电源侧直接引向用户变电所的,则这种电力网叫配电网,它的作用是把电能分配给配电所和用户,电压通常在 10 kV 以下。

电力网往往按电压等级来区分,如 10 kV 电力网、220/380 V 电力网等。本书所说的电力网实际指的是电力输电线路。

3) 输电线路

高压、超高压远距离输电是各国普遍采用的输电方式。在传输容量相同的条件下,高电压输电能减少输电电流,从而减少电能消耗。送电距离愈远,要求输电线的电压愈高。

目前我国国家标准中规定的输电电压等级有 35 kV、110 kV、220 kV、330 kV、500 kV、750 kV 等多种。输送电能通常采用三相三线制交流输电方式。随着电能输送的距离愈来愈长，输送的电压愈来愈高，有些国家已经开始使用直流高压输电方式，即把交流电转化成直流电后再进行输送。

电力输电线路一般都采用钢芯铝绞线，通过高架线路把电能送到远方的变电所。但在跨越江河和通过闹市区以及不允许采用架空线路的区域，则需采用电缆线路。电缆线路投资较大且维护困难。

4）变电所

变电所有升压与降压之分。升压变电所通常与大型发电厂结合在一起，即在发电厂电气设备部分中装有升压变压器，将发电厂发出的电压升高，通过高压输电网络将电能输送向远方。降压变电所设在用电中心，将高压的电能适当降压后，向该地区用户供电。

根据供电的范围不同，降压变电所可分为一次（枢纽）变电所和二次变电所。一次变电所是从 110 kV 以上的输电网络受电，将电压降到 35～110 kV，供给一个大的区域用电。二次变电所大多数从 35～110 kV 输电网络受电，将电压降到 6～10 kV，向较小范围供电。

5）配电线路

"配电"就是电力的分配，从配电变电站到用户终端的线路称为配电线路。配电线路上的电压，简称配电电压。电力系统电压高低的划分有不同的方法，但通常以 1 kV 为界限来划分。额定电压在 1 kV 及以下的系统为低压系统；额定电压在 1 kV 以上的系统为高压系统。常用的高压配电线的额定电压有 3 kV、6 kV 和 10 kV 三种，常用的低压配电线的额定电压有 380 V/220 V。

**4. 电力负荷**

1）电力负荷的概念

电力负荷是指电路中的电功率。在交流电路中，电功率包含有功功率和无功功率。有功功率又称为有功负荷，单位为千瓦；无功功率称为无功负荷，单位为千乏。由于电力系统电压比较稳定，电压乘以电流就是视在功率。视在功率包含有功、无功两部分，往往以负荷电流取而代之。因此，电力系统中的电力负荷，也可以通过负荷电流反映出来。

2）电力负荷的分类

（1）按负荷发生的不同部位分类。

① 发电负荷：电力系统中，发电厂的发电机向电网输出的电力。对电力系统来说，是发电厂向电网的总供电负荷。

② 供电负荷：电力系统向电网输出的发电负荷扣除厂用电、发电厂变压器损耗以及线路损耗以后的负荷。

③ 线损负荷：电力网在输送和分配电能的过程中，线路和变压器功率损耗的总和。

④ 用电负荷：电力系统中，用户实际消耗的负荷。

（2）按负荷发生的不同时间分类。

① 高峰负荷：又称最高负荷，是指电网或用户在一天时间内所发生的最高负荷值。为了分析方便常以小时用电量作为负荷。高峰负荷又分为日高峰负荷和晚高峰负荷。在分析某单位的负荷率时，一般选择一天 24 小时中用电量最高的一个小时的平均负荷作为高峰负荷。

② 低谷负荷：又称最低负荷，是指电网中或某用户在 24 小时内发生的用电量最少的一个小时的平均电量。为了合理用电，应尽量减少发生低谷负荷的时间。对于电力系统来说，高峰负荷、低谷负荷差越小，用电则越趋近于合理。

③ 平均负荷：电网中或某用户在某一确定时间段的平均小时用电量。分析负荷率时，常用日平均负荷来表示用电量，（即一天的用电量除以一天的用电小时）。为了合理安排用电量，应做好用电计划。往往也用月平均负荷和年平均负荷来表示用电量。

（3）按用电性质及重要性分类。

电力系统中的所有用电部门均为电力系统的用户。根据用户的重要程度和对供电的可靠性来分级，用电负荷可分为三个级别，且各级别的负荷分别采用相应的方式来供电。

① Ⅰ类负荷。主要包括下列类型：

A. 停电会造成人身伤亡、火灾、爆炸等恶性事故的用电设备的负荷。例如炼钢厂、医院手术室、煤矿等井下工作场所。

B. 停电将造成巨大的甚至不可挽回的政治或经济损失的用电设备和用电单位的负荷。例如电视台、电台、大使馆用电或重要的活动场所。

C. 重要交通枢纽，通信枢纽及国际、国内带有政治性的公共活动场所的用电负荷。

对Ⅰ类负荷供电电源的要求如下：

A. 应由两个或两个以上的电源供电，当一个电源发生故障时，其他电源仍可保证重要负荷的连续供电。

B. 为保证重要负荷用电，严禁将其他非重要用电的负荷与重要用电负荷接入同一个供电系统。

② Ⅱ类负荷。主要包括下列类型：

A. 停电将大量减产或破坏生产设备，在经济上造成较大损失的用电负荷。

B. 停电会造成较大政治影响的重要用电单位的正常工作用电负荷。

C. 大型影剧院、商店、体育馆及公共场所的用电负荷。

对于Ⅱ类负荷，尽可能要有两个独立的电源供电。

③ Ⅲ类负荷。这是指不属于Ⅰ、Ⅱ类的用电负荷。Ⅲ类负荷对供电没有什么特别要求，可以非连续性地供电，如市政公共用电，以及生产单位一般的辅助车间、小型加工作坊和农村照明负荷等，通常用一个电源供电。

根据电气设计规程的有关规定，对于Ⅰ类负荷的供电，应有至少两个独立的电源供电，必要时，应安装柴油发电机组作为紧急备用电源。

# 7.2　供电系统的基本要求和电能质量

**1. 基本要求**

供电系统的基本要求如下：

（1）供电可靠性。用户要求供电系统应有足够的可靠性，特别是需要连续供电的用户要求供电系统在任何时间内都能满足用户用电的需要，即使在供电系统局部出现故障的情况下，也不能对某些重要用户的供电有很大的影响。因此，为了满足供电系统的供电可靠性，要求电力系统至少具备 10%～15% 的备用容量。

（2）供电质量。供电质量的优、劣直接关系到用电设备的安全、经济运行和生产的正常运行，对国民经济的发展有着重要的意义。无论是供电的电压还是频率，任何一项指标达不到标准，都会对用户造成不良的后果。因此，要求供电系统应确保对用户供电的电能质量。

（3）供电的安全性、经济性与合理性。供电系统安全、经济、合理地供电是供电与用电双方共同要求实现的目标。为实现这一目标，就需要供、用电双方共同加强供电系统运行的管理和做好技术管理工作，同时还要求用户积极配合和密切协作，提供必要的方便条件，例如负荷、电量的管理，电压、无功功率的管理等。

（4）电力网运行调度的灵活性。对于一个庞大的电力系统和电力网，必须做到运行方式灵活，调度管理先进。只有这样，才能做到系统安全可靠运行。只有灵活的调度，才能做到供电系统局部出现故障时检修及时，从而使系统安全、可靠、经济和合理地运行。

**2. 电能质量指标**

供电电能的质量指标主要有以下几项。

1）电压变动幅度

供电系统向用户供电首先应保持额定电压运行，受电端电压变动的幅度不应超过以下数值：

（1）35 kV 及以上电压供电，电压正、负误差的绝对值之和不超过额定电压的±10%。

（2）10 kV 及以下高压电力用户和低压电力用户供电电压误差为额定电压的±7%。

（3）低压照明用户受电端电压变动幅度为额定电压的 7%～10%。

供电部门应定期对用户受电端的电压进行调查和测量，发现不符合质量标准时应及时采取措施加以改善。

电压变动幅度可按下式计算：

$$\Delta U = \frac{U_{\mathrm{L}} - U_{\mathrm{n}}}{U_{\mathrm{n}}} \times 100\%$$

式中：$U_{\mathrm{L}}$ 为用户受电端实际电压；$U_{\mathrm{n}}$ 为供电额定电压。

2）额 定 电 压

额定电压是指电气设备正常工作的电压，是在保证电气设备规定的使用年限内达到额定输出的长期安全、经济运行的工作电压。

变压器、发电机、电动机等电气设备均有规定的额定电压，并且在额定电压下运行其经济效率最佳。

实际上电力系统因其电气设备所处系统中的位置不同，其额定电压也有不同的规定。例如在系统中运行的电力变压器有升压变压器、降压变压器，有主变压器也有配电变压器，由于它们在系统中所处的位置和作用的不同，额定电压的规定也不同。具体规定如下：

（1）如果电力变压器一次侧的额定电压直接与发电机相连接时（即升压变压器），其额定电压与发电机额定电压相同，即高于同级线路额定电压的 5%；如果变压器直接与线路连接，则一次侧额定电压与同级线路的额定电压相同。

（2）变压器二次侧的额定电压是指二次侧开路时的电压，即空载电压。如果变压器二次侧供电线路较长（即主变压器），则变压器的二次侧额定电压比线路额定电压高 10%；若二次侧线路不长（配电变压器），则变压器额定电压只需高于同级线路额定电压的 5%。

我国交流电力网电气设备的额定电压如表 7-1 所示。

表 7-1　我国交流电力网电气设备的额定电压

| 项目<br>电压高低 | 电力网和用电<br>设备额定电压 | 发电机额定电压 | 电力变压器额定电压 | |
|---|---|---|---|---|
| | | | 一次绕组 | 二次绕组 |
| 高压/kV | 3 | 3.15 | 3,3.15 | 3.15,3.3 |
| | 6 | 6.3 | 6,6.3 | 6.3,6.6 |
| | 10 | 10.5 | 10,10.5 | 10.5,11 |
| | — | 13.8，15.75,18.20 | — | — |
| | 35 | — | 35 | 38.5 |
| | 63 | — | 63 | 69 |
| | 110 | — | 110 | 121 |
| | 220 | — | 220 | 242 |
| | 330 | — | 330 | 363 |
| | 500 | — | 500 | 550 |
| | 750 | — | 750 | — |
| 低压/V | 220/127 | 230 | 220/127 | 230/133 |
| | 380/220 | 400 | 380/220 | 400/230 |
| | 660/380 | 690 | 660/380 | 690/400 |

我国交流电力网对用户供电的额定电压具体为：低压供电为 380 V；照明用电为 220 V；高压供电为 10 kV、35 kV、63 kV、110 kV、220 kV、330 kV、500 kV。除发电厂直配供电可采用 3 kV、6 kV 外，其他等级电压均应逐步过渡到表 7-1 所示的额定电压。

用户的用电设备容量在 250 kW 或变压器容量在 160 kV·A 及以下者，应以低压方式供电，特殊情况也可以高压方式供电。

在电力网中，额定电压的选定是一项很重要的技术管理工作，对不同容量的用户及不同规模的变、配电所，要求选择不同的额定电压供电。额定电压的确定与供电方式、供电负荷、供电距离等因素有关，额定电压的选择可参考表 7-2 中的数值。

表 7-2　额定电压与输送容量的关系

| 额定电压/kV | 线路种类 | 极限容量/kW | 输送距离/km |
|---|---|---|---|
| 6 | 架空 | 2000 | 3～10 |
| | 电缆 | 2000 | 8 |
| 10 | 架空 | 3000 | 5～15 |
| | 电缆 | 5000 | 10 |
| 35 | 架空 | 2000～10000 | 20～50 |
| 110 | 架空 | 10000～50000 | 50～150 |
| 220 | 架空 | 50000～200000 | 150～300 |
| 500 | 架空 | 200000 以上 | 300 以上 |

　　电力系统的运行，不但需要有功功率随时达到供、需平衡，而且要求无功功率也要随时平衡，以保证电力网电压的质量。如果无功功率的使用大于供给，就会造成电网的电压下降，这样会使用户的受电电压达不到额定电压，可造成下述危害。

　　（1）发电、供电设备的出力下降。

　　（2）电力系统的稳定性下降，严重时可能导致电压崩溃，使系统解列，造成大面积停电。

　　（3）电力网的线损增大，浪费电能。

　　（4）电动机启动困难，甚至不能启动。

　　（5）电动机转速下降，电流增大，温度升高，严重时烧毁电动机。

　　（6）用电设备达不到额定功率。

　　（7）电动机由于不能按额定转速工作，导致产品产量、质量下降，甚至出现残次品。

　　（8）安装失压控制的设备可能由于电压降低而动作，造成停电。

　　（9）荧光灯不能启动，白炽灯等照明设备发光效率降低。

　　（10）对广播、通信、电视的播放质量有严重的影响。

　　3）频率

　　（1）额定频率。

　　额定频率是指电力系统中的电气设备，特别是电感性、电容性设备能保证长期正常运行的工作频率。

　　电力系统是以三相正弦交流电向用户供电的。一个国家或地区电气设备的额定频率是统一的。当前世界上的通用频率为 50 Hz 和 60 Hz 两种：我国和世界上大多数国家的额定频率为 50 Hz；美国、加拿大、朝鲜、古巴等国家以及日本中部和西部地区为 60 Hz。

　　供电系统应保持额定频率运行，供电频率容许偏差为：

　　① 电力网容量在 $3 \times 10^6$ kW 及以上者，要求频率偏差绝对值不大于 0.2 Hz。

　　② 电力网容量在 $3 \times 10^6$ kW 以下者，要求频率偏差绝对值不大于 0.5 Hz。

　　（2）低于额定频率运行时对用户的危害。

　　电力系统必须保证在额定频率状态下运行。由于供、用电之间有功功率的不平衡，将会使系统的运行频率与额定频率有较大的偏差。当需要的有功功率超过供电的有功功率时，则造成频率下降而达不到额定频率。因此，为保证系统能在额定频率状态下运行，就需要采取必要的调荷措施，以保证电力系统能在额定频率下正常运行。如果系统的频率低于额定频率将会对用户和系统的运行造成下述不良影响。

　　① 频率降低将会造成发电厂的汽轮机叶片共振面断裂，严重时造成发电机被迫停机，加剧了供电出力的减少。

　　② 造成用户电动机转速下降，使电动机不能在额定转速的情况下运转。

　　③ 当频率严重降低时，还会造成电力系统应对事故的能力减弱，易引起大面积停电。

　　④ 发电厂出力下降，一般每降低 1 Hz，电厂出力降低 3%。

　　⑤ 增加了损耗，使产品的单耗上升。

　　⑥ 使生产的产品质量降低，甚至有些行业的生产会出现残次品等。

　　4）可靠性

　　为保证对用户供电的连续性，尽量减少对用户的停电，供电系统与用户设备的计划检修应相互配合，尽量做到统一检修。供电系统的检修工作应该统一安排，一般 35 kV 以上的供电系统每年停电不超过一次，10 kV 的供电系统每年不超过三次。

# 7.3 工业与民用供电系统

## 1. 供电系统接线方式

在三相交流电力系统中，作为供电电源的发电机和变压器的三相绕组的接法通常采用星形连接方式，如图 7-4 所示。

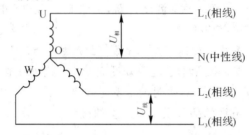

图 7-4 三相四线制系统接线方式

### 1) 三相四线制系统

发电机(或变压器)每相绕组始端与末端的电压，即相线与中性线间的电压称为相电压，而任意两始端的电压即相线与相线间的电压称为线电压。这样，三相四线制系统就能给负载提供两种电压——相电压与线电压。

将三相绕组的三个末端连在一起，形成一个中性点，用 O 表示。从始端 U、V、W 引出三根导线作为电源线，称为相线或端线，俗称火线。从中性点引出一根导线，与三根相线分别形成单相供电回路，这根导线称为中性线(N)。以这种方式供电的系统称为三相四线制系统。通常 U、V、W 三根相线分别用黄、绿、红三种颜色给予区分，而中性线则用黑色表示。

通常我国的低压配电系统是采用相电压为 220 V、线电压为 380 V 的三相四线制配电系统。负载如何与电源连接，必须根据其额定电压而定，具体如图 7-5 所示。额定电压为 220 V 的单相负载(如电灯)，应接在相线与中性线之间。额定电压为 380 V 的单相负载，则应接在相线与相线之间。对于额定电压为 380 V 的三相负载(如三相电动机)，则必须要与三根电源相线相接。如果负载的额定电压不等于电源电压，还必须用变压器进行连接。

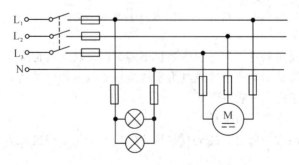

图 7-5 负载与三相四线制系统电源的连接

2）三相三线制系统

当发电机（或变压器）的绕组接成星形接法，但不引出中性线时，就形成了三相三线制系统，如图 7-6 所示。这种接法只能提供一种电压，即线电压。

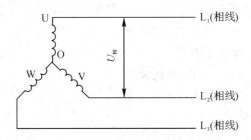

图 7-6　三相三线制系统

3）三相五线制系统

由于运行和安全的需要，我国的 380 V/220 V 低压供配电系统广泛采用电源中性点直接接地的运行方式（这种接地方式称为工作接地），同时还引出中性线（N）和保护线（PE），从而形成三相五线制系统，国际上称为 TN-S 系统，如图 7-7 所示。中性线应该经过漏电保护开关，作为通过单相回路电流和三相不平衡电流之用。保护线是为保障人身安全、防止发生触电事故用的接地线，专门用于通过单相短路电流和漏电电流。

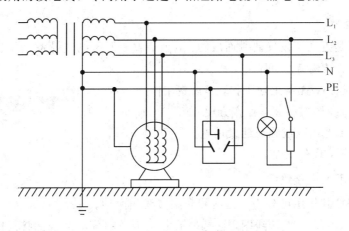

图 7-7　三相五线制系统

**2. 变、配电所的类型**

安装有受电、变电和配电设备的场所称为变电所，只安装有受电和配电设备的场所称为配电所。对于低压供电用户一般只需设立配电所，对于中小型企业和民用建筑供电一般设车间（建筑物）变电所。用电单位常用的供电系统按其用电性质和客观条件不同而采用不同类型变、配电所供电。变、配电所按其安装地点可分为以下几种类型。

1）室外变电所

室外变电所一般称为变电站，其变压器安装于室外。这种变电所的结构特点如下：

（1）占地面积大，建筑面积小，土建费用少。

（2）适用于电压等级较高、土建需要工程量很大，而且环境条件粉尘较少、污染小的开阔地带。

（3）易受环境污染，不宜建在沿海地区、化工和水泥行业附近。

2）室内变电所

在人口比较密集的地区和环境条件不太好的地区宜采用室内变电所，这种变电所的高压设备和变压器安装于室内。这种变电所的结构特点如下：

（1）建设费用高，占地面积小。

（2）适用于电压不超过 110 kV 的地区。

（3）受环境污染少，减少了清扫的工作量。

3）地下变电所

地下变电所适合于人口比较密集的地区。这种变电所的结构特点如下：

（1）节省占地，土建工程量大，设备造价高。

（2）保密性好，使用电缆较多，故障机会多。

4）移动式变电所

移动式变电所的电气设备和变压器装在车上，又叫列车变电所。这种变电所的结构特点如下：

（1）容量不大，电压不高。

（2）设备简单，使用灵活。

5）箱式变电所

箱式变电所是近几年发展研制而成的，其所有高、低压电气设备全部装在定型的铁箱内。这种变电所的结构特点如下：

（1）占地面积小，无需土建工程，建设费用低。

（2）使用灵活，不需值班，操作方便。

（3）适合于工地用电或临时建设用电。

（4）节省投资，操作安全。

**3. 变、配电所的主接线图**

电气接线图按其作用可分为主接线图和副接线图两种。

主接线图，又称为一次接线图，它是表示电能传送和分配路线的接线图。与它直接相连的变压器、高压开关、高压熔断器、低压开关、互感器等电气设备称为一次设备。

副接线图，又称为二次接线图，它是表示控制、测量和保护装置等的接线图。与它直接相连的测量仪表、继电保护电器等电气设备称为二次设备。

1）对变、配电所主接线的基本要求

（1）变、配电所主接线应根据实际情况和用电的需要，尽量达到简单，供电方式可靠，一次设备齐全。

（2）设备选择合理，运行安全经济，灵活方便，并适当考虑将来的发展。

（3）便于维护检修，操作步骤简单、方便。

（4）在故障处理时能保证安全。

（5）需要考虑备用电源、进线方式、功率因数补偿等问题。

2) 变、配电所常用的主接线图

对于负荷特大的工业企业和建筑设施，根据具体条件可设置2～3个配电所。配电所的设置对于供电系统的结构影响很大。配电所的进出线数与要求的供电可靠性、输送容量和电压等级有关。

一般的工业企业、大型楼宇、生活小区等大容量用电单位，都是直接从电力网引入高压电源，经过变电和配电送给基层用户使用的。大型企业用电量大，进线电压为35 kV，需要两级变电：第一级在总变电所(中央变电所)进行，将35 kV电压变为6～10 kV电压；第二级变压在车间变电所进行，将6～10 kV电压变为400 V电压。中小型企业进线电压多为6～10 kV，只需一级变电。有些更小的企业，直接引进低压电，只要设置一个低压配电屏就可以了。深圳市配电变压器高压电源统一为10 kV。如图7-8所示是一个比较典型的中型工厂供电系统的电气主接线示意图。

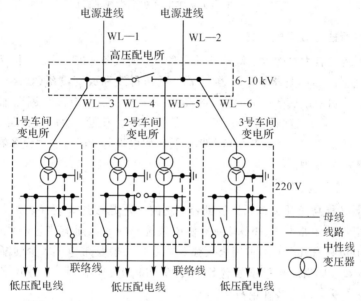

图7-8 中型工厂供电系统的主接线示意图

由图7-8可以看出，这个工厂的高压配电所有两条6～10 kV的电源进线(WL—1、WL—2)，一端分别接在高压配电所的两段母线上，另一端则分别接在电力系统中的其他变电所，工厂通过这两条电源线从电力系统获得供电。高压配电所有四条高压配电线(WL—3～WL—6)供电给三个车间变电所，车间变电所设有变压器，变压器将6～10 kV的电压变为低压，低压侧设有低压母线，低压母线将电源引出到低压配电线，再由低压配电线将电源送至各低压用电设备。

对于小型工厂，一般只设一个简单的降压变电所，类似于图7-8所示。用电量在100 kW以下的小型工厂还可采用低电压供电，工厂只需一个车间变电所。

对于大型及某些中型工厂，它们由35 kV及以上电网中的变电所获得供电。这种工厂一般设总降压变电所，将35 kV及以上的电压降为6～10 kV电压，然后通过高压配电线将电源送到各个车间变电所，各个车间变电所再将电压降到一般低压用电设备所需的电压供用电设备使用，如图7-9所示。但也有35 kV进线的工厂，只经一次降压，直接降为低压供用电设备使用,这种供电方式叫做高压深入负荷中心直配方式。

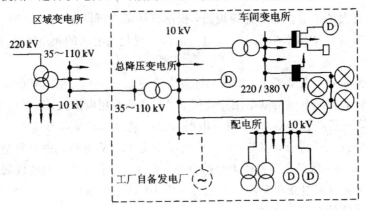

图 7-9　大中型工厂供电系统主接线示意图

### 4. 变、配电所的主要电气设备

变、配电所装设有大量的高、低压开关设备,变换设备(如变压器、电流互感器和电压互感器),保护设备(如熔断器和避雷器),高、低压母线和成套设备(如高压开关柜、低压配电屏、动力和照明配电箱等)等。常用的高压一次电气设备有高压断路器、高压隔离开关、高压负荷开关、高压熔断器、高压开关柜等。常用的低压一次电气设备有低压刀开关、低压负荷开关、低压自动开关、低压熔断器、低压配电屏等。通过这些设备在送、配电时可以进行升压、降压和保护。

1）高压断路器

高压断路器又称高压开关或高压遮断器,它的作用是接通和切断高压负荷电流,同时也能切断过载电流和短路电流。6～10 kV 供电系统户内高压配电装置中采用少油断路器。少油断路器的油量只有几公斤,可用来灭弧,其外壳一般是带电的。少油断路器的老型号有 SN1－10、SN2－10 型等,新型号有 SN8－10、SN10－10 型等。户外式多油断路器为 10型,又叫柱上油开关,常安装在电杆上。

2）高压隔离开关

高压隔离开关用来隔离电源并造成明显的断开点,以保证电气设备能安全进行检修。因为高压隔离开关没有专门的灭弧装置,所以不允许带负荷断开和接入电路,必须等高压断路器切断电路后才能断开高压隔离开关,以及等高压隔离开关闭合后高压断路器才能接通电路。6～10 kV 的高压隔离开关,户外式型号分别有 GW1－6、GW1－10、GW4－10 型等;户内式型号有 GN1－6、GN2－10、GN6－10、GN8－10 型等。

3）高压负荷开关

高压负荷开关用来切断和闭合负荷电流,所以它设有灭弧装置。但是,它的灭弧能力不高,断流能力亦不大,故不能切断事故短路电流,必须和高压熔断器配合使用,因为熔断器起切断短路电流的作用。6～10 kV 常用的户内式负荷开关型号为 FN 型,户外式型号为 FW 型。

4）高压熔断器

高压熔断器能用来保护电气设备免受过载电流和短路电流的危害。因为它简单、便宜、体积小、重量轻、使用方便，所以 6～10 kV 供电系统中广泛用它来保护线路、变压器等电气设备。RN1、RN2 型管式熔断器是户内广泛采用的充石英砂填料的熔断器；RW4 型户外高压跌落式熔断器广泛用于短路和过载保护。

5）高压开关柜

高压开关柜是一种柜式的成套配电设备，它按一定的接线方式将所需的一、二次设备，如各种开关、监察测量仪表、保护电器及一些操作辅助设备组成一个总体，在变、配电所中作为控制电力变压器和电力线路之用，同时还可作为高压电动机的控制保护屏。这种成套配电设备结构紧凑，运行安全，安装和运输方便，对工地现场施工使用尤为适宜。

6）低压配电柜

一套典型的低压配电系统设备主要包括计量柜、进线柜、联络柜、电容补偿柜、出线柜等。配电变压器将 10 kV 电压降为 380 V/220 V，经过计量柜送至进线柜，再由出线柜分别送到各用户。在工业与民用建筑设施中的 6～10 kV 供电系统中，当配电变压器停电或发生故障时，通过联络柜可将另外一路备用电源投入使用。图 7-10 给出一个典型的低压配电柜线路图。

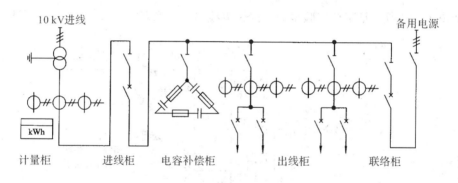

图 7-10 典型的低压配电柜线路图

（1）进线柜：通断变压器低压侧到低压配电屏的主要装置，它主要由断路器和刀闸组成，其母线上串有计量回路的电流互感器。

（2）计量柜：计量电能的装置，由电力部门安装校验，分有功计量和无功计量。有功计量是实际用电量乘以电流互感器的倍数，按照峰、谷、平电价收费。无功计量用于衡量用户单位负载的功率因数情况。

（3）联络柜：连接其他线路电源的装置，主要由断路器和刀闸组成。

（4）电容补偿柜：由许多电容器组、接触器、无功功率自动补偿器组成，其主要作用是对感性负载进行无功功率因数补偿。

（5）出线柜：由许多断路器对多路低压负载供电的组合装置。

**5. 低压配电线路**

低压配电线路是指经配电变压器将 10 kV 高压降到 380 V/220 V 等级的线路。从车间变电所（配电室）到用电设备的线路就属于低压配电线路。通常一个低压配电线路的容量在几十千伏安到几百千伏安，负责几十个用户的供电。为了合理地分配电能，一般都采用分级供电的方式，即按照用户地域或空间的分布，将用户划分成若干个供电区或片，通过干线、支线向片区供电。整个供电线路形成一个分级的网状结构。

低压配电线路连接方式主要有放射式和树干式两种。

放射式配电线路(如图 7-11 所示)可靠性高,但投资费用较大。当负载点比较分散而各个负载点的负载数量很大时,可采用这种线路。

树干式配电线路(如图 7-12 所示)敷设费用低廉,灵活性大,所以得到了广泛的应用。但是采用树干式配电线路供电可靠性比较低。

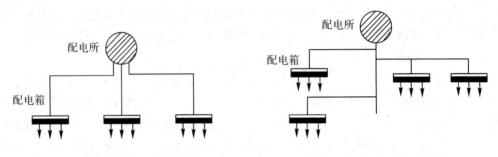

图 7-11　放射式配电线路　　　　　图 7-12　树干式配电线路

如图 7-13 所示是某校实验楼树干式供电线路的示意图。

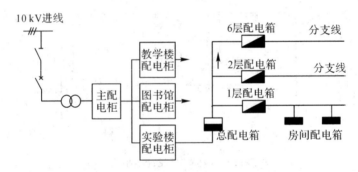

图 7-13　某校实验楼树干式供电线路的示意图

# 复习与思考题

7-1　什么是电力系统和电力网? 各有何用?

7-2　什么是三相四线制? 在什么情况下采用它?

7-3　为什么变压器二次电压要高于电网额定电压的 5% 或 10%?

7-4　I 类负荷和 II 类负荷有什么区别? 如何保证 I 类负荷?

7-5　变电所和配电所的区别在哪里?

7-6　I 类负荷对变压器和主接线有什么要求?

7-7　企、事业单位供电系统的组成和主要设备的作用是什么?

7-8　请实地查看和介绍一下学校的变、配电情况。

# 项目 8　电工常用仪表

## 8.1　万　用　表

**1. 指针式万用表**

1）概述

万用表是电工在安装、维修电气设备时用得最多的携带式电工仪表，如图 8-1 所示。它的特点是量程大、用途广、便于携带。一般可测量直流电阻，直流电流，交、直流电压等，有的表还可测量音频电平、交流电流、电感、电容和三极管的 β 值。

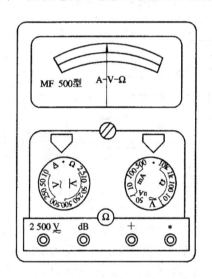

图 8-1　指针式万用表（500 型）

2）指针式万用表的结构

（1）表头。

指针式万用表表头采用的是高灵敏度的磁电式直流电流计，表头的刻度盘是万用表进行各种测量的指示部分，如图 8-2 所示。

以 500 型万用表为例，指针表头上的四条弧形线所指示的意义为：面板上最上面一条弧形线，右侧标有"Ω"，此弧形线指示的是电阻值；第二条弧形线，右侧标有"～"，此弧形线指示的是交、直流电压和直流电流值；第三条弧形线，右侧标有"10V"，是专供测量交流 10 V 挡用的；最下层弧形线，右侧标有"dB"，是供测量音频电平值用的。

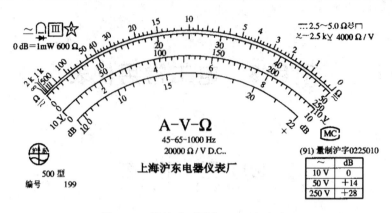

图 8-2  指针式万用表(500 型)表头

(2) 测量线路。

由于测量各种电量的线路(如测量电压的分压线路、测量电流的分流线路等)构成不同,所以其量程也各不相同。测量电阻的线路有内接电池,R×1、R×10、R×100、R×1 k 挡用 1、5 V 电池,R×10 k 挡用 9 V 或更高电压的电池。与内接电池串联的电阻称为中心电阻,有 10 Ω、12 Ω、24 Ω、36 Ω 等系列。如图 8-3 所示是最简单的万用表测量线路图。

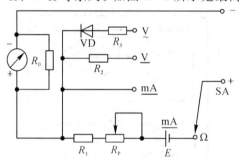

图 8-3  最简单的万用表测量线路图

(3) 转换开关。

转换开关与表头配合,是用来切换测量线路以实现大电量、大量程测量的。例如 500 型万用表有两个转换开关,这两个转换开关互相配合使用,可以测量电阻、电压、电流。

左侧转换开关挡位有:A—测直流电流。•—空挡。Ω—测电阻量程挡。V—测直流电压量程挡(2、5~500 V)。V—测交流电压量程挡(10~500 V)。

右侧转换开关指示功能有:•—空挡;V—测交、直流电压;50—测直流电流 50 μA 量程挡;Ω—测电阻倍率挡(1~10 k);mA—测 mA 量程挡(1~500 mA)。

举例如下:

测电阻时,左侧转换开关转到 Ω,右侧转换开关转到倍率挡,假如倍率挡选用 10,若测量时表头指针指示为 10,则该电阻为 10×10=100 Ω;若倍率选用为 100 挡,指示值仍为 10,则该电阻为 100×10=1000 Ω。

测交流电压 380 V 时,右侧转换开关转到 V 挡,左侧转换开关量程选用交流电压 500 挡,表头指针指示 38,即测量值为 380 V;测交流电压 220 V 时,量程选用 250 挡,表头指针指示 44,即测量值为 220 V。测直流电流 25 mA 时,种类挡选用 A,量程挡选用 100 mA,

若表头指针指示为 12.5，则测量值为 25 mA。

测量电流、电压时，实际值＝指针读数×量程/满偏刻度。

测量电阻时，实际值＝指针读数×倍率。

3）面板符号、面板数字以及准确度等级符号说明（以 500 型为例）

面板符号、面板数字是仪表性能和使用简要说明书，应予以充分了解。

（1）面板符号。

① 工作原理符号：⌂表示磁电系整流仪表。

② 工作位置符号：⊓表示水平放置。

③ 绝缘强度符号：☆表示绝缘强度试验，电压为 6 kV；☆内无数据时，表示绝缘耐压试验，电压为 500 V；☆内数据为 0 时，表示不进行绝缘试验。

④ 防外磁电场级别符号：Ⅲ表示三级防外磁场。

⑤ 电流种类符号：∼表示交/直流；---表示直流或脉动直流。

⑥ A−V−Ω 符号：表示可测电流、电压和电阻。

（2）面板数字。

① 表示准确度等级的数字。

∼5.0：表示交流 5.0 级。

--- 2.5：表示直流或脉动直流 2.5 级。

--- Ω2.5：表示电阻挡为 2.5 级准确度。

② 表示电压灵敏度的数字。

V∼−2.5 kV4000 Ω/V：表示测量交流电压和 2.5 kV 直流电压时，电压灵敏度为 4000 Ω/V。

20000 Ω/VD.C.：表示测量直流电压时电压灵敏度为 20000 Ω/V。

电压灵敏度越高，说明测量时对原电路影响越小。

不同的万用表的电压灵敏度表示方法略有不同，如 4000 Ω/V、20000 Ω/V 等。每伏的电阻数值越大，则灵敏度越高。

③ 表示使用频率范围的数字。

45−65−1000 Hz：表示频率在 45∼65 Hz 范围内，能保证测量的准确度，最高使用频率为 1000 Hz。

④ 0 dB＝1 mW　600 Ω 表示测音频电压时，0 dB 的标准为在 600 Ω 电阻上功率为 1 mW。

（3）准确度等级符号说明。

准确度等级符号的说明见表 8−1。

**表 8−1　准确度等级符号**

| 符号 | 说　　明 |
| --- | --- |
| 1.5 | 以标度尺量限百分数表示的准确度等级，如 1.5 级 |
| ↘1.5 | 以标度尺长度百分数表示的准确度等级，如 1.5 级 |
| ⃝1.5 | 以指示值百分数表示的准确度等级，如 1.5 级 |

4）基本使用方法

（1）机械调零：在表盘下有一个"一"字塑料螺钉，用"一"字起子调整万用表指针到 0 位。

（2）选择插孔：测电流、电压、电阻时，红表笔插"＋"孔，黑表笔插"一"孔。

（3）选择转换开关位置（包括种类，量程（或倍率））：详见前述相关内容。

（4）测量电流：万用表与被测电路串联，并注意测直流电路时高电位接"＋"（红表笔），低电位接"一"（黑表笔）。

（5）测量电压：万用表与被测电路并联，并注意测直流电压时，高电位接红表笔，低电位接黑表笔。

（6）测量电阻：万用表与被测电路并联，并注意每次换量程都要先进行欧姆调零（也叫电气调零）。欧姆调零旋钮在四个插孔中间偏上，标有"Ω"符号。欧姆调零时，将两表笔短接，调节欧姆调零旋钮，使指针指在右边零位。

5）注意事项

（1）测量电压或电流时，不能带电转动转换开关，否则有可能将转换开关触点烧坏。

（2）测量电压、电流时，种类（电流还是电压）和量程（范围）要选择正确，否则会烧表。

（3）测量电阻时，被测设备不能带电，两手不能同时触及表笔金属部分。指针在表盘的 1/3～2/3 处时读数准确率较高。

（4）万用表用完后，将转换开关转到交流电压最高挡量程处或都转到空挡（·）位置。

**2. 数字万用表**

以 DT－9202 型数字万用表为例进行介绍。

1）面板结构

DT－9202 系列数字万用表具有精度高、性能稳定、可靠性高且功能全的特点，其面板结构如图 8－4 所示。

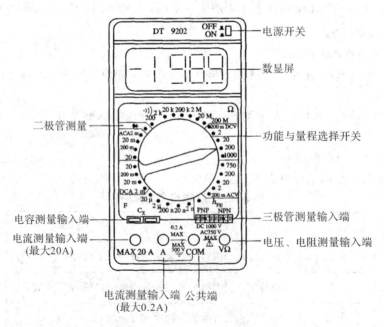

图 8－4　数字万用表（DT－9202 型）

2）基本使用方法

（1）检验万用表是否正常。

应首先检查数字万用表外壳、表笔有无损伤，然后再做如下检查：

① 将电源开关打开，显示器应有数字显示。若显示器出现低电压符号，则应及时更换电池。

② 表笔孔旁的"MAX"符号表示测量时被测电路的电流、电压不得超过量程规定值，否则将损坏内部测量电路。

③ 测量时，应选择合适量程，若不知被测值大小，可将转换开关置于最大量程挡，在测量中按需要逐步下降。

④ 如果显示器显示"1"，一种情况是表示量程偏小，称为"溢出"，需选择较大的量程；另一种情况是表示无穷大。

⑤ 当转换开关置于"Ω""➤"挡时，不得引入电压。

（2）直流电压的测量。

直流电压的测量范围为 0～1000 V，共分五挡，被测量值不得高于 1000 V 的直流电压。具体测量方法如下：

① 将黑表笔插入"COM"插孔，红表笔插入"V/Ω"插孔。

② 将转换开关置于直流电压挡的相应量程。

③ 将表笔并联在被测电路两端，红表笔接高电位端，黑表笔接低电位端。

（3）直流电流的测量。

直流电流的测量范围为 0～20 A，共分四挡。具体测量方法如下：

① 范围在 0～200 mA 时，将黑表笔插入"COM"插孔，红表笔插入"mA"插孔；测量范围在 200～20 A 时，红表笔应插入"20 A"插孔。

② 转换开关置于直流电流挡的相应量程。被测电流大于所选量程时，会烧坏内部保险丝。

③ 两表笔与被测电路串联，且红表笔接电流流入端，黑表笔接电流流出端。

（4）交流电压的测量。

测量范围为 0～750 V，共分五挡。具体测量方法如下：

① 将黑表笔插入"COM"插孔，红表笔插入"V/Ω"插孔。

② 将转换开关置于交流电压挡的相应量程。

③ 表笔与被测电路并联，红、黑表笔不需考虑极性。

（5）交流电流的测量。

测量范围为 0～20 A，共分四挡。具体测量方法如下：

① 表笔插法与直流电流的测量方法相同。

② 将转换开关置于交流电流挡的相应量程。

③ 表笔与被测电路串联，红、黑表笔不需考虑极性。

（6）电阻的测量。

测量范围为 0～200 MΩ，共分七挡。具体测量方法如下：

① 黑表笔插入"COM"插孔，红表笔插入"V/Ω"插孔（注：红表笔极性为"＋"）。

② 将转换开关置于电阻挡的相应量程。

③ 表笔开路或被测电阻值大于量程时，显示为"1"。

④ 仪表与被测电路并联。

⑤ 严禁被测电阻带电，且所得阻值直接读数，无需乘倍率。

⑥ 测量大于 1 MΩ 的电阻值时，几秒钟后读数方能稳定，这属于正常现象。

（7）电容的测量。

测量范围为 $0\sim20\ \mu F$，共分五挡。具体测量方法如下：

① 将转换开关置于电容挡的相应量程。

② 将待测电容两脚插入"CX"插孔即可读数。

（8）二极管的测试和电路的通断检查。

测试和检测方法如下：

① 将黑表笔插入"COM"插孔，红表笔插入"V/Ω"插孔。

② 将转换开关置于"→"位置，测量 PN 结；将转换开关置于"•))"挡测量电路通断。

③ 红表笔接二极管正极，黑表笔接其负极，则可测得二极管正向压降的近似值。可根据电压降大小判断出二极管材料类型。

④ 将两只表笔分别触及被测电路两点，若两点电阻值小于 70 Ω 时，表内蜂鸣器发出叫声，则说明电路是通的，反之，则不通。以此来检查电路通与断。

（9）三极管共发射极直流电流放大系数的测试。

测试方法如下：

① 将转换开关置于 $h_{FE}$ 位置。

② 测试条件为：$I_B=10\ \mu A$，$U_{CE}=2.8\ V$。

③ 三只引脚分别插入数字万用表面板的相应插孔，显示器将显示出 $h_{FE}$ 的近似值。

3）注意事项

（1）数字万用表内置电池后方可进行测量工作，使用前应检查电池电源是否正常。

（2）检查数字万用表正常后方可接通数字万用表电源开关。

（3）用导线连接被测电路时，导线应尽可能短，以减少测量误差。

（4）接线时先接地线端，拆线时后拆地线端。

（5）测量小电压时，逐渐减小量程，直至合适为止。

（6）数显表和晶体管（电子管）电压表过载能力较差。为防止损坏仪表，通电使用前应将量程选择开关置于最高电压挡位置，并且每测一个电压以后，应立即将量程开关置于最高挡。

（7）一般大多数数字电压表测量出的电压值均是指电压的有效值（有的数字万用表测量的电压值为最大值或平均值）。

# 8.2　摇　表

**1. 概述**

摇表又称兆欧表，是一种不带电测量电气设备及线路绝缘电阻的便携式的仪表，如图 8-5 所示。绝缘电阻是否合格是判断电气设备能否正常运行的必要条件之一。兆欧表的读数以兆欧为单位（1 MΩ＝$10^6$ Ω）。

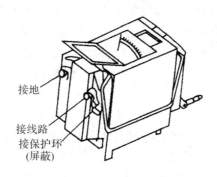

图 8-5　摇表

### 2. 结构

摇表的主要结构如下：

（1）手摇直流发电机。手摇直流发电机的作用是提供一个便于携带的高电压测量电源，其产生的电压常见的有 500 V、1000 V、2500 V、5000 V 等几种。发电机的电压值称为兆欧表的电压等级。

（2）磁电式比率表。磁电式比率表是测量两个电流比值的仪表，与普通磁电式指针仪表结构不同，它不用游丝来产生反作用力矩，而是与转动力矩一样，由电磁力产生反作用力矩，在不使用时指针处于自由零位。

（3）接线柱。L 接线路，E 接地，G 接保护环（屏蔽）。

### 3. 面板符号

摇表的面板如图 8-6 所示。

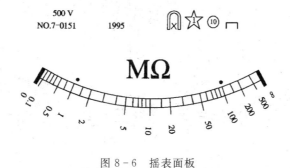

图 8-6　摇表面板

图 8-6 中摇表的面板符号有：🔲—磁电式无机械反作用力；☆—绝缘强度试验电压 1 kV；⑩—准确度 10 级（以指示值百分数表示准确度）；⌐—水平放置；500 V—500 V 摇表。

### 4. 摇表的使用

摇表的使用步骤如下：

（1）准备工作。切断电源，对设备和线路进行放电，确保被测设备不带电。必要时被测设备需加接地线。

（2）选表。根据被测设备的额定电压选择合适电压等级的摇表。测量额定电压在 500 V

以下的设备时，宜选用 500~1000 V 的摇表；额定电压在 500 V 以上时，应选用 1000~2500 V 的摇表。在选择摇表的量程时，不要使测量范围过多地超出被测绝缘电阻的阻值，以免产生较大的测量误差。通常，测量低压电气设备的绝缘电阻时，选用 0~500 MΩ 量程的摇表；测量高压电气设备、电缆时，选用 0~2500 MΩ 量程的摇表。例如，测低压电气设备绝缘电阻时，通常选择 500 V 摇表，测 10 kV 变压器绝缘电阻时，通常选择 2500 V 摇表。

有的摇表标度尺刻度不是从零开始，而是从 1 MΩ 或 2 MΩ 开始的，这种表不宜用来测量低压电气设备的绝缘电阻。摇表表盘上刻度线旁有两个黑点，这两个黑点之间对应刻度线的值为摇表的可靠测量值范围。

（3）验表。摇表内部由于无机械反作用力矩装置，指针可停在表盘上任意位置，也无机械零位，因此在使用前不能以指针位置来判别表的好坏，而是要通过验表来判别。首先将表水平放置，两表夹分开，一只手按住摇表，另一只手以 90~130 r/min 的转速摇动手柄，若指针偏到"∞"处，则停止转动手柄，再将两表夹短路，若指针偏到"0"处，则说明该表良好，可以使用。特别要指出的是，摇表指针一旦到零，应立即停止摇动手柄，否则将会使表损坏。此过程又称校零和校无穷，简称校表。

（4）接线。一般情况只用 L 和 E 两接线柱。当被测设备有较大分布电容（如电缆）时，需用 G 接线柱。接线时首先将两条接线分开，不要有交叉，将 L 端与设备高电位端相连，E 端接低电位端（如测电机绕组与外壳绝缘电阻时，L 端与绕组相连，E 端与外壳相连）。若被测设备的两部分电位不能分出高低，则可任意连接（如测电机两绕组间绝缘电阻时）。摇表接线示意图如图 8-7 所示。

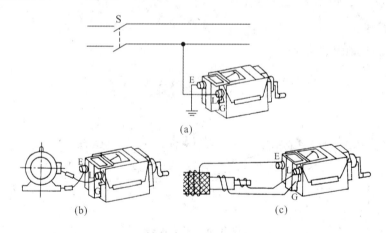

图 8-7　摇表接线示意图

（5）测量。摇表测量电阻时，应先慢摇，后加速，加到 120 r/min 时，匀速摇动手柄 1 min，并待表指针稳定时，读取的指针指示值即为测量的结果。读数时，应边摇边读，不能停下来读数。

（6）拆线。拆线的原则是先拆线后停表，即读完数后，不要停止摇动手柄，将 L 线拆开后，才能停止。如果电气设备容量较小，其内无电容器或分布电容很小，亦可停止摇动手柄后再拆线。

（7）放电。拆线后要对被测设备两端进行放电。

（8）清理现场。

### 5. 使用注意事项

电气设备的绝缘电阻都比较大，尤其是高压电气设备处于高电压工作状态时，测量过程中保障人身及设备安全至关重要。同样，测量结果的可靠性也非常重要。使用时必须注意以下几点：

（1）测量前必须切断设备的电源，并接地短路放电，以保证人身和设备的安全以及获得正确的测量结果。

（2）在摇表使用过程中要特别注意安全，因为摇表端子有较高的电压，在摇动手柄时不要触及摇表端子及被测设备的金属部分。

（3）对于有可能感应出高电压的设备要采取措施，消除感应高电压后再进行测量。

（4）被测设备表面要处理干净，以获得准确的测量结果。

（5）摇表与被测设备之间的测量线应采用单股线，单独连接，不可采用双股绝缘绞线，以免绝缘不良而引起测量误差。

（6）禁止在雷电时用摇表在电力线路上进行测量；禁止在有高压导体的设备附近测量绝缘电阻。

# 8.3　钳　　表

### 1. 概述

钳表的外形与钳子相似，使用时需要将导线穿过钳形铁芯，因此也称为钳形表或钳形电流表，它是电气工作者常用的一种电流表。用普通电流表测量电路的电流时，需要切断电路，接入电流表。而钳表可在不切断电路的情况下进行电流测量，即可带电测量电流，这是钳表的最大特点。其外形如图 8 - 8 所示。

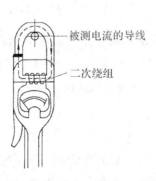

被测电流的导线

二次绕组

图 8 - 8　钳表的外形

常用的钳表有指针式和数字式两种。指针式钳表测量的准确度较低，通常为 2.5 级或 5 级。数字式钳表测量的准确度较高，用外接表笔和挡位转换开关相配合，还具有测量交/直流电压、直流电阻和工频电压频率的功能。

## 2. 结构与原理

### 1）结构

指针式钳形电流表主要由铁芯、电流互感器、电流表及钳形扳手等组成。钳形电流表能在不切断电路的情况下进行电流测量，是因为它具有一个特殊的结构——可张开和闭合的活动铁芯。当捏紧钳形电流表手柄时，铁芯张开，被测电路可穿入铁芯；放松手柄时，铁芯闭合，被测电路可作为铁芯的一组线圈。图 8 - 9(a)所示为指针式钳形电流表测量机构示意图。

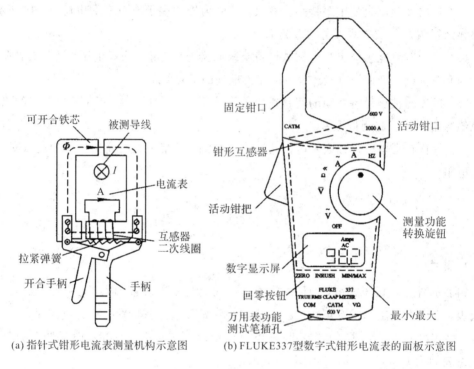

(a) 指针式钳形电流表测量机构示意图　　　(b) FLUKE337型数字式钳形电流表的面板示意图

图 8 - 9　钳形电流表结构

数字式钳形表测量机构主要由具有钳形铁芯的互感器(固定钳口、活动钳口、活动钳把及二次绕组)、测量功能转换开关(或量程转换开关)、数字显示屏等组成。图 8 - 9(b)所示为 FLUKE 337 型数字式钳形电流表的面板示意图。

### 2）钳形电流表的工作原理

钳形交流电流表可看作是由一只特殊的变压器和一只电流表组成的。被测电路相当于变压器的初级线圈，铁芯上设有变压器的次级线圈，并与电流表相接。这样，被测电路通过的电流使次级线圈产生感应电流，经整流送到电流表，使指针发生偏转，从而指示出被测电流的数值。其工作原理如图 8 - 10 所示。

钳形交/直流电流表是一个电磁式仪表，穿入钳口铁芯中的被测电路作为励磁线圈，磁通通过铁芯形成回路，仪表的测量机构受磁场作用发生偏转，指示出测量数值。因电磁式仪表不受测量电流种类的限制，所以交/直流电流都可以测量。

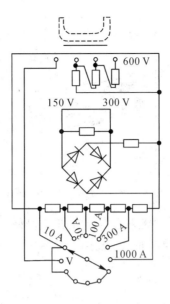

图 8 - 10　钳表工作原理

### 3. 面板符号

钳表的面板符号如图 8 - 11 所示。

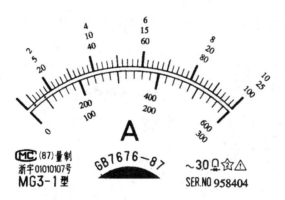

图 8 - 11　钳表面板符号

图 8 - 11 中各个符号的含义为：～3.0—交流 3 级准确度；☆—绝缘强度耐压 2 kV；—
磁电系整流仪表；△—A 组仪表(0～40℃)、B 组仪表(−20～50℃)、C 组仪表(−40～60℃)。

### 4. 钳表的使用

钳表的使用方法如下：

(1) 根据被测电流的种类和线路的电压，选择合适型号的钳表，测量前首先必须调零(机械调零)。

(2) 检查钳口表面，应清洁无污物，无锈。当钳口闭合时应密合，无缝隙。

(3) 若已知被测电流的粗略值，则按此值选合适量程。若无法估算被测电流的粗略值，则应将量程转换开关先放到最大量程，然后再逐步减小量程，直到指针偏转不少于满偏的

1/4，如图 8-12 所示。

图 8-12　钳表的使用示意图 1

（4）被测电流较小时，可将被测载流导线在铁芯上绕几匝后再测量，实际电流值应为钳形表读数除以放进钳口内的导线根数，如图 8-13 所示。

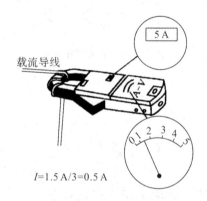

$I=1.5\,\text{A}/3=0.5\,\text{A}$

图 8-13　钳表的使用示意图 2

（5）测量时，应尽可能使被测导线置于钳口内中心垂直位置，并使钳口紧闭，以减小测量误差，如图 8-14 所示。

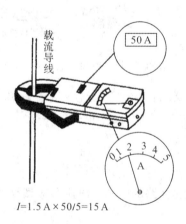

$I=1.5\,\text{A}\times50/5=15\,\text{A}$

图 8-14　钳表的使用示意图 3

（6）测量完毕后，应将量程转换开关置于交流电压最大位置，避免下次使用时误测大电流。

### 5. 使用注意事项

钳表的使用注意事项如下：

（1）测高压电流时，要戴绝缘手套，穿绝缘靴，并站在绝缘台上。

（2）钳表不用时，应将量程开关置于最大挡。

（3）测量时应将被测导线置于钳口内中心位置，并使钳口紧闭。

（4）转换量程开关时应在不带电的情况下进行，以免损坏仪表或发生触电危险。

（5）进行测量时要注意保持钳表与带电部分的安全距离，以免发生触电事故。

## 8.4　接 地 电 阻 表

### 1. 概述

电力系统中的接地按其作用不同一般分为三种，即工作接地、保护接地和防雷接地。在接地系统中，接地电阻的大小直接关系到人身和设备的安全。接地电阻的大小与大地的结构、土壤的电阻率、接地体的几何尺寸等因素有关，各种不同电压等级的电气设备和输电线路对接地电阻的标准要求都有相应的规定。接地电阻表主要用于电气设备以及避雷装置等接地电阻的测量，它又称为接地电阻测量仪或接地摇表。

### 2. 接地及接地电阻的概念

所谓接地，就是用金属导线将电气设备和输电线路需要接地的部分与埋在土壤中的金属接地体连接起来。接地体的接地电阻包括接地体本身的电阻、接地线电阻、接地体与土壤的接触电阻和大地的散流电阻。由于前三项电阻很小，可以忽略不计，因此接地电阻一般是指散流电阻。

当接地体上有电压时，就有电流从接地体流入大地并向四周扩散。越靠近接地体，电流通过的截面越小，电阻越大，电流密度就越大，地面电位也就越高；离开接地体越远，电流通过的截面越大，电阻越小，电流密度就越小，电位也就越低。距离接地体大约 20 m 处，电流密度几乎等于零，电位也就接近于零，所以接地电阻主要就是从接地体到零电位点之间的电阻，它等于接地体的对地电压与经接地体流入大地中的接地电流之比（$R=U/I$）。对地电压就是电气设备的接地点与大地零电位之间的电位差。

### 3. 接地电阻表的结构与原理

1）接地电阻表的结构

接地电阻表主要由手摇发电机、电流互感器、电位器以及检流计组成，其附件有两根探针，分别为电位探针和电流探针，还有 3 根不同长度的导线（5 m 长的导线用于连接被测的接地体，20 m 长的导线用于连接电位探针，40 m 长的导线用于连接电流探针）。用 120 r/min 的速度摇动接地电阻表的摇把时，表内能输出 110～115 Hz、100 V 左右的交流电压。常用的接地电阻表和附件如图 8-15 所示。

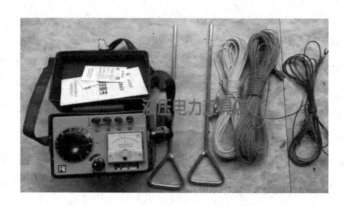

图 8-15　常用的接地电阻表和附件

2) 接地电阻表的工作原理

大地之所以能够导电是因为土壤中含有电解质。如果测量接地电阻时施加的是直流电压，则会引起化学极化作用，使测量结果产生很大的误差。因此，测量接地电阻时不能用直流电压，一般都用交流电压。用补偿法测量接地电阻的原理电路及电位分布图如图8-16所示。

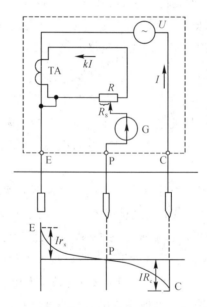

图 8-16　用补偿法测量接地电阻的原理电路及电位分布图

图 8-16 中，E 为接地电极，P 为电位辅助电极，C 为电流辅助电极。E 接地体，P、C分别接电位探测针和电流探测针，三者应在一条直线上，间距不小于 20 m。被测接地电阻 $R$ 就是 E、P 之间的土壤散流电阻，但不包括电流辅助电极 C 的接地电阻。

交流电源的输出电流 $I$ 经电流互感器 TA 的一次绕组到接地电极 E，通过大地和电流辅助探针、电流辅助电极 C 构成闭合回路，在接地电阻 $R_x$ 上形成电压降 $IR_x$，$IR_x$ 的电位分布如图 8-16 所示。电流互感器的二次绕组感应出电流，并经电位器 $R$ 构成回路，电位器左端电压降为 $kIR_s$。当检流计指针偏转时，调节电位器使检流计指针为零，则此时有

$$IR_x = kIR_s$$

即

$$R_x = kR_s$$

式中，$k$ 是互感器 TA 的变比。

可见，被测接地电阻 $R_x$ 的测量值仅由电流互感器变比和电位器的电阻 $R_s$ 决定，而与辅助电极的接地电阻无关。

**4. 接地电阻表的使用**

接地电阻表的使用方法如下：

（1）按图 8-17 所示将一根探针插在离接地体 40 m 远的地下，另一根探针插在离接地体 20 m 的地下，两根探针与接地体成一条直线分布，探针插入地下的深度为 40 cm，上端露出地面 10～15 cm。

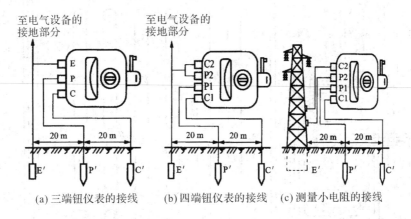

图 8-17　接地电阻表的接线图

（2）将仪表水平放置，检查指针是否指在零位上；否则，应将指针调整至中心线零位上。

（3）用导线将接地体 E′ 与仪表端钮 E 相连，电位探针 P′ 与端钮 P 相连，电流探针 C′ 与端钮 C 相连，如图 8-17(a) 所示。如果使用的是四端钮的接地电阻表，其接线方式如图 8-17(b) 所示。如果被测接地电阻小于 1 Ω，如测量高压线塔杆的接地电阻时，其接线方式如图 8-17(c) 所示。

**5. 使用注意事项**

（1）当检流计的灵敏度过高时，可将电位探测针 P′ 插入土壤中浅一些；当检流计的灵敏度不够时，可沿电位探测针和电流探测针注水使土壤湿润些。

（2）测量时，接地线路要与被保护的设备断开，以便得到准确的测量。

# 8.5　电工实训台

如图 8-18 所示是电工实训台板面布置图，学生可以在板面上根据不同实训项目安装不同的电工电路。

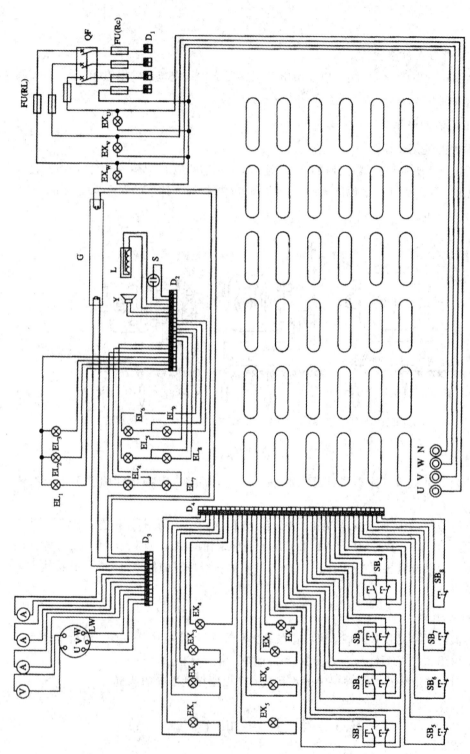

QF—断路器；FU—熔断器；ⓐ—电流表；ⓥ—电压表；SB—按钮；LW—万能转换开关；

EX—指示灯；EL—白炽灯；L—镇流器；S—启动器；G—灯管；D—接线端子；

Y—扬声器；Fu(RL)—螺旋式熔断器；Fu(Rc)—嵌入式熔断器。

图 8 - 18　实训台板面布置图

　　在实训台板面上已经安装的器件有：固定元器件的万能面板；三相电源进线端子 U、V、W、N；三相电源指示灯 $EX_U$、$EX_V$、$EX_W$ 与通电和保护用的自动开关 QF；保护用的熔断器 FU；照明电路用的白炽灯 EL、日光灯管 G、镇流器 L 和日光灯启动器 S；供测量用的电压表和电流表；供控制用的指示灯 $EX_1 \sim EX_8$、复合按钮 $SB_1 \sim SB_4$ 和常闭按钮 $SB_5 \sim SB_8$。为了安装方便和保证元器件使用寿命，所有已安装的元器件都用端子连接，安装接线时只要把导线接在元器件对应端子的一端上即可。

# 复习与思考题

　　8-1　什么是仪表的准确度等级？是否用准确度等级小的仪表测量一定较精确？

　　8-2　指针式万用表在测量前的准备工作有哪些？用它测量电阻的注意事项有哪些？

　　8-3　为什么测量绝缘电阻要用兆欧表而不能用万用表？

　　8-4　用兆欧表测量绝缘电阻时，如何与被测对象连接？

　　8-5　某正常工作的三相异步电动机额定电流为 10A，用钳形电流表测量时，如卡入一根电源线，钳形电流表读数多大？如卡入两根或三根电源线呢？

# 项目9　三相正弦交流电路

　　国内外的电力系统中普遍采用三相制供电方式。所谓三相制，就是由三相电源供电的电路系统，通常称为三相电路。这也是迄今为止最普遍、最经济的电源系统。

　　三相交流电被广泛应用是因为三相交流电比单相交流电有诸多明显的优点：在发电方面，相同尺寸的三相交流发电机比单相发电机的功率大，发电机转矩恒定，有利于发电机工作，而且在容量相同的情况下，制造三相发电机比单相发电机更节省材料，便于制造大容量的发电机组；在传输方面，三相系统比单相系统节省传输线及相关材料，在电气指标相同的情况下，三相电路比单相电路可节省 25% 的有色金属，使用三相变压器比单相变压器更经济、更便于交流负载的接入；在用电方面，三相电容易产生旋转磁场，使三相电动机由于制造简单经济、性能良好、运行平稳可靠而广泛应用于各种生产机械的动力设备中。生活中的单相交流电源也可以方便地由三相制供电系统提供。

　　三相正弦交流电路可以看成是由三个频率相同、振幅相同但初相位互差 120° 的三个交流电压源与三相负载按一定方式连接成复杂的正弦交流电路。所以，单相交流电路的基本概念、基本定律和分析方法完全适用于三相交流电路的分析。

　　三相交流电路按照其结构可分为对称三相交流电路和不对称三相交流电路，本项目着重讨论对称三相交流电路的分析计算以及三相功率的测量。

## 9.1　三相交流电源的产生和连接

### 1. 三相交流电源的产生

　　三相交流电源通常都是由三相交流发电机产生的，图 9-1(a) 为三相交流发电机结构示意图。在发电机的定子上装有三套相同的绕组，分别称为 AX、BY 和 CZ 绕组，相当于三个独立的电压源，其参考正极分别用 A、B、C 表示，也称绕组的首端；参考负极分别用 X、Y、Z 表示，也称绕组的末端或尾端。三套绕组在空间位置上彼此相隔 120°，将每个绕组称为一相，依次称为 A 相、B 相和 C 相，如图 9-1(b) 所示。

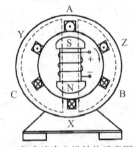　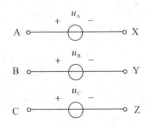

(a) 三相交流发电机结构示意图　　　(b) 三相绕组产生的对称三相电压

图 9-1　三相交流发电机结构和三相交流电压

由于三相交流发电机在原理结构上的特殊设计，发电机的转子(磁极)在匀速旋转时，三相绕组中会产生三个正弦交流电压，这三个正弦交流电压的幅值相等，频率相同，彼此之间相位互差120°，分别记为 $u_A$，$u_B$，$u_C$，其瞬时值表达式分别为

$$\begin{cases} u_A = \sqrt{2}U\sin\omega t \\ u_B = \sqrt{2}U\sin\left(\omega t - \dfrac{2}{3}\pi\right) = \sqrt{2}U\sin(\omega t - 120°) \\ u_C = \sqrt{2}U\sin\left(\omega t + \dfrac{2}{3}\pi\right) = \sqrt{2}U\sin(\omega t + 120°) \end{cases} \quad (9-1)$$

其波形图如图 9-2 所示。

将这样一组由三个幅值相等、频率相同而且相位依次互差120°的正弦电压的组合称为对称三相电压，其相量表达式为

$$\begin{cases} \dot{U}_A = U_P\angle 0° \\ \dot{U}_B = U_P\angle -120° \\ \dot{U}_C = U_P\angle 120° \end{cases} \quad (9-2)$$

式中，$U_P$ 为各相电压的有效值。对称三相电压的相量图如图 9-3 所示。

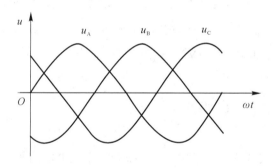

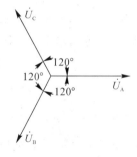

图 9-2  三相正弦交流电压的波形图    图 9-3  对称三相电压相量图

由图 9-3 可以证明，对称三相电压满足

$$\begin{cases} u_A + u_B + u_C = 0 \\ \dot{U}_A + \dot{U}_B + \dot{U}_C = 0 \end{cases} \quad (9-3)$$

对称三相电压中，各电压到达同一量值(比如正的最大值或零值)的先后顺序被称为相序。如 A—B—C 依次超前120°，称为正序；相序 C—B—A 或 A—C—B 称为负序。如无特殊说明，本书后面所称的三相电源的相序均是指正序。在电力系统中，通常在交流发电机的三相引出线及配电装置的三相母线上涂以黄、绿、红三种颜色标志，分别表示 A、B、C 三相。

### 2. 三相电源的连接

为了用尽可能少的输电线来传输三相电源，需要对三相电源进行连接。三相电源的基本连接方式有星形(Y)连接和三角形(△)连接两种，下面分别对这两种连接方式加以分析。

**1) 三相交流电源的星形(Y)连接**

如图 9-4(a)所示为三相交流电源的星形(Y)连接电路模型,就是将三相交流电源的三个参考负极 X、Y、Z,即三相绕组的三个末端连接在一起,称为电源的中性点,用 N 表示。由中性点引出的线称为中性线(简称中线)。由于电源在其中性点处需要可靠的接地,所以中性点又称为零电位点,中性线又称为零线。从电源的三个参考正极 A、B、C,即三相绕组的三个首端引出三根线,称为相线或端线,俗称火线。

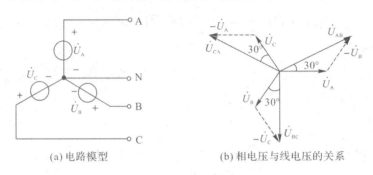

(a) 电路模型　　　　　　　(b) 相电压与线电压的关系

图 9-4　三相交流电源的星形(Y)连接

在图 9-4(a)所示电路中可以看出,相线与中线之间的电压就是三相交流电源中各相电源的电压,称为相电压,记为 $\dot{U}_A$、$\dot{U}_B$、$\dot{U}_C$;相线与相线之间的电压称为线电压,记为 $u_A$、$u_B$、$u_C$。根据基尔霍夫定律,线电压与相电压的关系为

$$\begin{cases} \dot{U}_{AB} = \dot{U}_A - \dot{U}_B \\ \dot{U}_{BC} = \dot{U}_B - \dot{U}_C \\ \dot{U}_{CA} = \dot{U}_C - \dot{U}_A \end{cases} \qquad (9-4)$$

将式(9-2)所表示的相电压相量代入式(9-4)中,可以得到三个线电压的相量分别为

$$\begin{cases} \dot{U}_{AB} = \dot{U}_A - \dot{U}_A \angle -120° = \sqrt{3}\dot{U}_A \angle 30° = \sqrt{3}U_P \angle 30° \\ \dot{U}_{BC} = \sqrt{3}\dot{U}_B \angle 30° = \sqrt{3}\dot{U}_P - 90° \\ \dot{U}_{CA} = \sqrt{3}\dot{U}_C \angle 30° = \sqrt{3}U_P \angle 150° \end{cases}$$

由此可见,如果三相交流电源的相电压是对称的,则其线电压也是对称的。三相交流对称电源的相电压和线电压相量图如图 9-4(b)所示。若用 $U_L$ 表示线电压的有效值,$U_P$ 表示相电压的有效值,则线电压与相电压之间的关系为

$$\dot{U}_L = \sqrt{3}\dot{U}_P \angle 30° \qquad (9-5)$$

由式(9-5)可见,对称三相电源做星形连接时,其线电压的有效值是相电压有效值的 $\sqrt{3}$ 倍;在相位上,线电压的相位超前与之相对应的相电压的相位30°。

**2) 三相交流电源的三角形(△)连接**

图 9-5(a)所示为三相交流电源的三角形(△)连接电路模型,就是将三相交流对称电源中三相绕组的首尾端顺次相连(即 X 与 B,Y 与 C,Z 与 A 相连)成为一个闭合回路,然后再从 A、B、C 三端点分别引出三根相线(端线)的连接方法。

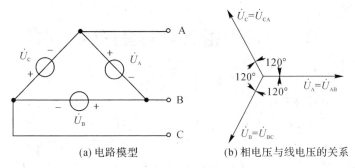

(a) 电路模型                    (b) 相电压与线电压的关系

图 9 - 5    三相交流电源的三角形(△)连接

由图 9 - 5 可知，对称三相交流电源做三角形(△)连接时，两根相线(端线或火线)间的电压即线电压与电源的相电压相等，即

$$\dot{U}_{AB} = \dot{U}_A, \ \dot{U}_{BC} = \dot{U}_C, \ \dot{U}_{CA} = \dot{U}_C$$

若用 $U_L$ 表示线电压的有效值，$U_P$ 表示相电压的有效值，则线电压与相电压之间的关系也可表示为

$$\dot{U}_L = \dot{U}_P \tag{9-6}$$

其相量图如图 9 - 5(b)所示。

值得注意的是，三相交流电源做三角形(△)连接时，要注意接线的正确性。当三相交流电源接线正确时，由于三相电压源的三个电压是对称的，所以在三角形闭合回路中总电压的相量和等于零，即

$$\dot{U}_A + \dot{U}_B + \dot{U}_C = 0$$

这样才能保证在没有外接负载即没有输出的情况下，电源回路中不会产生环行电流。但如果三相电压不对称，或者虽然对称但有一相接反，则三相电压之和将不为零。当电源外部不接负载时，由于每相绕组的内阻抗较小，在三角形绕组内会产生很大的环行电流，引起绕组发热甚至烧毁电源装置。因此，在工程上为了保证三相绕组能正确地连接成三角形，一般先不将三角形闭合，而是在开口处接一只电压表，用以监测电源回路的电压，如图 9 - 6 所示。

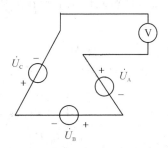

图 9 - 6    三相交流电源三角形(△)接法检测电路

如果电压表的读数为零，说明绕组连接正确，可取下电压表，再将开口处连接上；如果电压表的读数不为零，而是相电压的两倍，则表明有一相(或两相)绕组接反了(有兴趣的同学可以自己推导)，必须将其更正，然后再用上述方法复查，复查无误后才能将开口处接上。

# 9.2　对称三相负载的星形(Y)连接

三相负载由三部分组成,其中的每一部分(即每个相的负载)都可称为一相负载。当三相的负载具有完全相同的参数时,称为对称三相负载,如三相异步电动机。实际上,在低压供电系统中不可避免会出现大量的单相负载,如电灯、电炉、单相电机等,因而为了使三相负载保持尽可能的对称,必须尽可能将各种单相负载均匀地分配在各相电路中。如图9-7所示电路是三相四线制供电系统中常见的照明电路和动力电路,电路中有大量的单相负载(如照明灯)和对称的三相负载(如三相电动机)。为了让三相负载尽量对称平衡,一般会将单相负载分为三组,分别接于 A-N,B-N,C-N 之间。

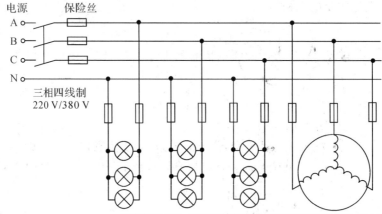

图 9-7　三相四线制供电系统中常见的负载

将三相负载的一端连在一起而构成一个公共节点,称为负载的中性点,用 N′表示。将负载的中性点与三相电源的中线相连接,将三相负载的另一端分别连接在三相电源的三根相线上,这种连接方式就是三相负载的星形(Y)连接方式,如图9-8所示。通常也将这种用四根导线把三相电源和负载连接起来的三相电路称为三相四线制电路。

如图9-9所示的电路是三相对称负载做星形连接的典型电路,设其中每相负载的阻抗 $Z=|Z|\angle\varphi_Z$,其中 $Z_N$ 为中线阻抗。

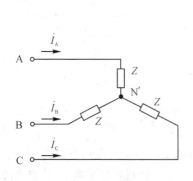

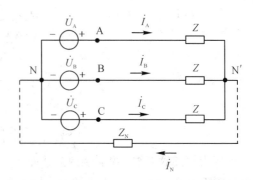

图 9-8　三相负载星形连接　　　　图 9-9　三相对称负载的星形(Y)连接典型电路

图 9 - 9 电路中只有两个节点，设 N 为参考节点，则节点 N′ 到 N 的电压为 $U_{N'N}$，列出方程(弥尔曼方程)为

$$\left(\frac{1}{Z}+\frac{1}{Z}+\frac{1}{Z}+\frac{1}{Z_N}\right)\dot{U}_{N'N}=\frac{\dot{U}_A}{Z}+\frac{\dot{U}_B}{Z}+\frac{\dot{U}_C}{Z}=\frac{\dot{U}_A+\dot{U}_B+\dot{U}_C}{Z} \tag{9-7}$$

由于三相交流电源的对称性，可知式(9 - 7)中

$$\dot{U}_A+\dot{U}_B+\dot{U}_C=0$$

解得

$$U_{N'N}=0 \tag{9-8}$$

即使 $Z_N=\infty$(相当于中线断开)，式(9 - 8)依然成立。

由此可知：在共相对称负载做星形连接的对称三相电路中，无论有无中线，总有 $U_{N'N}=0$，即负载中性点 N′ 与电源中性点 N 永远是等电位的，因而若用一根如图 9 - 9 中虚线所示的没有阻抗的理想导线把 N′N 短接起来，或者将中线断开，都不会对电路产生任何影响。

同样的，如果三相负载不对称，从式(9 - 7)不难看出，$U_{N'N}$ 将不等于零，也就是说负载的中性点 N′ 与电源的中性点 N 将不是等电位点，因而，中线上的电流将不为零，中线不能被断开。

在三相电路中，将三相交流电源相线(即火线)上的电流称为线电流，用 $I_L$ 表示，把流过每相负载的电流称为相电流，用 $I_P$ 表示。在图 9 - 9 所示电路中，三相负载中的电流即相电流分别为

$$\begin{cases} \dot{I}_A=\dfrac{\dot{U}_A}{Z}=\dfrac{U_P\angle0°}{|Z|\angle\varphi_Z}=\dfrac{U_P}{|Z|}\angle-\varphi_Z \\[3mm] \dot{I}_B=\dfrac{\dot{U}_B}{Z}=\dfrac{U_P}{|Z|}=\angle-\varphi_Z-120° \\[3mm] \dot{I}_C=\dfrac{\dot{U}_C}{Z}=\dfrac{U_P}{|Z|}=\angle-\varphi_Z+120° \end{cases} \tag{9-9}$$

由于三相交流电源和三相负载都是对称的，因而三相相电流也是对称的。所以，只需分析其中一相，其他两相负载的电流和电压可按对称的规律直接写出，这就是对称三相电路可归结为一相计算的原因。

显然，在负载做 Y 形连接时，线电流等于相电流，即

$$\dot{I}_L=\dot{I}_P \tag{9-10}$$

由式(9 - 10)可知，各相线(火线)上的线电流也是对称的，因而有

$$\dot{I}_{N'N}=\dot{I}_A+\dot{I}_B+\dot{I}_C=0$$

即中线 N′N 上的电流为 0。在这种情况下，可以将中线去掉而形成三相三线制系统。

在分析三相对称负载做星型连接的三相对称电路(Y - Y)时，不论原来是否有中线，都可以设想在 N′N 间用一根理想导线连接起来(如图 9 - 9 中虚线所示)，然后按照式(9 - 9)和式(9 - 10)计算各相、线电流。

各相负载的相电压为

$$\begin{cases} \dot{U}_{AN'} = Z\dot{I}_A = U_P\angle 0° \\ \dot{U}_{BN'} = Z\dot{I}_B = U_P\angle -120° \\ \dot{U}_{CN'} = Z\dot{I}_C = U_P\angle 120° \end{cases} \quad (9-11)$$

线电压为

$$\begin{cases} \dot{U}_{AB} = \dot{U}_{AN'} - \dot{U}_{BN'} = U_P\angle 0° - U_P\angle -120° = \sqrt{3}\,U_P\angle 30° \\ \dot{U}_{BC} = \dot{U}_{BN'} - \dot{U}_{CN'} = U_P\angle -120° - U_P\angle 120° = \sqrt{3}\,U_P\angle -90° \\ \dot{U}_{CA} = \dot{U}_{CN'} - \dot{U}_{AN'} = U_P\angle 12° - U_P\angle 0° = \sqrt{3}\,U_P\angle 150° \end{cases} \quad (9-12)$$

式中的 $U_P$ 为相电压有效值。设 $U_L$ 为线电压的有效值，各相负载两端的相电压与相线（火线）之间的线电压的关系为

$$\dot{U}_L = \sqrt{3}\ \dot{U}_P\angle 30° \quad (9-13)$$

其有效值之间的关系为 $U_L = \sqrt{3}U_P$，相位则是线电压超前对应相的相电压30°。

对称三相负载星形连接时的相量图如图 9-10 所示。

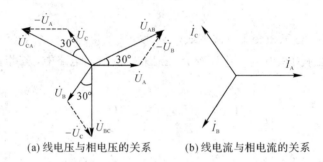

(a) 线电压与相电压的关系　　　　(b) 线电流与相电流的关系

图 9-10　对称三相负载星形连接时的相量图

【例 9-1】　在图 9-9 所示的对称三相四线制中，已知 $\dot{U}_{BC} = 380\angle 150°$ V，$Z = 10\ \Omega$，求负载相电流。

**解**　由于电路的对称性，可以用先求其中一相然后推知其他两相的方法来求解。

由题可知

$$\dot{U}_{BC} = 380\angle 150°\ \text{V}$$

故其对应的相电压为

$$\dot{U}_B = \frac{\dot{U}_{BC}}{\sqrt{3}}\angle -30° = \frac{380\angle 150°}{\sqrt{3}}\angle -30°\ \text{V} = 220\angle 120°\ \text{V}$$

对应的负载相电流为

$$\dot{I}_B = \frac{\dot{U}_B}{Z} = \frac{220\angle 120°}{10}\text{A} = 22\angle 120°\text{A}$$

根据对称性，可求出其他两相电流，最后结果如下：

$$\dot{I}_A = 22\angle -120°A$$

$$\dot{I}_B = 22\angle 120°A$$

$$\dot{I}_C = 22\angle 0°A$$

## 9.3　对称三相负载的三角形(△)连接

将三相负载依次相连而构成一个三角形(回路)，再将其中的三个连接点分别与三相电源的相线相连，就构成了三相负载的三角形(△)连接，如图 9-11 所示。

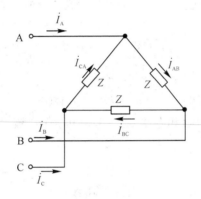

图 9-11　三相负载的三角形(△)连接

由于对称三相交流电源有星形连接和三角形连接两种，所以三角形(△)连接的三相负载与三相交流电源之间就有两种不同的连接方式，它们分别是对称 Y-△连接电路和对称△-△连接电路，分别如图 9-12(a)、图 9-12(b)所示。

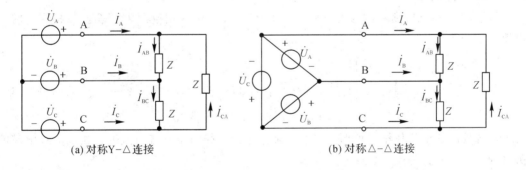

(a) 对称Y-△连接　　　　　　　　　　(b) 对称△-△连接

图 9-12　三角形连接的负载与三相交流电源之间的两种连接方式

由图 9-12 可以看出，对于负载的三角形(△)连接，加在每相负载两端的电压(相电压)就等于三相电源的线电压(两根相线之间的电压)，即$\dot{U}_L = \dot{U}_P$，如图 9-13(a)所示。因此，可以不必考虑三相电源究竟是 Y 连接还是△连接，只需要知道电源线电压就可以计算出流过每相负载的相电流了。

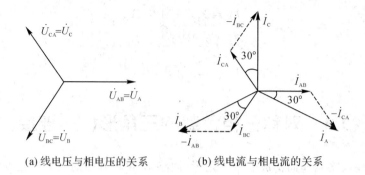

(a) 线电压与相电压的关系　　　(b) 线电流与相电流的关系

图 9-13　对称三相负载三角形连接时的相量图

设

$$
\begin{cases}
\dot{U}_{AB} = U_L \angle 0° \\
\dot{U}_{BC} = U_L \angle -120° \\
\dot{U}_{CA} = U_L \angle +120°
\end{cases}
\tag{9-14}
$$

由于各相负载两端的电压(相电压)等于线电压,于是流过各相负载的相电流分别为

$$
\begin{cases}
\dot{I}_{AB} = \dfrac{\dot{U}_{AB}}{Z} \\[2mm]
\dot{I}_{BC} = \dfrac{\dot{U}_{BC}}{Z} \\[2mm]
\dot{I}_{CA} = \dfrac{\dot{U}_{CA}}{Z}
\end{cases}
\tag{9-15}
$$

显然,由于三相交流电源和三相负载都是对称的,因而三个相电流是对称的,如图 9-13(b)所示。

按照图 9-12(b)所示的参考方向,从图 9-13(b)所示相量图中可求出各相线上的线电流分别为

$$
\begin{cases}
\dot{I}_A = \dot{I}_{AB} - \dot{I}_{CA} = \sqrt{3}\, \dot{I}_{AB} \angle -30° \\
\dot{I}_B = \dot{I}_{BC} - \dot{I}_{AB} = \sqrt{3}\, \dot{I}_{BC} \angle -30° \\
\dot{I}_C = \dot{I}_{CA} - \dot{I}_{BC} = \sqrt{3}\, \dot{I}_{CA} \angle -30°
\end{cases}
\tag{9-16}
$$

可见,当对称三相负载作三角形连接时,流过各相负载的相电流与流过各相线的线电流的关系为

$$
\dot{I}_L = \sqrt{3}\, \dot{I}_P \angle -30°
\tag{9-17}
$$

即在对称三相负载作三角形连接时,电路中的相电压等于线电压。若相电流是对称的,则线电流也是对称的,而且线电流的有效值等于相电流有效值的 $\sqrt{3}$ 倍,即

$$
I_L = \sqrt{3}\, I_P
$$

而线电流的相位则滞后于对应相(后续相)的相电流 30°。

【例 9-2】　在图 9-12(a)所示的 Y-△连接对称电路中,已知 $\dot{U}_A = 220 \angle 0°\text{V}$,$\dot{U}_B =$

$220\angle-120°\text{V}$，$\dot{U}_C=220\angle120°\text{V}$，$Z=10\angle30°\ \Omega$，求线电流。

**解**  由于电源为星形连接，所以电源的线电压分别为

$$\dot{U}_{AB}=220\sqrt{3}\angle30°\text{V}$$

$$\dot{U}_{BC}=220\sqrt{3}\angle-90°\text{V}$$

$$\dot{U}_{CA}=220\sqrt{3}\angle150°\text{V}$$

又因为三相负载为三角形连接，所以可求得 A - B 相负载相电流为

$$\dot{I}_{AB}=\frac{\dot{U}_{AB}}{Z}=\frac{220\sqrt{3}\angle30°}{10\angle30°}\text{A}=22\sqrt{3}\angle0°\text{A}$$

根据对称性，可以由一相推出其他两相相电流分别为

$$\dot{I}_{BC}=22\sqrt{3}\angle-120°\text{A}$$

$$\dot{I}_{CA}=22\sqrt{3}\angle120°\text{A}$$

由式(9-17)可求出线电流分别为

$$\dot{I}_A=\sqrt{3}\dot{I}_{AB}\angle-30°=66\angle-30°\text{A}$$

$$\dot{I}_B=66\angle-150°\text{A}$$

$$\dot{I}_C=66\angle90°\text{A}$$

# 9.4  三相正弦交流电路的功率

## 1. 三相正弦交流电路的功率及功率因数

### 1) 三相正弦交流电路的有功功率 $P$

三相正弦交流电路的有功功率又称平均功率。在三相交流电路中，无论负载是星形连接还是三角形连接，三相负载有功功率其实就是各相负载有功功率之和，即

$$P=P_A+P_B+P_C=I_A^2R_A+I_B^2R_B+I_C^2R_C=U_AI_A\cos\varphi_A+U_BI_B\cos\varphi_B+U_CI_C\cos\varphi_C$$

式中的 $\varphi_A$、$\varphi_B$、$\varphi_C$ 分别是 A 相、B 相和 C 相的相电压与相电流之间在关联参考方向下的相位差，也就是 A 相、B 相和 C 相负载的阻抗角（功率因数角）。

(1) 当三相负载对称时，各相负载吸收的有功功率相等，所以有

$$P=P_A+P_B+P_C=U_AI_A\cos\varphi_A+U_BI_B\cos\varphi_B+U_CI_C\cos\varphi_C=3U_PI_P\cos\varphi_P$$

$$(9-18)$$

式(9-18)中，$U_P$ 是相电压，$I_P$ 是相电流，$\varphi_P$ 是相电压与相电流之间在关联参考方向下的相位差，也就是某一相负载的阻抗角。

当三相对称负载为星形连接时，因

$$U_P=\frac{U_L}{\sqrt{3}},\ I_P=I_L$$

则有

$$P=\sqrt{3}U_LI_L\cos\varphi_P$$

当负载为三角形连接时，因

$$U_\mathrm{P} = U_\mathrm{L}, \ I_\mathrm{P} = \frac{I_\mathrm{L}}{\sqrt{3}}$$

则有

$$P = \sqrt{3} U_\mathrm{L} I_\mathrm{L} \cos\varphi_\mathrm{P}$$

所以，无论三相负载是星形连接还是三角形连接，当其对称时，三相正弦交流电路总的有功功率都可用下式计算，即

$$P = P_\mathrm{A} + P_\mathrm{B} + P_\mathrm{C} = 3 I_\mathrm{P}^2 R_\mathrm{P} = 3 U_\mathrm{P} I_\mathrm{P} \cos\varphi_\mathrm{P} = \sqrt{3} U_\mathrm{L} I_\mathrm{L} \cos\varphi_\mathrm{P} \qquad (9-19)$$

通常对于对称三相负载，多用式(9-19)来计算三相有功功率，因为线电压和线电流容易测量或者是已知的，而式中 $\varphi_\mathrm{P}$ 不变，仍是相电压与相电流之间在关联参考方向下的相位差。

(2) 当三相负载不对称时，三相负载总的有功功率为

$$P = P_\mathrm{A} + P_\mathrm{B} + P_\mathrm{C} = I_\mathrm{A}^2 R_\mathrm{A} + I_\mathrm{B}^2 R_\mathrm{B} + I_\mathrm{C}^2 R_\mathrm{C} = U_\mathrm{A} I_\mathrm{A} \cos\varphi_\mathrm{A} + U_\mathrm{B} I_\mathrm{B} \cos\varphi_\mathrm{B} + U_\mathrm{C} I_\mathrm{C} \cos\varphi_\mathrm{C}$$

$$(9-20)$$

式中的 $\varphi_\mathrm{A}$、$\varphi_\mathrm{B}$、$\varphi_\mathrm{C}$ 分别是 A 相、B 相和 C 相的相电压与相电流之间在关联参考方向下的相位差，也就是 A 相、B 相和 C 相负载的阻抗角(功率因数角)。

2) 三相正弦交流电路的无功功率 $Q$

在三相正弦交流电路中，无论负载是星形连接还是三角形连接，三相负载无功功率等于各相负载无功功率之和，即 $Q = Q_\mathrm{A} + Q_\mathrm{B} + Q_\mathrm{C}$。

(1) 三相负载不对称时有

$$Q = Q_\mathrm{A} + Q_\mathrm{B} + Q_\mathrm{C} = I_\mathrm{A}^2 X_\mathrm{A} + I_\mathrm{B}^2 X_\mathrm{B} + I_\mathrm{C}^2 X_\mathrm{C}$$
$$= U_\mathrm{A} I_\mathrm{A} \sin\varphi_\mathrm{A} + U_\mathrm{B} I_\mathrm{B} \sin\varphi_\mathrm{B} + U_\mathrm{C} I_\mathrm{C} \sin\varphi_\mathrm{C} \qquad (9-21)$$

(2) 三相负载对称时有

$$Q = Q_\mathrm{A} + Q_\mathrm{B} + Q_\mathrm{C} = 3 I_\mathrm{P}^2 X_\mathrm{P} = 3 U_\mathrm{P} I_\mathrm{P} \sin\varphi_\mathrm{P} = \sqrt{3} U_\mathrm{L} I_\mathrm{L} \sin\varphi_\mathrm{P} \qquad (9-22)$$

3) 三相正弦交流电路的视在功率 $S$

在三相正弦交流电路中，无论负载是星形连接还是三角形连接，三相负载的视在功率由三相负载的有功功率和无功功率决定，即

$$S = \sqrt{P^2 + Q^2} \qquad (9-23)$$

而当三相正弦交流电路对称时，其视在功率为

$$S = \sqrt{P^2 + Q^2} = \sqrt{(\sqrt{3} U_\mathrm{L} I_\mathrm{L} \cos\varphi_\mathrm{P})^2 + (\sqrt{3} U_\mathrm{L} I_\mathrm{L} \cos\varphi_\mathrm{P})^2} = \sqrt{3} U_\mathrm{L} I_\mathrm{L} = 3 U_\mathrm{P} I_\mathrm{P}$$

$$(9-24)$$

视在功率可以用来表示三相正弦交流电源的容量，故又称为三相总功率。应当注意：一般情况下，三相负载的视在功率不等于各相视在功率之和。

【例 9-3】 某对称三相三线制电路的线电压 $U_\mathrm{L} = 220\sqrt{3}\,\mathrm{V}$，每相负载阻抗均为 $Z = 10\angle 60°\,\Omega$，求负载分别做星形连接和三角形连接两种情况下的线电流和三相有功功率。

解 (1) 当负载星形连接时，相电压的有效值为

$$U_\mathrm{P} = \frac{U_\mathrm{L}}{\sqrt{3}} = 220\,\mathrm{V}$$

则相电流为

$$I_P = \frac{U_P}{|Z|} = \frac{220}{10} \text{ A} = 22 \text{ A}$$

由于负载星形连接时线电流等于相电流,所以线电流为

$$I_L = I_P = 22 \text{ A}$$

三相负载的总有功功率为

$$P = \sqrt{3} U_L I_L \cos\varphi_Z = \sqrt{3} \times 220\sqrt{3} \times 22 \times \cos 60° \text{ W} = 7260 \text{ W}$$

(2)当负载三角形连接时,相电压等于线电压为

$$U_P = U_L = 220\sqrt{3} \text{ V}$$

相电流为

$$I_P = \frac{U_P}{|Z|} = \frac{220\sqrt{3}}{10} \text{ A} = 22\sqrt{3} \text{ A}$$

由于负载三角形连接时的线电流等于$\sqrt{3}$倍相电流,所以线电流为

$$I_L = \sqrt{3} I_P = 66 \text{ A}$$

三相负载的总有功功率为

$$P = \sqrt{3} U_L I_L \cos\varphi_Z = \sqrt{3} \times 220\sqrt{3} \times 66 \times \cos 60° \text{ W} = 21\ 180 \text{ W}$$

由此例可知,当线电压一定时,三相对称负载由星形连接改为三角形连接后,相电流增加到原来的$\sqrt{3}$倍,线电流增加到原来的 3 倍,总的有功功率增加到原来的 3 倍,即 $P_\triangle = 3P_Y$。

【例 9 - 4】　某三相电动机,每相的等效电阻 $R = 29\Omega$,等效感抗 $X_L = 21.8\Omega$,试求在下列两种情况下电动机的相电流、线电流以及从电源输入的功率,并比较所得的结果: (1)绕组连成星形接于 $U_l = 380$ V 的三相电源上; (2)绕组连成三角形接于 $U_L = 220$ V 的三相电源上。

　　**解**　(1)绕组连成星形接于 $U_L = 380$ V 的三相电源上:

$$I_P = \frac{U_P}{|Z|} = \frac{220}{\sqrt{29^2 + 21.8^2}} \text{ A} = 6.1 \text{ A}$$

$$I_L = 6.1 \text{ A}$$

$$P = \sqrt{3} U_L I_L \cdot \cos\varphi = \sqrt{3} \times 380 \times 6.1 \times \frac{29}{\sqrt{29^2 + 21.8^2}} \text{ W} = 3.2 \text{ kW}$$

(2)绕组连成三角形接于 $U_L = 220$ V 的三相电源上:

$$I_P = \frac{U_P}{|Z|} = \frac{220}{\sqrt{29^2 + 21.8^2}} \text{ A} = 6.1 \text{ A}$$

$$I_L = \sqrt{3} I_P = \sqrt{3} \times 6.1 \text{ A} = 10.5 \text{ A}$$

$$P = \sqrt{3} U_L I_L \cdot \cos\varphi = \sqrt{3} \times 220 \times 10.5 \times \frac{29}{\sqrt{29^2 + 21.8^2}} \text{ W} = 3.2 \text{ kW}$$

由此例可知,有的三相电动机有两种额定电压,比如 220 V/380 V。这表示当电源电压(指线电压)为 220 V 时,电动机的绕组应连成三角形;当电源电压为 380 V 时,连成星形。在这两种接法中,相电压、相电流及功率都未改变,仅线电流在电动机连成三角形(△)时是连成星形(Y)时的$\sqrt{3}$倍。

4）功率因数 λ

在单相交流电路中，电压与电流之间的相位差的余弦称为功率因数，用符号 λ 表示，在数值上，功率因数是有功功率和视在功率的比值。在三相交流电路中，无论负载是星形连接还是三角形连接，对称三相交流电路的功率因数即为每一相负载的功率因数，不对称三相交流电路的功率因数没有意义。

对称三相交流电路的功率因数为

$$\lambda = \frac{P}{S} = \frac{\sqrt{3}U_{\mathrm{L}}I_{\mathrm{L}}\cos\varphi_{\mathrm{P}}}{\sqrt{3}U_{\mathrm{L}}I_{\mathrm{L}}} = \cos\varphi_{\mathrm{P}} \tag{9-25}$$

功率因数反映了电源输出的视在功率被有效利用的程度，因而 λ 越大越好。这样电路中的无功功率可以降到最小，视在功率将大部分用来供给有功功率，从而提高电源输送的功率。

**2. 三相正弦交流电路功率的测量**

三相正弦交流电路的功率常用功率表（又称瓦特表）进行测量，常用的功率测量方法有三表法和两表法。

1）三相四线制电路功率测量（三表法）

对于三相四线制的星形连接电路，无论对称或者不对称，一般都可以用三只功率表进行测量，如图 9-14 所示。只要将三只功率表所测的读数相加便可得到电路的总有功功率，这种测量方法称为三表法，也称为三瓦计法。

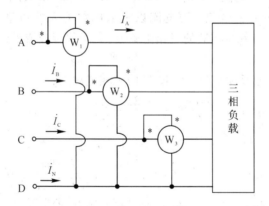

图 9-14　测量三相四线制电路功率的三表法

图 9-14 中，三只功率表测得的功率分别为三相负载吸收的功率，若其读数分别为 $P_1$、$P_2$ 和 $P_3$，则它们之和就等于三相负载吸收的总有功功率，即

$$P = P_1 + P_2 + P_3 \tag{9-26}$$

当三相负载对称时，由于其各相功率相等，三只功率表的读数一样。因此，在实际测量中，可以使用一只功率表测出一相负载的有功功率，然后乘以 3 就可以得到三相负载的总有功功率。

2）三相三线制电路功率测量（二表法）

对于三相三线制电路，无论电路是否对称，都可用二表法进行功率的测量。如图 9-15

所示，两个功率表的电流线圈分别串联接入任意两根相线中（比如 A，B 线），电压线圈的非"＊"端则都接到第三根相线上（比如 C 线），这时两个功率表读数的代数和就等于被测量的三相有功功率。

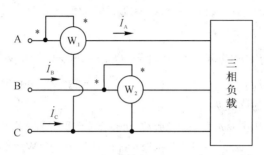

图 9-15　测量三相三线制电路功率的二表法

设两只功率表的读数分别为 $P_1$ 和 $P_2$，则三相负载的总有功功率为

$$P = P_1 + P_2 \tag{9-27}$$

注意：虽然两只功率表读数的代数和等于三相总的有功功率，但每只表的单独读数没有实际意义，即使在电路对称的情况下，两只表的读数一般也不相等；在这种测量方法中，功率表的接线只连接火线，与负载和电源的连接方式无关。

测量结果有以下几种情况：

（1）在对称三相交流电路中，若 $\varphi_P = 0$，则 $P_1 = P_2$，两个功率表读数相同。

（2）在对称三相交流电路中，若 $\varphi_P = 60°$ 时，$P_2 = 0$。

（3）在对称三相交流电路中，若 $\varphi_P = -60°$ 时，$P_1 = 0$。

（4）在对称三相交流电路中，若 $\varphi_P > 60°$ 时，$P_2 < 0$。

（5）在对称三相交流电路中，若 $\varphi_P < -60°$ 时，$P_1 < 0$。

结论：当 $|\varphi_P| = 60°$ 时，两个功率表中有一个读数为零，另一个功率表中的读数就是三相功率；当 $|\varphi_P| > 60°$ 时（即 $\varphi_P > 60°$ 或 $\varphi_P < -60°$），两只功率表中总有一只读数为负值，其指针反转，这时应将该功率表电流线圈的两个端子接头互换，从而得到读数，但该功率表读数应取为负值，即三相功率是两功率表读数之差值。不过值得一提的是，二表法仅适用于三相三线制电路，不适用于一般三相四线制电路。

【例 9-5】　利用二表法测量对称三相交流电路的功率，接线如图 9-14 所示。已知：对称三相负载有功功率为 2.5 kW，功率因数 $\lambda = \cos\varphi_P = 0.866$（感性），线电压为 380 V，求两个功率表的读数。

**解**　欲求功率表的读数，需要求出它们相关联的线电流、线电压相量。

由

$$P = \sqrt{3} U_L I_L \cos\varphi_P$$

得线电流为

$$I_L = \frac{P}{\sqrt{3} U_L \cos\varphi_P} = \frac{2.5 \times 10^3}{\sqrt{3} \times 380 \times 0.866} \text{A} = 4.386 \text{ A}$$

因

$$\dot{U}_A = \frac{380}{\sqrt{3}}\angle 0° = 220\angle 0° \text{ V}$$

而

$$\varphi_P = \arccos 0.866 = 30°$$

则线电流、线电压分别为

$$\dot{I}_A = 4.386\angle -30° \text{ A}, \quad \dot{U}_{AC} = 380\angle -30° \text{ V}$$

$$\dot{I}_B = 4.386\angle -150° \text{ A}, \quad \dot{U}_{BC} = 380\angle -90° \text{ V}$$

那么，两只功率表的读数为

$$P_1 = U_{AC}I_A\cos\varphi_1 = 380 \times 4.386\,\cos(30° - 30°)\text{W} = 1\,666.68 \text{ W}$$

$$P_2 = U_{BC}I_B\cos\varphi_2 = 380 \times 4.386\,\cos(150° - 90°)\text{W} = 833.34 \text{ W}$$

由本例题可知，通常情况下，即使是对称三相电路，二表法中的两表读数也一定不相等。

3）无功功率的测量

在对称三相交流电路中，可以用一只功率表进行测量来求出电路的无功功率（一表法）。接线如图 9-16 所示，功率表的电流线圈与火线 B 串联，电压线圈并接在火线 A、C 之间。

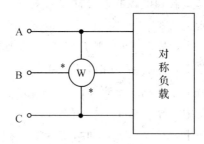

图 9-16　无功功率 $Q$ 的测量

根据对称三相电路的特点可以推导出

$$Q = \sqrt{3}\,P_W \tag{9-28}$$

式（9-28）中，$P_W$是功率表的读数，有兴趣的同学可以自己推导一下式（9-28）。

# 复习与思考题

9-1　三相交流电源的常见连接方式有哪些？工业上如何用颜色分别表示 A、B、C 三相？

9-2　火线与零线是如何定义的？

9-3　零线与地线的区别在哪里？

9-4　对称三相交流电源做星形连接时，其线电压与相电压的关系是怎样的？

9-5　对称三相交流电源做三角形连接时，其线电压与相电压的关系是怎样的？

9-6　对称三相发电机每相绕组电压为 220 V，当它做星形连接时，线电压为多少？当它做三角形连接时，线电压又是多少？

9-7　负载星形连接的对称三相四线制电路中，为什么可将两中性点 N-N′短接起来？中线可以去掉吗？不对称三相负载星形连接时能不能省去中线？

9-8　试述负载星形连接三相四线制电路和三相三线制电路的异同。

9-9　在三相四线制电路中，中线上不准安装开关和保险丝的原因是什么？

9-10　在对称三相三线制星形连接电路中，若其中一相负载短路了，会出现什么情况？若其中一相负载开路了，又会怎样？

9-11　某对称三相电路，电源线电压为 380 V，每相负载阻抗 |Z|=22 Ω，星形连接，则负载上各相电压为多少？相电流为多少？线电流为多少？

9-12　三角形连接的三相负载接入三相交流电源中时，是否考虑其三相交流电源是星形还是三角形连接？

9-13　三相负载三角形连接时，测出各相电流相等能否说明三相负载是对称的？

9-14　什么情况下可将三相交流电路的计算转变为一相交流电路的计算？

9-15　对称的三相负载接成星形时，负载端的线电压与相电压有何关系？线电流与相电流有何关系？

9-16　对称的三相负载接成三角形时，负载端的线电压与相电压有何关系？线电流与相电流有何关系？

9-17　某对称三相交流电路，电源线电压为 380 V，每相负载阻抗 |Z|=22 Ω，三角形连接，则负载上各相电压为多少？相电流为多少？线电流为多少？

9-18　画出二表法测量三相三线制电路的有功功率接线原理图，并说明功率表的读数由哪些因素决定。

9-19　二表法测量对称三相三线制电路时，两只功率表的读数相等吗？

9-20　测量对称交流三相电路时，可否使用一只功率表测量？如何测量？

9-21　三表法与二表法分别适用于哪些电路？一表法可否测量不对称的三相交流电路？

9-22　在对称三相交流电路中，当电源电压不变时，同一对称三相负载做三角形连接时的三相总功率是其做星形连接时三相总功率的多少倍？

9-23　某对称三相发电机的每相绕组电压为 220 V，不慎将其三相绕组接错为如图 9-17所示的形式，求这时的线电压 $\dot U_{AY}$、$\dot U_{YC}$、$\dot U_{AC}$。

9-24　某对称三相发电机的三相绕组，相电压为 220 V，若接成图 9-18 所示电路，求线电压的有效值 $U_{AB}$、$U_{BC}$、$U_{AC}$。

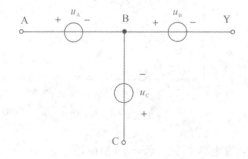

图 9-17　题 9-23 图

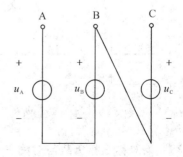

图 9-18　题 9-24 图

9-25 对称三相四线制电路中,电源线电压 $U_L = 380$ V,每相负载阻抗 $Z = 10\angle 30°\Omega$,求各相电流的相量。

9-26 已知图9-19中对称三相电源的线电压为380 V,$Z = 4 + j3\Omega$,求 $\dot{I}_1$、$\dot{I}_2$、$\dot{I}_3$。

9-27 如图9-20所示是三相四线制电路,电源线电压 $U_L = 380$ V,三个电阻性负载联成星形,其电阻 $R_A = R_B = R_C = 11$ Ω。(1)求负载相电压、相电流及中线电流;(2)如无中线,求负载相电压、相电流及中线电流。

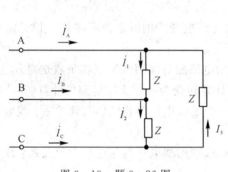

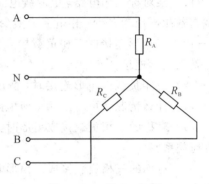

图9-19 题9-26图                    图9-20 题9-27图

9-28 已知对称三相电路的线电压 $U_L = 380$ V(电源端),负载三角形连接,每相负载阻抗 $Z = 38\Omega$,求负载的相电流和线电流,并画出相量图。

9-29 有一对称三角形连接的三相负载,如图9-21所示,电源线电压为380 V,$Z_A = Z_B = Z_C = 10\Omega$,电流表 $A_1$ 及 $A_2$ 的读数各是多少?

9-30 对称三相电路的线电压为380 V,负载阻抗 $Z = 10\angle 45°\Omega$。(1)负载星形连接时,求相电流、线电流及吸收的总功率;(2)负载三角形连接时,求相电流、线电流和吸收的总功率;(3)比较(1)和(2)的结果能得到什么结论?

9-31 一对称三角形连接的负载与一对称星形三相电源相接,若已知此负载每相阻抗为 $Z = 10\angle 30°\Omega$,电源相电压为220 V,试求发电机相电流及输出功率。

9-32 已知如图9-22所示对称Y-Y三相电路,电源相电压为220 V,负载阻抗 $Z = (30 + j20)\Omega$,求:(1)图中电流表的读数;(2)三相负载吸收的功率。

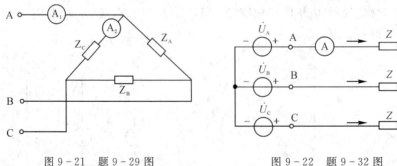

图9-21 题9-29图                    图9-22 题9-32图

9-33 某对称三相负载与对称三相交流电源相接,若已知相电流 $\dot{I}_P = 5e^{j10°}$ A,相电压 $\dot{U}_P = 220e^{j70°}$ A,试求此负载消耗的功率及其功率因数。

9-34 一台 10 kW 星形连接的三相电动机,功率因数为 0.866(感性),接在线电压为 380 V 的电源上,求电路的线电流及负载阻抗。

9-35 对称三相电路的相电压为 220 V,负载为三角形连接,每相负载 $Z=(40+j30)\Omega$,求三相负载吸收的总功率。

9-36 已知 Y 形连接负载的各相阻抗为 $(30+j45)\Omega$,所接对称三相电源的线电压为 380 V。试求此负载的功率因数和吸收的平均功率。

9-37 图 9-23 所示为对称的 Y-△三相电路,已知:$\dot{U}_A=110\angle0°V$,$Z=10\angle30°\Omega$。求线电流相量以及三相有功功率 $P$。

9-38 对称三相感性负载接在对称三相电源上,线电压为 380 V,线电流是 8 A,输入功率为 4 kW。求功率因数、总无功功率和总视在功率。

9-39 如图 9-24 所示电路中,三相发动机的功率为 3000 W,$\lambda=\cos\varphi=0.866$,电源线电压为 380 V,求图中两功率表的读数。

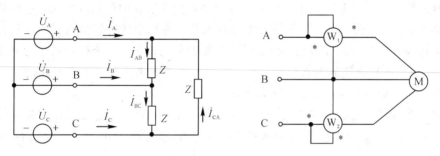

图 9-23　题 9-37 图　　　　图 9-24　题 9-39 图

# 项目 10　一阶动态电路

## 10.1　概　　述

　　电感元件和电容元件都是储能元件，由于电感元件和电容元件的伏安特性分别是以其电压或电流对时间的微分或积分表示的，因而也把它们称为动态元件，把含有动态元件的电路称为动态电路。广义地讲，由一阶微分方程描述的动态电路称为一阶电路。

　　过渡过程是一个普遍存在于自然界各种运动和变化过程中的物理现象，这个现象也存在于电路中。在一定的条件下，电路的工作状态从一种稳定状态转换到另一种稳定状态之间的转换过程并不是即时完成的，而是一个需要时间的过程，这个过程被称为电路的过渡过程。例如，日光灯电路的开启过程就有一个较明显的过渡过程。由于电路的过渡过程通常都较为短暂或极为短暂，因而又称为暂态过程。

　　电路产生过渡过程的外在原因是电路被接通、关断、改接、电路元件的参数发生变化以及各种故障而导致的工作状态的改变，这些能引起电路工作状态变化的原因统称为换路。

　　电路产生过渡过程的内部原因也就是根本原因，则是电路从一种稳定状态转换到另一种稳定状态，亦即发生换路而导致了能量的存储和释放。一般而言，能量的存储和释放是不能突变的，总是需要时间的。如果电路中含有储能元件电感 $L$ 和电容 $C$，则存储在电感中的磁场能量为 $W_L = \frac{1}{2}Li_L^2$，存储在电容中的电场能量为 $W_C = \frac{1}{2}u_C^2$。当电路发生换路时，即当电路中的电压和电流从一种稳定值转换为另一种稳定值时，必然伴随着电感中的磁场能量和电容中的电场能量的变化，也就必然出现过渡过程。

　　本项目主要介绍由直流电源驱动的、含有一个电感元件加上一些电阻组成的线性一阶 RC 电路和含有一个电容元件加上一些电阻组成的线性一阶 RL 电路及其过渡过程。

## 10.2　换路定律与初始值

### 1. 换路定律

1) 换路

通常将电路中支路(或开关)的接通、断开或短路，以及元件参数的突然改变、电路连接方式的突然变化等统称为换路，并认为换路是瞬间完成的。

2) 换路定律

电容元件两端的电压和流过电感元件的电流是连续变化的，因此，在换路的瞬间，电

容元件的电压 $u_C$、电感元件的电流 $i_L$ 不能跃变,这就是换路定律。

假设电路在时间 $t=0$ 时发生换路,并用 $t=0_-$ 表示换路前的最后一个瞬间,用 $t=0_+$ 表示换路后的最初一个瞬间,则换路定律表示为

$$u_C(0_+)=u_C(0_-)$$
$$i_L(0_+)=i_L(0_-)$$

需要指出的是,除电容的电压和电感的电流外,电路中其他各处电流、电压在换路前后均会发生跃变。

### 2. 初始值及其计算

#### 1) 初始值

电路中各元件的电压和电流在换路后最初瞬间($t=0_+$)时的值称为过渡过程的初始值。若用 $f$ 代表电流或电压,则其初始值记作 $f(0_+)$。

把遵循换路定律的 $u_C(0_+)$ 和 $i_L(0_+)$ 称为独立初始值,而把其余的初始值如 $i_L(0_+)$、$u_C(0_+)$、$u_R(0_+)$、$i_R(0_+)$ 等称为相关初始值。

#### 2) 独立初始值的求解

独立初始值可根据换路定律求得,具体步骤为:

(1) 画出换路前最后一瞬间(即 $0_-$)的等效电路。

画图时,电容元件视为开路,电感元件视为短路,然后求出 $u_C(0_-)$ 和 $i_L(0_-)$。

(2) 根据换路定律确定 $u_C(0_+)$ 及 $i_L(0_+)$。

特别说明换路定律仅在电容电流和电感电压为有限值的情况下才成立。在某些理想情况下,电容电流和电感电压可以无限大,这时电容电压和电感电流将发生跃变,这就是所谓的"强迫跃变"。有关强迫跃变的问题,本书不作详述,可参阅其他书籍。下面通过例题说明求解独立初始值的方法。

**【例 10-1】**　如图 10-1(a)所示电路,$R=4\Omega$,$R_2=8\Omega$,假设开关闭合前,电路已处于稳态,当 $t=0$ 时,开关 S 闭合,求初始值 $u_C(0_+)$。

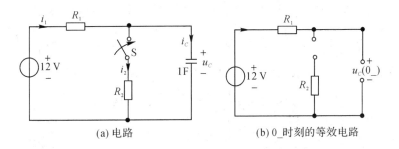

(a) 电路　　　　　　　　　(b) $0_-$ 时刻的等效电路

图 10-1　求电容器两端电压初始值的电路

**解**　(1) 画出原电路在 $t=0_-$ 时刻的等效电路如图 10-1(b)所示。

由于电路在开关闭合之前已处于稳态,说明电容器的充电过程已经结束,所以此时流过电容器的电流为零,电容可看作开路。在图 10-1(b)所示的等效电路中可求得电容器两端的电压,即 $u_C(0_-)=12$ V。

(2) 由换路定律得:$u_C(0_+)=u_C(0_-)=12$ V。

【例 10 - 2】 如图 10 - 2(a)所示，已知开关 S 在 $t=0$ 时闭合，换路前电路已经处于稳态，试求初始值 $i_L(0_+)$。

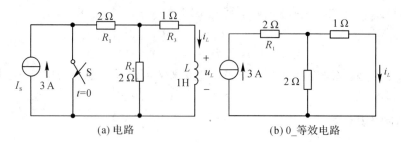

(a) 电路　　　　　　　　　　(b) 0_等效电路

图 10 - 2　求流过电感电流初始值的电路

**解**　(1) 画出 $t=0_-$ 时刻的等效电路如图 10 - 2(b)所示。

已知 $t<0$ 时电路已处于稳态，即流过电感的电流已经稳定不变，即电感两端的电压为零，此时电感相当于短路，于是可求得

$$i_L(0_-) = \frac{2}{1+2} \times 3 \text{ A} = 2 \text{ A}$$

（2）由换路定律得

$$i_L(0_+) = i_L(0_-) = 2 \text{ A}$$

【例 10 - 3】 如图 10 - 3 所示电路，已知 $t=0$ 时开关 S 由 1 扳向 2，在 $t<0$ 时电路已处于稳态，求初始值 $u_C(0_+)$、$i_L(0_+)$。

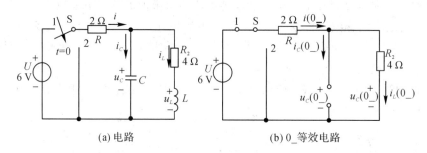

(a) 电路　　　　　　　　　　(b) 0_等效电路

图 10 - 3　求电容器两端电压和流过电感电流初始值的电路

**解**　(1) 画出 $t=0_-$ 等效电路如图 10 - 3(b)所示，可求得

$$i_L(0_-) = \frac{U}{R+R_2} = \frac{6}{2+4} \text{ A} = 1 \text{ A}$$

$$u_C(0_-) = R_2 i_L(0_+) = 4 \times 1 \text{ V} = 4 \text{ V}$$

（2）由换路定律得，可求得

$$i_L(0_+) = i_L(0_-) = 1 \text{ A}$$

$$u_C(0_+) = u_C(0_-) = 4 \text{ V}$$

## 10.3　一阶电路的零输入响应

含有一个动态元件(电容或电感)的电路称为一阶电路，这是因为描述这类电路的电路

方程是关于电容元件两端的电压或者流过电感元件的电流的一阶微分方程。例如，电容器的充放电电路和普通日光灯电路。与前面讲过的电压、电流仅仅是由独立电源产生的线性电阻电路不同，动态电路中的电压、电流即电路的响应则是由独立电源和动态元件的储能共同产生的。当动态电路发生换路时，如果动态元件含有初始储能，则即使电路中无外加独立电源激励，电路中也将会有电流和电压产生，即有响应产生，这种仅仅由动态元件的初始储能通过电路放电而引起的响应(电流或电压)称为零输入响应。

**1. RC 串联电路的零输入响应**

RC 电路的零输入响应，实质上就是电容放电的过程中电路中产生的电流、电压。如图 10 - 4(a)所示为一阶 RC 电路。假设换路前(开关置于"1"端)电路已处于稳态，即电容的电压为 $u_C(0_-)=U_0$；在 $t=0$ 时，开关 S 的动片由"1"端扳到"2"端，由换路定律可得 $u_C(0_+)=u_C(0_-)=U_0$。

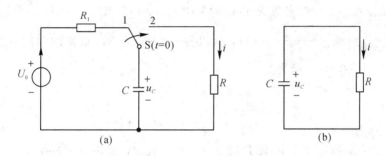

图 10 - 4　一阶 RC 电路的零输入响应

在 $t=0_+$ 时，RC 电路脱离电源，已经充了电的电容通过电阻 R 放电，电路中形成放电电流 i。随着放电时间的增加，电容中的储能逐渐被电阻所消耗，电容两端的电压逐渐降低，最后均趋于零。可见，换路后电路中的响应仅仅是由电容的初始储能驱动引起的，也就是说，换路后电路中的电压和电流就是该电路的零输入响应。

下面对 RC 电路的零输入响应进行定量分析。

(1) 列出换路后电路(如图 10 - 4(b)所示)的 KVL 方程，即

$$u_C - u_R = 0$$

其中 $u_R = Ri$，$i = -C\dfrac{\mathrm{d}u_C}{\mathrm{d}t}$(式中的负号是因为流过电容的电流 i 与电容两端的电压 $u_C$ 的参考方向非关联)，代入 KVL 方程可得微分方程为

$$RC\frac{\mathrm{d}u_C}{\mathrm{d}t} + u_C = 0$$

(2) 解此微分方程并将初始值 $u_C(0_+) = u_C(0_-) = U_0$ 代入得

$$u_C = U_0 e^{-\frac{1}{RC}t} \quad (t > 0) \tag{10-1}$$

式(10-1)表明，电容放电时，电压 $u_C$ 随时间按指数规律衰减直至为零，其变化曲线如图 10 - 5 所示。

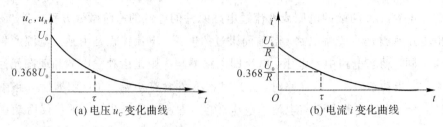

图 10-5　一阶 RC 电路的零输入响应曲线

（3）电容放电时的电流表达式为

$$i = \frac{u_C}{R} = \frac{U_0}{R} e^{-\frac{1}{RC}t} \quad (t>0) \tag{10-2}$$

式（10-2）表明，电流在 $t=0_+$ 时刻，流过电容的电流从 0 形成一个正跃变 $U_0/R$，然后按照与电容电压相同的指数规律下降直至趋近于零，其变化曲线如图 10-5(b)所示。

由式（10-1）和式（10-2）可见，电容两端的电压 $u_C$ 和其电流 $i$ 以相同的指数规律变化，变化的快慢取决于电路参数 $R$ 和 $C$ 的乘积 $\tau$，$\tau=RC$。由于 $\tau$ 具有时间的量纲（$[RC]=$ 欧·法=欧·$\frac{库}{伏}$=欧·$\frac{安·秒}{伏}$=秒），所以称 $\tau=RC$ 为 RC 电路的时间常数。于是，式（10-1）和式（10-2）可表示为

$$u_C = U_0 e^{-\frac{1}{\tau}} \quad (t>0) \tag{10-3}$$

$$i = \frac{u_C}{R} = \frac{U_0}{R} e^{-\frac{1}{\tau}} \quad (t>0) \tag{10-4}$$

根据式（10-3）可计算出 $u_C$ 随时间变化的典型数值，如表 10-1 所示。

**表 10-1　电容放电时电压 $u_C$ 随时间变化的过程**

| 时间 $t$ | 0 | $\tau$ | $2\tau$ | $3\tau$ | $4\tau$ | $5\tau$ | … | $\infty$ |
|---|---|---|---|---|---|---|---|---|
| 电容电压 $u_C$ | $U_0$ | $0.368U_0$ | $0.135U_0$ | $0.05U_0$ | $0.018U_0$ | $0.007U_0$ | … | 0 |

由表 10-1 可以看出电压 $u_C$ 的变化与时间常数 $\tau$ 的关系：当 $t=0$ 时，$u_C=U_0$；当 $t=\tau$ 时，$u_C=0.368\,U_0$，即时间常数 $\tau$ 是换路后电容电压 $u_C$ 衰减到其初始值 $U_0$ 的 36.8% 所需要的时间。由此可得以下结论：

（1）时间常数 $\tau$ 是用来表征动态电路的过渡过程快慢的物理量。$\tau$ 越大，说明电容放电越慢，过渡过程越长；反之，$\tau$ 越小，过渡过程越短。图 10-6 所示曲线绘出了电路在三种不同时间常数 $\tau$ 时电容电压 $u_C$ 随时间变化的曲线。

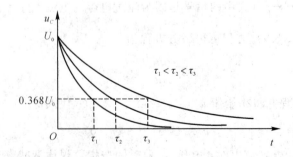

图 10-6　时间常数 $\tau$ 不同时电容电压的曲线

（2）从理论上讲，电容放电的全过程应当是电容的电压从初始值衰减到零的全过程，也就是说，电路只有经过 $t = \infty$ 的时间才能进入稳态，完成过渡过程。但由于在 $t = 3\tau$ 时，$u_C = 0.05U_0$，而在 $t = 5\tau$ 时，$u_C = 0.007U_0$，因此，一般只要经过 $t = (3 \sim 5)\tau$ 的时间就可以认为过渡过程基本结束。

（3）时间常数 $\tau$ 仅由换路后的电路参数决定，它反映了该电路的固有特性，与外加电压及换路前情况无关。若电路中有多个电阻，$R$ 的值应为换路后从电容 $C$ 两端观察到的戴维南等效电阻值。

【例 10 - 4】　电路如图 10 - 7 所示，在换路前 $(t < 0)$ 已经处于断开稳态。换路时 $(t = 0)$，开关闭合，试求换路后 $(t > 0)$ 的电流 $i$。

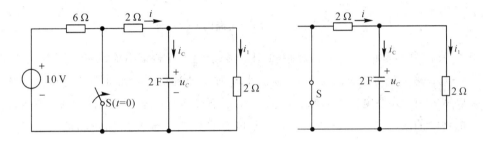

图 10 - 7　求 RC 电路换路后的电流 $i$

**解**　由题可知，换路前电容的电压为

$$u_C(0_-) = \frac{10}{6 + 2 + 2} \times 2 \text{ V} = 2 \text{ V}$$

根据换路定律得到换路后电容的电压，即

$$u_C(0_+) = u_C(0_-) = 2 \text{ V}$$

从电容的放电回路来看，电路其余部分的等效电阻为 1 Ω（两个 2 Ω 电阻并联），时间常数为

$$\tau = RC = 1 \times 2 = 2 \text{ s}$$

因此，换路后 $(t > 0)$ 有

$$u_C = 2\mathrm{e}^{-\frac{t}{2}} \text{ V}$$

$$i_C = C\frac{\mathrm{d}u_C}{\mathrm{d}t} = -2\mathrm{e}^{-\frac{t}{2}} \text{ A}$$

$$i_1 = \frac{u_C}{2} = \mathrm{e}^{-\frac{t}{2}} \text{ A}$$

$$i = i_1 + i_C = -\mathrm{e}^{-\frac{t}{2}} \text{ A}$$

**2. RL 串联电路的零输入响应**

RL 串联电路的零输入响应是指电感储存的磁场能通过电阻进行释放的物理过程。在图 10 - 8(a) 所示的一阶 RL 电路中，假设换路前（开关置位置"1"）电路已处于稳态，此时流

过电感的电流为 $i_L(0_-)=\dfrac{U_0}{R_1}=I_0$，电感 $L$ 储存了磁场能；在 $t=0$ 时换路（即在 $t=0$ 时刻开关由位置"1"倒向位置"2"），换路后的电路如图 $10-8$(b)所示。

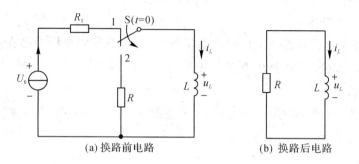

(a) 换路前电路　　　　　　(b) 换路后电路

图 $10-8$　一阶 RL 电路的零输入响应

在开关转换的瞬间，由换路定律可知：流过电感的电流不能跃变，即有 $i_L(0_+)=i_L(0_-)=I_0$。这个流过电感的电流通过电阻 $R$ 时要消耗能量，而此时 $RL$ 电路已脱离电源，所以从 $t=0_+$ 开始电感的储能通过电阻 $R$ 逐渐被消耗。随着时间的增加，储能不断地减少，电路中的放电电流 $i$ 不断减小，直至电感释放出全部初始储能和放电电流趋于零为止。

由上述分析可知，换路后 $RL$ 放电回路中的电流和电压仅仅是由电感的初始储能所产生，这就是 $RL$ 电路的零输入响应。

下面对 $RL$ 电路的零输入响应进行定量分析。

根据图 $10-8$(b)，列出换路后电路的 KVL 方程，即

$$u_L+u_R=0$$

将 $u_R=Ri_L$，$u_L=L\dfrac{\mathrm{d}i_L}{\mathrm{d}t}$，代入 $u_L+u_R=0$ 可得

$$L\frac{\mathrm{d}i}{\mathrm{d}t}+Ri=0$$

解此微分方程并将初始值 $i_L(0_+)=i_L(0_-)=I_0$ 代入得

$$i=I_0\mathrm{e}^{-\frac{R}{L}t}=I_0\mathrm{e}^{-\frac{t}{\tau}}\quad(t>0) \tag{10-5}$$

由 $u_L=L\dfrac{\mathrm{d}i_L}{\mathrm{d}t}$ 可得电感两端电压的零输入响应表达式为

$$u_L=L\frac{\mathrm{d}i_L}{\mathrm{d}t}=-RI_0\mathrm{e}^{-\frac{1}{\tau}}\quad(t>0) \tag{10-6}$$

在式$(10-5)$、式$(10-6)$中，$\tau=L/R$，也具有时间的量纲，其意义与 $\tau=RC$ 相同，称为一阶 $RL$ 电路的时间常数。

根据式$(10-5)$和式$(10-6)$，画出电感上的零输入响应电压和电流的曲线如图 $10-9$ 所示。由于零输入响应是由储能元件的初始储能所产生的，随着时间的增加，储能逐渐被电阻所消耗，因此，零输入响应总是按指数规律逐渐衰减到零。

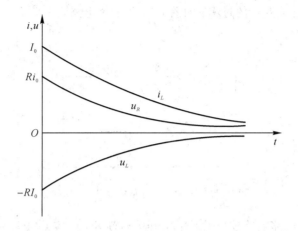

图 10 - 9　一阶 RL 电路的零输入响应曲线

【例 10 - 5】　电路如图 10 - 10 所示，开关 S 在 $t=0$ 时闭合。已知开关闭合前电路处于稳态，试求开关 S 闭合后电感的电流和电压。

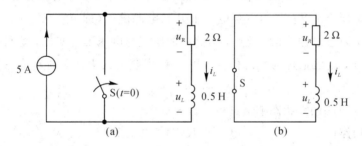

图 10 - 10　求开关 S 闭合后电感的电流和电压电路

**解**　根据换路定律，可知

$$i_L(0_+)=i_L(0_-)=I_0=5 \text{ A}$$

画出换路后的电路如图 10 - 10（b）所示，可得时间常数为

$$\tau=\frac{L}{R}=\frac{0.5}{2}=0.25 \text{ s}$$

于是可以知道电感电压和电流为

$$i=I_0 e^{-\frac{t}{\tau}}=5 \cdot e^{-4t} \text{ A}$$

$$u_L=-R \cdot I_0 e^{-\frac{t}{\tau}}=-10e^{-4t} \text{ V}$$

# 10.4　一阶电路的零状态响应

一阶电路中，储能元件的初始储能如果为零（即 $u_C(0_-)=0$，$i_L(0_-)=0$），称为零状态。在零状态的条件下，电路换路后仅仅由外加的独立电源（通常称为激励或输入）引起的响应称为零状态响应。这里讨论由直流电源引起的零状态响应。

**1. RC 串联电路的零状态响应**

RC 电路的零状态响应实质上是原来未充电的电容在充电过程中，电路中相应的电压、电流从初始值开始逐渐变化的过程。如图 10 - 11 所示电路为一阶 $RC$ 电路在直流电源作用下的零状态响应电路。

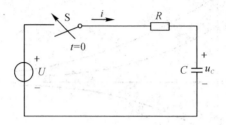

图 10 - 11　一阶 RC 电路的零状态响应电路

图 10 - 11 所示电路换路前($t<0$ 时)，开关 S 断开，电容 C 未被充电，$u_C(0_-)=0$，即为零状态。$t=0$ 时，开关 S 闭合，电路发生换路，直流电源与 RC 串联电路接通，对电容进行充电。由换路定律可知，开关转换瞬间，电容电压不能突变，即 $u_C(0_+)=u_C(0_-)=0$ V，所以电容电压只能从零开始逐渐增加。随着充电过程的进行，电容极板上聚集的电荷越来越多，电容的电压逐渐升高。当电容电压上升到电源电压(即 $u_C=U$)时，电容充电完毕，电容如同开路，暂态过程结束。此后，电路中的电流与电压不再变化，电路进入新的稳态，此时对应的电压、电流值称为稳态值，若用 $f$ 代表电流或电压，则其稳态值记作 $f(\infty)$，即 $u(\infty)$ 或 $i(\infty)$。

下面对 $RC$ 电路的零状态响应进行定量分析。

(1) 列出换路(开关 S 闭合)后电路的 KVL 方程，即

$$Ri+u_C=U$$

将 $i=C\dfrac{\mathrm{d}u_C}{\mathrm{d}t}$ 代入上式可得

$$RC\frac{\mathrm{d}u_C}{\mathrm{d}t}+u_C=U$$

(2) 解微分方程并将初始值 $u_C(0_+)=u_C(0_-)=0$ V 代入可得

$$u_C=U(1-\mathrm{e}^{-\frac{t}{RC}}) \tag{10-7}$$

式(10 - 7)中 $\tau=RC$ 称为时间常数，则上式可写为

$$u_C=U(1-\mathrm{e}^{-\frac{t}{\tau}}) \quad (t>0) \tag{10-8}$$

上式可写成如下更常用的表达式：

电阻电压为

$$u_C=u_C(\infty)(1-\mathrm{e}^{-\frac{t}{\tau}}) \quad (t>0) \tag{10-9}$$

$$u_R=U-u_C=U\mathrm{e}^{-\frac{t}{\tau}} \quad (t>0) \tag{10-10}$$

充电电流为

$$i=\frac{u_R}{R}=\frac{U}{R}\mathrm{e}^{-\frac{t}{\tau}} \quad (t>0) \tag{10-11}$$

根据 $u_C$、$u_R$ 和 $i_L$ 的数学表达式，分别画出它们随时间变化的关系曲线，如图 10 - 12 所示。$RC$ 电路的零状态响应是电源 $U$ 通过电阻 $R$ 对电容从零开始充电的过程。在充电过程中，电容电压、电阻电压和充电电流均随时间按指数规律变化。它们变化的快慢，即电容充电过程的长短取决于时间常数 $\tau$ 的大小，$\tau$ 越大过渡过程越长，反之亦然。

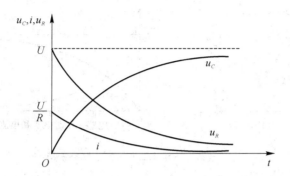

图 10 - 12　电容充电时电压和电流随时间变化曲线

如图 10 - 13 所示为时间常数 $\tau$ 不同时电容电压的曲线。根据式(10 - 8)计算出 $u_C$ 随时间变化的过程如表 10 - 2 所示。

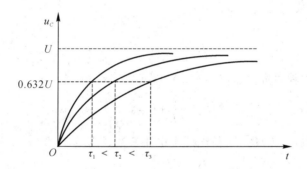

图 10 - 13　时间常数 $\tau$ 不同时电容电压的曲线

**表 10 - 2　电容充电时电压 $u_C$ 随时间变化过程**

| 时间 $t$ | 0 | $\tau$ | $2\tau$ | $3\tau$ | $4\tau$ | $5\tau$ | $\infty$ |
|---|---|---|---|---|---|---|---|
| 电容电压 $u_C$ | 0U | 0.632U | 0.865U | 0.950U | 0.982U | 0.993U | U |

由表 10 - 2 和图 10 - 12 可以看出：

(1) 时间常数 $\tau$ 的数值等于 $u_C$ 由初始值上升到稳定值的 63.2% 所需的时间。

(2) 电压曲线开始时变化较快，而后逐渐缓慢。从理论上讲，电路只有经过 $t=\infty$ 的时间才能达到稳定值，电容的充电过程才结束。但在实际工程上可认为经过 $t=(3\sim5)\tau$ 的时间就已达到稳定状态了，即电容的充电过程基本结束。

**2. $RL$ 串联电路的零状态响应**

与 $RC$ 串联电路的零状态响应类似，$RL$ 串联电路的零状态响应过程实际上是电感储存磁场能的物理过程。如图 10-14(a)所示,换路前(开关 S 断开) 电路已达稳态,电感的初始储能为零即 $i_L(0_-)=0$。换路后(开关 S 闭合),直流电压 $U$ 与 $RL$ 串联电路接通,由于电感电流不能跃变,因而电路中电流的初始值等于电感电流的初始值,即 $i_L(0_+)=i_L(0_-)=0$ A。

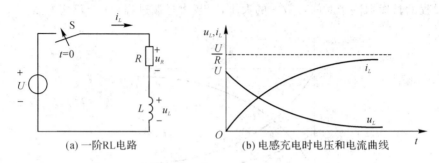

(a) 一阶RL电路　　　　　　　　(b) 电感充电时电压和电流曲线

图 10-14　一阶 RL 电路的零状态响应

下面对 $RL$ 电路的零状态响应做定量分析。

(1) 列出换路后电路的 KVL 方程为

$$u_L + Ri_L = U$$

将 $u_L = L\dfrac{\mathrm{d}i_L}{\mathrm{d}t}$ 代入上式可得

$$L\frac{\mathrm{d}i_L}{\mathrm{d}t} + Ri_L = U$$

(2) 解此微分方程并将初始值 $i_L(0_+)=i_L(0_-)=0$ A 代入可得

$$i_L = \frac{U}{R}(1 - \mathrm{e}^{-\frac{R}{L}t}) \qquad (10-12)$$

(3) 令时间常数 $\tau = L/R$,可得电感上电流表达式为

$$i_L = \frac{U}{R}(1 - \mathrm{e}^{-\frac{t}{\tau}}) \quad (t > 0) \qquad (10-13)$$

上式可写成更常用的表达式,即

$$i_L = i_L(\infty)(1 - \mathrm{e}^{-\frac{t}{\tau}}) \quad (t > 0) \qquad (10-14)$$

电阻电压为

$$i_R = Ri_L = U(1 - \mathrm{e}^{-\frac{t}{\tau}}) \quad (t > 0) \qquad (10-15)$$

电感电压为

$$u_L = U - u_R = Ue^{-\frac{t}{\tau}} \quad (t > 0) \qquad (10-16)$$

根据式(10-14)和式(10-16)画出电感电流 $i_L$ 和电感电压 $u_L$ 随时间变化的曲线如图 10-14(b)所示。由图可知:电感电流 $i_L$ 由初始值逐渐增加,而电感电压 $u_L$ 逐渐减少;当 $t \to \infty$ 时,电路达到稳定,电感两端的电压趋近于零,电感相当于短路,其电流趋近于稳定值 $U/R$。

【例 10-6】　电路如图 10-15 所示,$t=0$ 时开关 S 闭合。已知 $u_C(0_-)=0$,求 $t \geqslant 0$ 时的 $u_C$、$i_C$ 和 $i_R$。

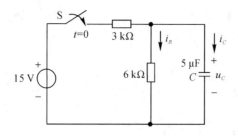

图 10-15　求一阶 RC 电路零状态响应的电压和电流电路

**解**　因为 $u_C(0_-)=0$，故换路后电路属于零状态响应。电容电压可直接用公式 $u_C=u_C(\infty)(1-\mathrm{e}^{-\frac{t}{\tau}})$ 求出。

因为电路稳定后电容相当于开路，所以有

$$u_C(\infty)=\frac{6}{3+6}\times15\ \mathrm{V}=10\ \mathrm{V}$$

时间常数为

$$\tau=RC=\frac{3\times6}{3+6}\times10^3\times5\times10^{-6}\ \mathrm{s}=10\times10^{-3}\ \mathrm{s}$$

电容电压为

$$u_C(t)=10(1-\mathrm{e}^{-100t})\ \mathrm{V}\quad(t>0)$$

电容电流为

$$i_C(t)=C\frac{\mathrm{d}u_C}{\mathrm{d}t}=5\mathrm{e}^{-100t}\ \mathrm{mA}\quad(t>0)$$

电阻电流为

$$i_R(t)=\frac{u_C}{6}=\frac{5}{3}(1-\mathrm{e}^{-100t})\ \mathrm{mA}\quad(t>0)$$

**【例 10-7】**　如图 10-16 所示电路换路前电路已达稳态，在 $t=0$ 时开关 S 打开，求 $t\geq0$ 时的 $i_L$ 和 $u_L$。

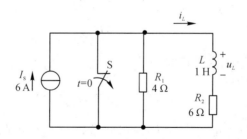

图 10-16　求一阶 RL 电路零状态响应的电流和电压电路

**解**　因为 $i_L(0_+)=i_L(0_-)=0$，换路后电路的响应为零状态响应，因此电感电流表达式可直接用公式 $i_L=i_L(\infty)(1-\mathrm{e}^{-\frac{t}{\tau}})$ 求出。

因为电路稳定后电感相当于短路，所以有

$$i_L(\infty)=\frac{R_1}{R_1+R_2}I_\mathrm{s}=\frac{4}{4+6}\times6\ \mathrm{A}=2.4\ \mathrm{A}$$

时间常数为

$$\tau = \frac{L}{R} = \frac{L}{R_1 + R_2} = \frac{1}{4+6} \text{ s} = 0.1 \text{ s}$$

电感电流为

$$i_L = i_L(\infty)(1 - e^{-\frac{t}{\tau}}) = 2.4(1 - e^{-10t}) \text{A} \quad (t \geqslant 0)$$

电感电压为

$$u_L = L\frac{\mathrm{d}i_L}{\mathrm{d}t} = 24e^{-10t} \text{V} \quad (t \geqslant 0)$$

# 10.5 一阶电路的全响应和三要素法则

### 1. 一阶电路的全响应

如果电路中储能元件的初始状态不为零,同时又有外加激励电源的作用,那么,由储能元件的初始储能和独立外加激励电源共同引起的响应称为全响应。

下面仅以 $RC$ 电路为例讨论全响应的分析计算方法。

在如图 10 - 17 所示电路中,设电路在换路前($t<0$)电容有初始储能,即 $u_C(0_-)=U_0$。在 $t=0$ 时,开关 S 闭合,电路发生换路,接入直流电源为 $U_s$。

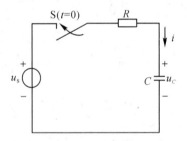

图 10 - 17  一阶 RC 全响应电路

当 $t>0$ 时,由 KVL 可得

$$u_C + u_R = U_s$$

将 $u_R = Ri$,$i = C\frac{\mathrm{d}u_C}{\mathrm{d}t}$ 代入上式得

$$RC\frac{\mathrm{d}u_C}{\mathrm{d}t} + u_C = U_s$$

结合初始条件 $u_C(0_+)=u_C(0_-)=U_0$ 及时间常数 $\tau=RC$ 解此微分方程可得电容电压的全响应为

$$u_C = U_0 e^{-\frac{t}{\tau}} + U_s(1 - e^{-\frac{t}{\tau}}) = u_C^{(1)} + u_C^{(2)} \qquad (10-17)$$

由式(10 - 17)可以看出 $RC$ 电路的全响应 $u_C$ 可分为两部分:零输入响应 $u_C^{(1)} = U_0 e^{-\frac{t}{\tau}}$ 是由初始储能产生的;零状态响应 $u_C^{(2)} = U(1 - e^{-\frac{t}{\tau}})$ 是由外加电源产生的。即一阶动态电路的全响应可看作是零输入响应和零状态响应的叠加,所以一阶电路全响应可以描述为:全响应=零输入响应+零状态响应。

式(10-17)还可以变换为

$$u_C = U_S + (U_0 - U_S)e^{-\frac{t}{\tau}} = u'_C + u''_C \tag{10-18}$$

式(10-18)中第一项 $u'_C$ 为稳态分量(或称强迫分量),第二项 $u''_C$ 为暂态分量(或称自由分量),所以一阶电路全响应又可描述为:全响应=稳态分量+暂态分量。

将全响应分解为零输入响应和零状态响应,可以明显地反映响应与激励之间的因果关系;而将全响应分解为稳态分量和暂态分量,能明显地反映电路的工作状态,便于分析暂态过程的特点。

如图 10-18 所示曲线是全响应的两种分解,由此可见,无论哪一种分解方法,全响应总是从初始值按指数规律变化到稳态值的。

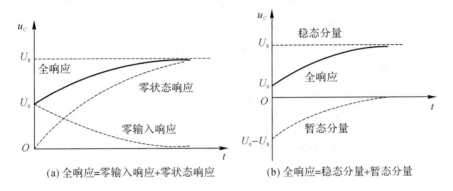

(a) 全响应=零输入响应+零状态响应　　　(b) 全响应=稳态分量+暂态分量

图 10-18　一阶 $RC$ 电路全响应的两种分解

**【例 10-8】**　在如图 10-19(a)所示电路中,换路前电路已稳定,$t=0$ 时将开关由 1 端换接到 2 端。已知:$U_{S1}=3\ V$,$U_{S2}=15\ V$,$R_1=1\ k\Omega$,$R_2=2\ k\Omega$,$C=3\ \mu F$,求 $t \geqslant 0$ 时的 $u_C$、$i_C$ 和 $U_{R_1}$。

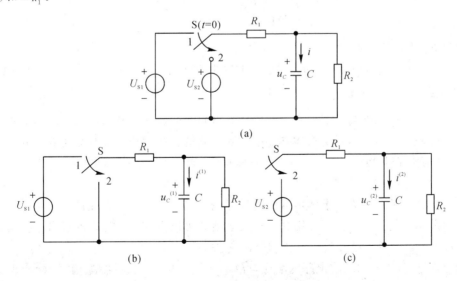

图 10-19　求 RC 电路的电压和电流的全响应电路

**解**　换路前,电容有初始储能,且换路后有激励 $U_{S2}$,故为全响应。可将图 10-19(a)分解为零输入响应电路和零状态响应电路的叠加,分别如图 10-19(b)和图 10-19(c)

所示。

(1) 在图 10-19(b)中，电容有初始储能，即

$$u_C^{(1)}(0_+)=U_0^{(1)}=\frac{R_2}{R_1+R_2}U_{S1}=2 \text{ V}$$

时间常数为

$$\tau^{(1)}=R^{(1)}C=(R_1/\!/R_2)C=\left(\frac{2}{3}\times10^3\times3\times10^{-6}\right)\text{s}=2\times10^{-3}\text{ s}$$

零输入响应 $u_C^{(1)}$ 由初始值 2 V 开始按指数规律衰减，即

$$u_C^{(1)}=U_0^{(1)}\text{e}^{-\frac{t}{\tau^{(1)}}}=2\text{e}^{-500t}\text{V}\quad(t\geqslant0)$$

(2) 在图 10-19(c)中，设电容初始值为零，有外加激励 $U_{S2}$。

电容 $C$ 由零开始按指数规律充电直到稳态值 $U_S$，即

$$U_S=\frac{R_2}{R_1+R_2}U_{S2}=10 \text{ V}$$

时间常数为

$$\tau^{(2)}=R^{(2)}C=(R_1/\!/R_2)C=\left(\frac{2}{3}\times10^3\times3\times10^{-6}\right)\text{ s}=2\times10^{-3}\text{ s}$$

零状态响应 $u_C^{(2)}$ 由零开始按指数规律充电直到稳态值 $U_S$，即

$$u_C^{(2)}=U_S(1-\text{e}^{-\frac{t}{\tau^{(2)}}})=10(1-\text{e}^{-500t})\text{V}$$

由于"全响应＝零输入响应＋零状态响应"($u_C=u_C^{(1)}+u_C^{(2)}$)，所以 $u_C$ 全响应为

$$u_C=u_C^{(1)}+u_C^{(2)}=(2\text{e}^{-500t}+10-10\text{e}^{-500t})\text{V}=(10-8\text{e}^{-500t})\text{V}$$

(3) 在图 10-19(a)中求 $i$ 和 $u$。

电流全响应为

$$i_C=C\frac{\text{d}u_C}{\text{d}t}=0.12\text{e}^{-500t}\text{A}$$

电阻 $R_1$ 上的电压为

$$u_{R_1}=U_{S2}-u_C=15-(10-8\text{e}^{-500t})\text{V}=5+8\text{e}^{-500t}\text{V}$$

### 2. 一阶电路的三要素法

含有一个储能元件的动态电路称一阶动态电路。求解一阶动态电路的响应，实质上是求解一阶电路过渡过程中各部分电压、电流随时间变化的规律。由前面几节的分析结果可以看出，一阶电路过渡过程中的电压、电流均是由初始值、稳态值和时间常数三个要素决定的。

三要素法就是专门为了求解由直流电源激励的只含有一个动态元件的一阶电路的全响应而归纳总结出的通用表达式，用这个通用表达式可以方便、快捷地求解出一阶动态电路的全响应。

若分别用 $f(t)$ 表示一阶电路的响应，$f(0_+)$ 表示相应变量的初始值，$f(\infty)$ 表示相应变量的稳态值，$\tau$ 表示时间常数，则一阶电路的三要素法一般公式为

$$f(t)=f(\infty)(1-\text{e}^{-\frac{t}{\tau}})+f(0_+)\text{e}^{-\frac{t}{\tau}} \tag{10-19}$$

即

$$f(t)=f(\infty)+[f(0_+)-f(\infty)]\mathrm{e}^{-\frac{t}{\tau}} \tag{10-20}$$

显然，只要求出了电路某一支路的电压或电流的三要素，就可以根据式(10-19)或式(10-20)求得该电压或电流的全响应，将这种利用三要素分析暂态电路的方法称为三要素法。

实际上，从 $RC$ 电路的暂态分析可知，零输入响应和零状态响应是全响应的两个特例。所以，三要素法不仅可以用来求解一阶电路的全响应，也可以用来求解一阶电路的零输入响应和零状态响应。

利用三要素法求解一阶电路的步骤总结如下：

(1) 求初始值 $f(0_+)$。

① 画出换路前(即 $t=0_-$ 时)的等效电路(注意电容元件视为开路，电感元件视为短路)，求换路前的 $u_C(0_-)$，$i_L(0_-)$。

② 根据换路定律求出 $u_C(0_+)=u_C(0_-)$，$i_L(0_+)=i_L(0_-)$。

(2) 求稳态值 $f(\infty)$。

画出换路后(即 $t=\infty$ 时)的等效电路(注意电容元件视为开路，电感元件视为短路)，再根据电阻电路的解题规律求稳态时的 $u_C(\infty)$、$i_L(\infty)$。

(3) 求时间常数 $\tau$。

同一电路中各响应的时间常数是一样的。$RC$ 电路的时间常数 $\tau=RC$；$RL$ 电路的时间常数 $\tau=L/R$，其中 $R$ 为从储能元件两端看换路后电路中所有电源都不作用时的等效电阻(即换路后储能元件两端的戴维南等效电阻)。

(4) 将三要素代入式(10-19)或式(10-20)，求出电路的响应 $u$ 或 $i$。

(5) 最后根据电路的结构，求出电路中其余的响应。

下面通过实例简要说明三要素法的应用。

【例 10-9】　电路如图 10-20 所示，在 $t=0$ 时开关闭合。已知：$U_\mathrm{S}=9\ \mathrm{V}$，$R_1=6\ \Omega$，$R_2=3\ \Omega$，$C=0.5\ \mathrm{F}$，求 $t>0$ 时的电容电压 $u_C$。

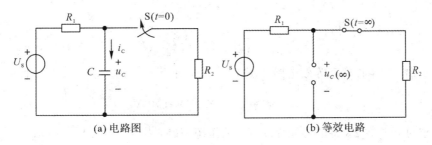

(a) 电路图　　　　　　　　　　　　(b) 等效电路

图 10-20　求电容电压 $u_C$ 电路

**解**　(1) 先求换路前电容电压值：

$$u_C(0_-)=U_\mathrm{S}=9\ \mathrm{V}$$

(2) 根据换路定律，可得

$$u_C(0_+)=u_C(0_-)=9\ \mathrm{V}$$

(3) 画出换路后 $t=\infty$ 的等效电路图 10-20(b)，得

$$u_C(\infty)=\frac{R_2}{R_1+R_2}U_\mathrm{S}=\frac{3}{6+3}\times 9\ \mathrm{V}=3\ \mathrm{V}$$

（4）求时间常数 $\tau = RC$。开关闭合后，从电容两端看，电阻 $R_1$ 和 $R_2$ 相当于并联，即有

$$\tau = RC = \frac{R_1 + R_2}{R_1 R_2} C = \frac{3 \times 6}{3 + 6} \times 0.5 \ \text{s} = 1 \ \text{s}$$

（5）代入三要素公式可得

$$u_C(t) = u_C(\infty) + [u_C(0_+) - u_C(\infty)] e^{-\frac{t}{\tau}} = 3 + (9 - 3) e^{-t} = 3 + 6 e^{-t} \quad (t > 0)$$

【例 10 - 10】　电路如图 10 - 21(a)所示，在 $t = 0$ 时开关 S 闭合，闭合前电路已达稳态，求 $t \geqslant 0$ 时电路的响应：$u_C$、$i_C$ 和 $i$。

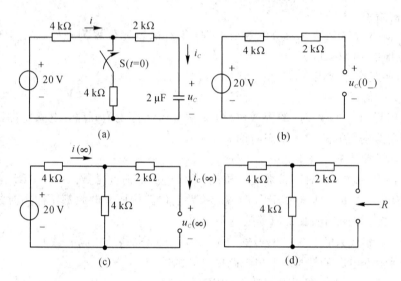

图 10 - 21　求 RC 电路的响应 $u_C$、$i_C$ 及 $i$ 电路

**解**　（1）画出 $t = 0_-$ 等效电路如图 10 - 21(b)所示，求初始值 $u_C(0_-)$，即

$$u_C(0_-) = 20 \ \text{V}$$

（2）根据换路定律可得

$$u_C(0_+) = u_C(0_-) = 20 \ \text{V}$$

（3）画出 $t = \infty$ 时稳态等效电路如图 10 - 21(c)所示，求稳态值 $u_C(\infty)$，即

$$u_C(\infty) = \frac{4}{4 + 4} \times 20 \ \text{V} = 10 \ \text{V}$$

（4）求时间常数 $\tau$。将电容元件断开，电压源短路，如图 10 - 21(d)所示，求得等效电阻为

$$R = 2 + \frac{4 \times 4}{4 + 4} \ \text{k}\Omega = 4 \ \text{k}\Omega$$

则时间常数 $\tau$ 为

$$\tau = RC = 4 \times 10^3 \times 2 \times 10^{-6} \ \text{s} = 8 \times 10^{-3} \ \text{s}$$

（5）将三要素代入式（10 - 20），求出电路的响应，即

$$u_C(t) = u_C(\infty) + [u_C(0_+) - u_C(\infty)] e^{-\frac{t}{\tau}}$$

$$= 10 + (20 - 10) e^{-\frac{t}{8 \times 10^{-3}}} = 10(1 + e^{-125t}) \text{V} \quad (t > 0)$$

（6）根据图 10-21(a) 求 $i_C$ 和 $i$，即

$$i_C = C \frac{\mathrm{d}u_C}{\mathrm{d}t} = 2 \times 10^{-6} \frac{\mathrm{d}}{\mathrm{d}t}\left[10(1 + \mathrm{e}^{-125t})\right]$$

$$= -2.5 \times 10^{-3} \mathrm{e}^{-125t}\,\mathrm{A} = -2.5\mathrm{e}^{-125t}\,\mathrm{mA} \quad (t > 0)$$

$$i = i_C + \frac{2i_C + u_C}{4}\,2.5 - 1.25\mathrm{e}^{-125t}\,\mathrm{mA} \quad (t > 0)$$

【例 10-11】 电路如图 10-22(a) 所示，开关 S 断开前电路已处于稳态，在 $t = 0$ 时开关 S 断开，试用三要素法求 $t \geq 0$ 时电路的响应 $i_L$、$u_L$。

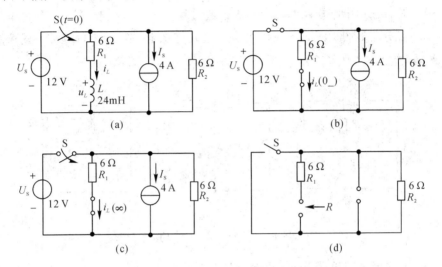

图 10-22 用三要素法求 RL 电路的响应 $i_L$、$i$ 电路

**解** （1）画出 $t = 0_-$ 等效电路如图 10-22(b) 所示，求初始值 $i_L(0_-)$，即

$$i_L(0_-) = \frac{U_s}{R_1} = 2\,\mathrm{A}$$

（2）根据换路定律求出 $i_L(0_+)$，即

$$i_L(0_+) = i_L(0_-) = \frac{U_s}{R_1} = 2\,\mathrm{A}$$

（3）画出 $t = \infty$ 时稳态等效电路如图 10-22(c) 所示，求稳态值 $i_L(\infty)$，即

$$i_L(\infty) = \frac{R_2}{R_1 + R_3}I_s = -2\,\mathrm{A}$$

（4）求时间常数 $\tau$。将电感元件断开，电压源短路，电流源开路，如图 10-22(d) 所示，求得等效电阻为

$$R = R_1 + R_2 = 12\,\Omega$$

则时间常数 $\tau$ 为

$$\tau = \frac{L}{R} = 0.002\,\mathrm{s}$$

（5）将三要素代入式(10-20)，求出电路的响应，即

$$i_L = I_L(\infty) + [i_L(0) - i_L(\infty)]\mathrm{e}^{-\frac{t}{\tau}} = -2 + 4\mathrm{e}^{-500t}\,\mathrm{A} \quad (t > 0)$$

$$u_L = L\frac{\mathrm{d}i_L}{\mathrm{d}t} = -48\mathrm{e}^{-500t}\,\mathrm{V} \quad (t > 0)$$

# 复习与思考题

10-1　什么叫换路？什么是换路定律？根据换路定律求初始值时，为什么求电容电压和电感电流才有意义？

10-2　求 $u_C(0_-)$ 和 $i_L(0_-)$ 时，电路中的电容和电感应如何处理？

10-3　什么是过渡过程？产生过渡过程的内因和外因是什么？

10-4　是否任何电路换路时都会产生过渡过程？

10-5　各电路如图 10-23 所示，在换路前均已稳定，在 $t=0$ 时换路，试求图中标出的初始值 $u_C(0_+)$、$i_L(0_+)$。

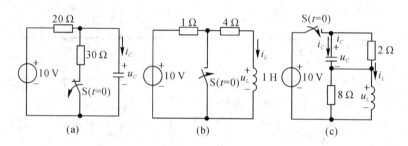

图 10-23　题 10-5 图

10-6　什么是一阶电路？一阶电路有什么特点？

10-7　什么是零输入响应？零输入响应的本质是什么？

10-8　如何计算零输入响应的时间常数？零输入响应的时间常数 $\tau$ 的物理意义是什么？请简述时间常数与过渡过程的关系。

10-9　零输入响应的特性曲线是什么形状？请写出零输入响应的通式。

10-10　什么是零状态响应？零状态响应的本质是什么？

10-11　零状态响应的特性曲线是什么形状？请写出零状态响应的通用形式。

10-12　零状态响应的时间常数 $\tau$ 的物理意义是什么？

10-13　什么是全响应？

10-14　一阶动态电路的三要素是什么？如何求解它们？

10-15　写出一阶动态电路三要素法则的两种通用表达式。

10-16　某电路电流为 $i=10+2e^{-20t}$ A，它的三要素各是多少？

10-17　零输入响应和零状态响应是否就是全响应的特例？

10-18　零输入响应是否就是稳态分量？零状态响应是否是暂态分量？

10-19　电路如图 10-24 所示，开关 S 闭合前电路处于稳态，在 $t=0$ 时开关 S 闭合。试求换路后的初始值 $u_C(0_+)$、$i_C(0_+)$。

10-20　在图 10-25 所示电路中，开关 S 位于 1 端，在 $t=0$ 时由 1 合向 2。设换路前电路已处于稳态，试求换路后的初始值 $i_L(0_+)$。

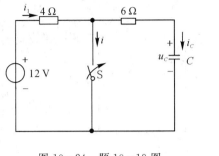

图 10-24 题 10-19 图

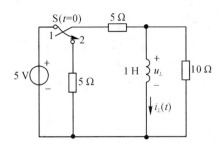

图 10-25 题 10-20 图

10-21 如图 10-26 所示电路已处于稳态,开关 S 在 $t=0$ 时打开引起换路,求初始值 $u_C(0_+)$。

10-22 在图 10-27 电路中,$U_S=100$ V,$R_1=30\,\Omega$,$R_2=20\,\Omega$,$C=100$ μF,S 闭合前电路已达稳态,$t=0$ 时开关 S 闭合。试求换路后的三要素:$u_C(0+)$、$u_C(\infty)$ 和 $\tau$。

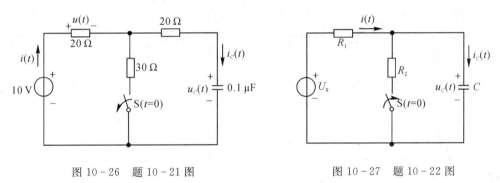

图 10-26 题 10-21 图

图 10-27 题 10-22 图

10-23 如图 10-28 所示电路中,$U_S=10$ V,$R_1=2\,\Omega$,$R_2=8\,\Omega$,$L=1$ H。试求换路后的三要素:$u_L(0+)$、$u_L(\infty)$ 和 $\tau$。

10-24 电路如图 10-29 所示,$t=0$ 时开关 S 闭合。设开关闭合前电路已达稳态,求 S 闭合后的 $u_C(t)$ 和 $i_C(t)$。

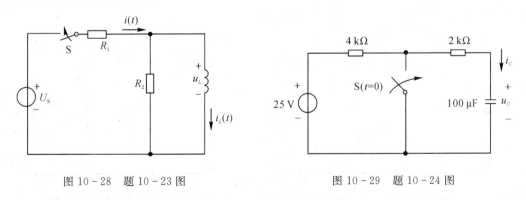

图 10-28 题 10-23 图

图 10-29 题 10-24 图

10-25 如图 10-30 所示电路在 $t<0$ 时已处于稳态。当 $t=0$ 时开关 S 打开,试求 $t>0$ 时的 $u_C(t)$ 和 $i_C(t)$。

10-26 在如图 10-31 所示电路中,开关 S 在位置 1 已久,$t=0$ 时合向位置 2,求换路后的 $u_L(t)$ 和 $i_L(t)$。

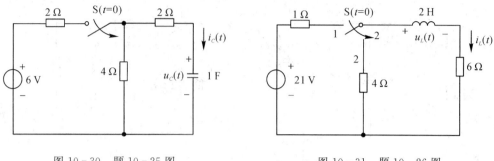

图 10 - 30   题 10 - 25 图                    图 10 - 31   题 10 - 26 图

10 - 27   电路如图 10 - 32 所示，开关 S 接 1 端且处于稳态，当 $t=0$ 时开关 S 由 1 拨向 2，试求 $t>0$ 时的电流 $i_L(t)$ 及 $i_R(t)$。

10 - 28   电路如图 10 - 33 所示，开关 S 接 1 端且处于稳态，当 $t=0$ 时开关 S 由 1 拨向 2，试求 $u_C(0_+)$ 及 $t>0$ 时的电容电压 $u_C$。

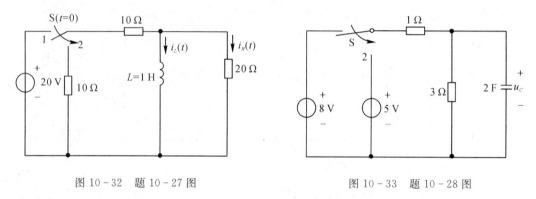

图 10 - 32   题 10 - 27 图                    图 10 - 33   题 10 - 28 图

10 - 29   电路如图 10 - 34 所示，$t<0$ 时已处于稳态。当 $t=0$ 时开关 S 打开，求 $t=0$ 时的电压 $u_C(t)$ 和电流 $i_C(t)$。

10 - 30   电路如图 10 - 35 所示，$t<0$ 时开关 S 接 1 端且已处于稳态。当 $t=0$ 时，开关 S 由 1 扳向 2，求 $t>0$ 时的 $i_L(t)$ 和 $u_L(t)$。

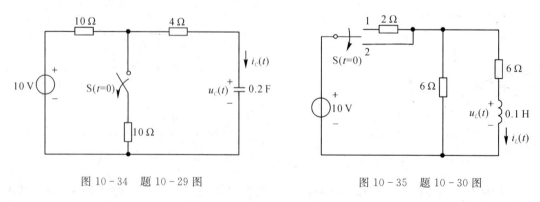

图 10 - 34   题 10 - 29 图                    图 10 - 35   题 10 - 30 图

10 - 31   电路如图 10 - 36 所示，电路原处于稳态，在 $t=0$ 时将 S 闭合，用三要素法求电路的全响应 $u_L(t)$ 和 $i_L(t)$。

10 - 32   已处于稳态的电路如图 10 - 37 所示，已知电源电压为 $U=10$ V，$R=2$ kΩ，

$C=5$ μF。在 $t=0$ 时将开关 S 由 $b$ 合向 $a$，电容器开始放电。试求：（1）$t \geqslant 0$ 时电容的电压 $u_C$ 及电流 $i_C$ 的变化规律，并画出电压、电流响应曲线；（2）电容电压减为原来的生所用的时间；（3）电容放电的最大电流。

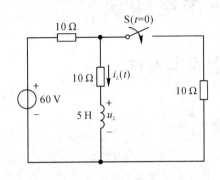
图 10 - 36　题 10 - 31 图

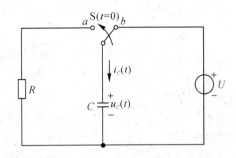
图 10 - 37　题 10 - 32 图

10 - 33　电路如图 10 - 38 所示，已知开关闭合前电容电压 $u_C(0_-)=2$ V，$U=9$ V，$R_1=3$ Ω，$R_2=6$ Ω，$C=50$ μF，用三要素法求电路换路后的 $u_C(t)$ 和 $i_C(t)$。

10 - 34　如图 10 - 39 所示，已知开关 S 闭合前电路处于稳态，求开关闭合后（$t>0$ 时）的 $u_C(t)$。

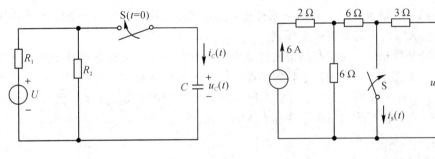

图 10 - 38　题 10 - 33 图　　　　　　　　图 10 - 39　题 10 - 34 图

10 - 35　电路如图 10 - 40 所示，在 $t=0$ 时换路，已知换路前电路已达稳态。试求 $u_C(0+)$ 和 $t>0$ 时的电容电压 $u_C$。

10 - 36　电路如图 10 - 41 所示，换路前电容已被充电到 20 V，$R_1=R_2=400$ Ω，$R_3=800$ Ω，$R_4=600$ Ω，$C=50$ μF，$t=0$ 时开关 S 闭合换路，求换路后经过多少时间放电电流下降到 1 mA？

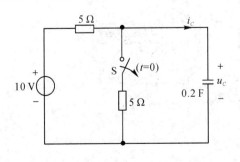
图 10 - 40　题 10 - 35 图

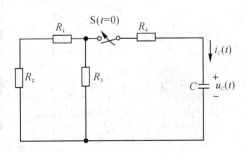
图 10 - 41　题 10 - 36 图

# 项目 11　　生活用电知识

## 11.1　常用生活用电器件

**1. 固定用材料**

一般电气线路安装都要有悬挂体或支撑体，安装时要先固定好悬挂体，再固定好设备。用膨胀螺栓和木台固定是目前最简单、最方便的固定设备的方法。

在砖或混凝土结构上安装线路和电气装置常用膨胀螺栓来固定，与预埋铁件施工方法相比，其优点是简单方便，省去了预埋铁件这一工序。膨胀螺栓按所用胀管的材料不同，可分为钢制膨胀螺栓和塑料膨胀螺栓两种。

1）钢制膨胀螺栓

钢制膨胀螺栓也简称膨胀螺栓，它由金属胀管、锥形螺栓、垫圈、弹簧垫、螺母等五部分组成，如图 11-1 所示。

在安装钢制膨胀螺栓前必须先钻孔或打孔，孔的直径和长度应分别与膨胀螺栓的外径和长度相同，安装时均不需水泥砂浆预埋。

安装钢制膨胀螺栓时，先将其尾部嵌进墙孔内，然后用锤子轻轻敲打其头部，使其螺栓的螺帽内缘与墙面平齐，再用扳手拧紧螺帽，螺栓和螺帽就会一面拧紧，一面胀开外壳的接触片，使它挤压在孔壁上，直至将整个钢制膨胀螺栓紧固在安装孔内，螺栓和电气设备就被紧固在一起。常用的钢制膨胀螺栓有 M6、M8、M10、M12、M16 等规格。

2）塑料膨胀螺栓

塑料膨胀螺栓又称塑料胀管、塑料塞、塑料胀塞，由胀管和木螺钉组成。胀管通常用乙烯、聚丙烯等材料制成。安装纤维填料式膨胀螺栓时，只要将它的套筒嵌进钻好的或打好的墙孔中，再把电气设备通过螺钉拧到纤维填料中，即可把塑料膨胀螺栓的套筒胀紧，使电气设备固定。塑料膨胀螺栓的外形有多种，常见的有两种，如图 11-2 所示，其中甲型应用得比较多。

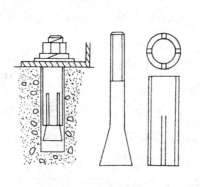

图 11-1　钢制膨胀螺栓

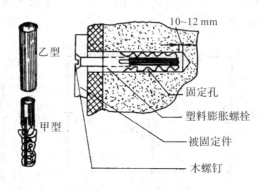

图 11-2　塑料膨胀螺栓

　　膨胀螺栓使用时，应根据线路或电气装置的负荷来选择其种类和规格。通常，钢制膨胀螺栓承受负荷能力强，用来安装固定受力大的电气线路和电气设备；塑料膨胀螺栓在照明线路中应用广泛，如插座、开关、灯具、布线的支持点等都采用塑料膨胀螺栓来固定。

**2. 照明灯具**

　　照明灯具是由灯座、灯罩、灯架、开关、引线等组成的。按其防护形式可分为防水防尘灯、安全灯和普通灯等；按其安装方式可分为吸顶灯、吊线灯、吊链灯和壁灯等。

　　1) 灯座

　　灯座是供普通照明用白炽灯泡和气体放电灯管与电源连接的一种电气装置。以前习惯将灯座叫做灯头，自 1967 年国家制定了白炽灯灯座的标准后，全部改称灯座，而把灯泡上的金属头部叫做灯头。

　　(1) 灯座的分类。

　　灯座的种类很多，分类方法也有多种。

　　① 按与灯泡的连接方式分为螺旋式(又称螺口式)和卡口式两种。这是灯座的首要特征分类。

　　② 按安装方式分为悬吊式、平装式、管接式三种。

　　③ 按材料分为胶木、瓷质和金属灯座。

　　④ 按其他派生类型分为防雨式、安全式、带开关、带插座二分火、带插座三分火等多种。

　　除白炽灯座外，还有荧光灯座(又叫日光灯座)、荧光灯启辉器座以及特定用途的橱窗灯座等。常用灯座如图 11-3 所示。

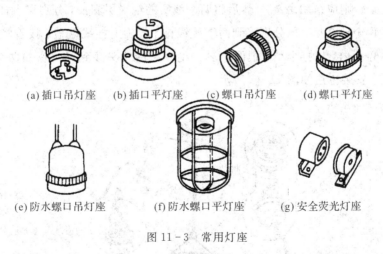

(a) 插口吊灯座　　(b) 插口平灯座　　(c) 螺口吊灯座　　(d) 螺口平灯座

(e) 防水螺口吊灯座　　　(f) 防水螺口平灯座　　　(g) 安全荧光灯座

图 11-3　常用灯座

GB 1006—67
白炽灯灯座型式、基本参数与尺寸

GB 17935—2007
螺口灯座

GB 17936—1999
卡口灯座

（2）平灯座的安装。

平灯座应安装在已固定好的木台上。平灯座上有两个接线桩，一个与电源中性线连接，另一个与来自开关的一根线（开关控制的相线）连接。卡口平灯座上的两个接线桩可任意连接上述的两个线头，而对螺口平灯座则有严格的规定，即必须把来自开关的线头连接在连通中心弹簧片的接线桩上，电源中性线的线头连接在连通螺纹圈的接线桩上，如图11-4所示。

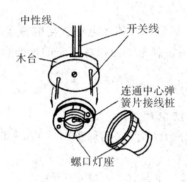

图 11-4　螺口平灯座安装

（3）吊灯座的安装。

吊灯座安装时，先把挂线盒底座安装在已固定好的木台上，再将塑料软线或花线的一端穿入挂线盒罩盖的孔内，并打个结，使其能承受吊灯的重量（采用软导线吊装的吊灯重量应小于1 kg，否则应采用吊链）；然后将两个线头的绝缘层剥去，分别穿入挂线盒底座正中凸起部分的两个侧孔里，再分别接到两个接线桩上，旋上挂线盒盖。接着将软线的另一端穿入吊灯座盖孔内，也打个结，把两个剥去绝缘层的线头接到吊灯座的两个接线桩上，罩上吊灯座盖。安装方法如图11-5所示。

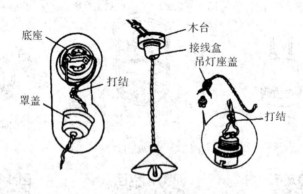

图 11-5　吊灯座的安装

2）灯罩

灯罩的作用是控制光线，使光线更加集中，提高照明效率。灯罩的形式很多，按其材质可分为玻璃罩、搪瓷罩、薄铝罩等几种；按反射、透射、扩散的作用可分为直接式和间接式以及半间接式三种。在生产和生活照明中，常用的有吸顶灯罩、壁式灯罩和悬吊式灯罩，如图 11 - 6 所示。

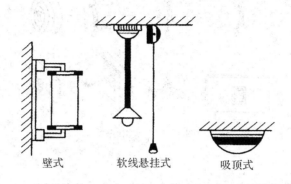

壁式　　　　　软线悬挂式　　　　吸顶式

图 11 - 6　灯罩

常用的灯罩大多是用玻璃材料制成的，形式多样。安装前，应先看懂安装说明书或看清楚灯罩结构，安装中应仔细认真，轻拿轻放。

3）照明灯灯头离地高度的要求

照明灯灯头离地高度有以下要求：

（1）在潮湿、危险场所及户外应不低于 2.5 m。

（2）在不属于潮湿及危险场所的生产车间、办公室、商店及住房等一般不低于 2 m。

（3）如因生产和生活需要，必须将电灯适当放低时，灯头的最低垂直距离不应低于 1 m，而且应在吊灯线上离地 2 m 的高度加装绝缘套管，并应采用安全灯头。

（4）灯头高度低于上述规定而又无安全措施的车间、行灯和机床局部照明均应采用 36 V 及以下的电压。

**3. 照明开关**

开关的作用是接通或断开电源，大都用于室内照明电路，故统称室内照明开关，也广泛用于电气器具的电路通与断控制。

1）分类

开关的类型很多，一般分类方式如下：

（1）按装置方式可分为明装式（明线装置用）、暗装式（暗线装置用）、悬吊式（开关处于悬垂状态使用）、附装式（电气器具外壳用）。

（2）按操作方法可分为跷板式、倒扳式、拉线式、按钮式、推移式、旋转式、触摸式和感应式。

（3）按接通方式可分为单联（单投、单极）、双联（双投、双极）、双控（间歇双投）和双路（同时接通二路）。

常用开关如图 11 - 7 所示。

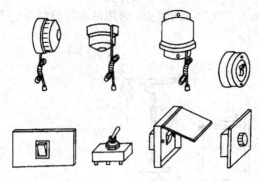

图 11-7　常用开关

2）节电开关

目前，用于家用照明的控制开关主要是拉线开关和按钮开关，这些有触点的机械开关简单、价廉、使用方便，人们可以随时开断电路，至今仍有较大市场。但是，这些有触点的机械开关不能实现自动节电控制。

随着电子技术，尤其是微电子技术的发展，人们已研制生产出许多照明节电开关，其中主要有：触摸延时开关，触摸即亮、触摸延时熄灭开关，触摸定时开关，声光控制开关、计数开关和停电自锁开关等。这些照明节电开关的电路组成和采用器件各不相同，因此又可以分成多种。限于篇幅，本节只介绍最典型的几种。

（1）触摸延时开关。

触摸延时开关要求用手轻触开关，灯即亮，灯点亮后延时 60 s 左右自动熄灭；在灯熄灭时有发光二极管指示开关位置，灯点亮时发光二极管熄灭。触摸延时开关的额定负载为 220 V、60 W 的白炽灯。

目前，市场上流行的触摸延时开关电路形式很多，有用分立元件构成的，有用通用数字集成电路组成的，还有用专用集成电路组成的。从性能上看，专用集成电路组成的触摸延时开关最好，其总体结构都是由主电路和控制电路两部分组成的。主电路中的开关元件主要有电磁继电器和晶闸管；控制电路主要就是一个单稳态触发器。为了给单稳态触发器提供直流电压，应该还有整流降压电路。触摸延时开关的总体框图大致如图 11-8 所示。

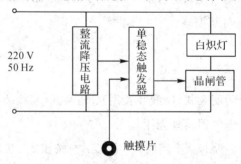

图 11-8　触摸延时开关的总体框图

（2）声光控制开关。

声光控制开关控制的照明灯为交流 220 V、60 W 白炽灯。该开关要求在白天或光线较亮时呈关闭状态，灯不亮；夜间或光线较暗时，呈预备工作状态，灯也不亮；当有人经过该开关附近时,脚步声、说话声、拍手声等可把节电开关启动,灯亮,并延时 40～50 s 后开关自动关闭,灯灭。

声光控制开关的组成结构、电路形式多样,但其组成原理大体相同,如图 11-9 所示。

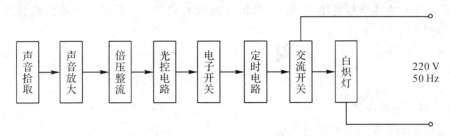

图 11-9　声光控制开关的组成

（3）计数开关。

计数开关也称程控开关。吊灯作为家庭装饰的一部分已很普及,但其亮度往往不能调节。当要求亮度不高时,通电后所有灯全部点亮,浪费电能。靠增加开关数量调光,会因走线过多而带来不便,例如用改变可控硅导通角(即调压)的方法进行调光,则会由于灯多,谐波电流大而严重干扰电源。对于紧凑型节能灯,若用调压法调光,需从最亮逐步调暗,不但不方便,而且电压低时,对节能灯的寿命影响很大。

图 11-10 所示为吊灯计数开关接线图。它用一只开关,靠拨动的次数来改变灯点亮的数量,以达到调光的目的,适用于装有多只灯的吊灯,还可用于控制白炽灯或节能灯。该计数开关在开关断开后,自身不耗电。

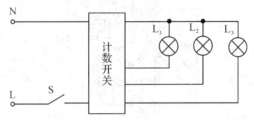

图 11-10　吊灯计数开关接线图

调光原理是把吊灯的所有灯分为若干组,由数字电路四 D 触发器 IC2 控制,开关 S 每接通一次,灯被点亮的只数变化一次,所以可以实现调光。现以装有 3 只灯的吊灯(每只 25 W,每组 1 只)为例,说明开关 S 开启的次数与灯被点亮的数量、电功率消耗及状态的关系,具体如表 11-1 所示。

**表 11-1　吊灯的调光灯组变化状态**

| 灯组 | 开关次数 | | | |
| --- | --- | --- | --- | --- |
| | 1 | 2 | 3 | 4 |
| $L_1$ | √ | √ | √ | √ |
| $L_2$ | — | √ | — | √ |
| $L_3$ | — | — | √ | √ |
| 电功率/W | 25 | 50 | 50 | 75 |

另外，有的电路利用半导体二极管的单向导电性，实现对交流负载的调光控制。半导体二极管是由一个 PN 结加上引线及管壳构成的，具有单向导电性。在调光电路中串联一只整流二极管，交流电的一个周期中只有半个周期二极管才导通，负载电压只有电源电压的一半，从而达到控制灯亮度的目的。整流二极管类型很多，常用的整流二极管外形及图形符号如图 11-11 所示。

图 11-11　常用整流二极管的外形及图形符号

3）照明开关的安装

照明开关的安装分为明装和暗装。

明装是将开关底盒固定在安装位置的表面上，将两根开关线的线头绝缘层剥去，然后分别插入开关接线桩，拧紧接线螺钉即可完成。

暗装是事先已将导线暗敷，开关底盒埋在安装位置里面。暗开关的安装方法如图 11-12所示，先将开关盒按图纸要求的位置预埋在墙内，埋设时可用水泥砂浆填充，但要填平整，不能偏斜；开关盒口面应与墙的粉刷层平面一致；待穿完导线，接好开关接线桩，即可将开关用螺钉固定在开关盒上。

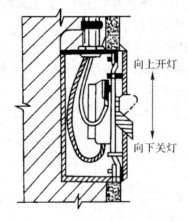

图 11-12　暗开关安装方法示意图

（1）单联开关的安装。

单联开关明装时要装在已固定好的木台上，将穿出木台的两根导线（一根为电源相线，一根为开关线）穿入开关的两个孔眼，固定开关，然后把剥去绝缘层的两个线头分别接到开关的两个接线桩上，最后装上开关盖即可。

用单联开关控制一盏灯接线时，开关应接在相线（俗称火线）上，使开关断开后，灯头上没有电，以利安全，如图 11-13 所示。

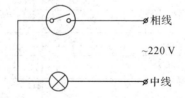

图 11-13　单联开关控制一盏灯线路图

（2）双联开关的安装。

双联开关一般用于在两处用两只开关控制一盏灯的情况。双联开关的安装方法与单联开关类似，但其接线较复杂。双联开关有三个接线端，分别与三根导线相接，注意接线时开关中间铜片的接线桩不能接错，一个开关的中间铜片接线桩应和电源相线连接，另一个开关的中间铜片接线桩与螺口灯座的中心弹簧片接线桩连接。每个开关还有两个接线桩用两根导线分别与另一个开关的两个接线桩连接。

利用双联开关可在两处控制一盏灯，这种控制方式通常用于楼梯处的电灯，在楼上和楼下都可以控制，有时也用于走廊电灯，在走廊的两头都可控制，如图 11 - 14 所示。

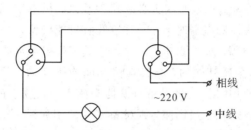

图 11 - 14　双联开关控制一盏灯线路图

（3）节电开关的安装。

节电开关因样式较多，一般附有说明书和接线图。安装前，应首先看懂说明书和接线图，并注意分清开关的进线端和出线端，计数开关还要注意灯位置的对称性和每路灯的功率。

无论是明开关还是暗开关，开关控制的应该是相线。在实际安装扳把开关时，无论是明开关还是暗开关，装好后应该是往上扳电路接通，往下扳电路切断。

时下的住宅装饰几乎都是采用暗装跷板开关，从外形看，其板把有琴键式和圆钮式两种。除此以外，常见的还有调光开关、调速开关、触摸开关、声控开关等，它们均属暗装开关，其板面尺寸与暗装跷板开关相同。暗装开关通常安装在门边，为了开门后开灯方便，距门框边最近的开关距门框边应为 15～20 cm，以后各个开关依次排列，其相互之间的尺寸则由开关边长确定。触摸开关、声控开关是一种自控关灯开关，一般安装在走廊、过道上，距地高度应为 1.2～1.4 m。

暗装开关在布线时，考虑用户今后用电的需要（有可能增加灯的数量或改变用途），一般要在开关上端设一个接线盒，接线盒距墙顶约 15～20 cm。

**4. 插头和插座**

1）插头

插头是为用电器具引取电源的插接器件。国家标准规定插头的型式为扁形插脚，为了保证用电安全，除了有绝缘外壳及低压电源（安全电压）的用电器具可以使用两极插头外，其他有金属外壳及可碰触的金属部件的电器都应装具有接地线的三极插头。

单相电源插头有两极插头、三极插头两种。两极插头适用于不需要保护接零、接地的场合。市场上销售的改进型单相三极插头和三相四极插头如图 11 - 15 所示。通常，插头上标有"L"的端头接火线，标有"N"的端头接零线，标有"⊥"的端头接地线。

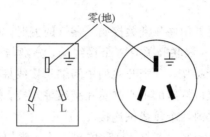

图 11 - 15　改进型单相三极插头和三相四极插头

但在电气施工时，除标有"⏚"的端头必须接地线外，供电部门对其他两端头的连接并无严格要求，故在安装或检修电器时，火线和零线有可能换位。

市场上销售的单相电器，如洗衣机、电风扇等其三极电源插头上均标有"⏚"的插头（该头较长或较粗）是接设备金属外壳的，与其他两端间均不连通，而且三个导电端头通常事先用塑料浇铸在一起，使用时只要将设备电源插头插入建筑物上的三极插座，即可实现保护接零（地）。若加接设备电源三极插座，则设备外壳的引线端间必须与插座上标有"⏚"的插孔相对应，切不可用煤气管、暖气管等作为接地装置，否则可能导致触电事故。

另外，零线和地线是有区别的，零线实际上含有线路电阻，当三相负载不平衡时，零线电流在电阻上造成压降，因此用户家中的零线对地电位不一定为零，而是随负载的平衡程度而波动的。

2）插座

插座的作用是为移动式照明电器、家用电器或其他用电设备提供电源接口。

（1）分类。

插座分明式、暗式和移动式三种类型，是互配性要求较严而又形式多样的一大类器件。它连接方便，灵活多用，有明装和暗装之分，按其结构可分为单相双极双孔、单相三极三孔（有一极为保护接地或接零）和三相四极四孔（有一极为接零或接地）等。其工作电压为50 V、250 V 和 380 V。常用插座如图 11 - 16 所示。

（a）圆扁通用　　（b）扁式单相　　（c）暗式圆扁　　（d）圆式三相四极插座　（e）防水暗式圆扁通用双极插座
　双极插座　　　　三极插座　　　　双极插座

图 11 - 16　常用插座

JB/T 12148—2015
家用和类似用途带 USB 充电接口的插座

（2）插座的安装。

插座的种类颇多，用途各异，其安装方式有明装和暗装两种，方法与开关安装一样。在住宅电气设计中，尤以暗装插座居多。在安装中，住宅照明、空调、家用电器（如空调、微波炉、电冰箱、消毒柜、电饭煲、电视等）所用两极、三极单相插座最多，这里就以此为例来介绍插座的安装。在安装插座时，插座接线孔要按一定顺序排列。单相双极插座双孔垂直排列时，相线孔在上方，零线孔在下方；双孔水平排列时，相线在右孔，零线在左孔。对于单相三极插座，保护接地在上孔，相线在右孔，零线在左孔。安装三相四极插座时，上边的大孔与保护接地线相连，下边三个较小的孔分别接三相电源的相线。常用插座孔排列顺序示意图如图 11 - 17 所示

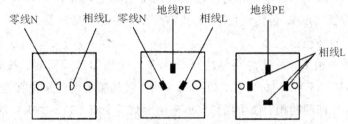

(a) 普通型单相双孔插座　(b) 普通型单相三孔插座　(c) 三相四孔插座

图 11 - 17　常用插座孔排列顺序示意图

（3）家用插座安装要求。

① 普通家用插座的额定电流为 10 A，额定电压为 250 V。

② 插座的安装位置距地面高度明装时一般应不小于 1.3 m，以防小孩用金属丝（如铁丝）探试插孔而发生触电事故。

③ 对于电视、电脑、音响设备、电冰箱等，一般是安装插孔带防护盖的暗插座，其距地面高度不应小于 200 mm，这是为了方便上述家电接插的需要。

④ 住宅客厅安装窗式空调、分体空调时，一般是就近安装明装单相插座（250 V/16 A）。

⑤ 豪华住宅客厅安装柜式空调时，一般是就近明装三相四极插座。

⑥ 微波炉应单独安装插座。

⑦ 电饭煲、电炒锅、电水壶等电炊具一般设在厨房灶台上，插座一般安在灶台的上方，且距离台板面不小于 200 mm。

**5. 发光元件**

1）白炽灯

白炽灯具有结构简单、安装简便、使用可靠、成本低、光色柔和等特点，是应用最普遍的一种照明灯具。一般灯泡为无色透明灯泡，也可根据需要制成磨砂灯泡、乳白灯泡及彩色灯泡。

（1）白炽灯的构造。

白炽灯由灯丝、玻璃壳、玻璃支架、引线、灯丝等组成，如图 11 - 18 所示。灯丝一般用钨丝制成，当电流通过灯丝时，由于电流的热效应，使灯丝温度上升至白炽程度而发光。

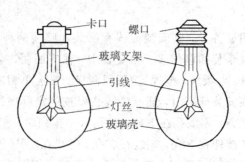

卡口　　螺口

玻璃支架

引线

灯丝

玻璃壳

图 11-18　白炽灯泡的构造

　　功率在 40 W 以下的灯泡制作时将玻璃壳内抽成真空；功率在 40 W 及以上的灯泡则在玻璃壳内充有氢气或氮气等惰性气体，使钨丝在高温时不易挥发。

　　(2) 白炽灯的种类。

　　白炽灯的种类很多，按其灯头结构可分为卡口式和螺口式两种，按其额定电压分为 6 V、12 V、24 V、36 V、110 V 和 220 V 等 6 种。就其额定电压来说有 6~36 V 的安全照明灯泡，可作为局部照明用，如手提灯、车床照明灯等；有 220~230 V 的普通白炽灯泡，可作为一般照明。按其用途可分为普通照明用白炽灯、投光型白炽灯、低压安全灯、红外线灯及各类信号指示灯等。各种不同额定电压的灯泡其外形很相似，所以在安装使用灯泡时应注意灯泡的额定电压必须与线路电压一致。

　　(3) 白炽灯照明电常见故障分析。

　　白炽灯泡不发光故障原因有：① 灯丝断裂；② 灯座或开关接点接触不良；③ 熔丝烧断；④ 电路开路；⑤ 停电。

　　白炽灯泡发光强烈故障原因有：灯丝局部短路（俗称搭丝）。

　　灯光忽亮忽暗或时亮时熄故障原因有：① 灯座或开关触点（或接线）松动或因表面存在氧化层（铝质导线、触点易出现）；② 电源电压波动（通常由附近有大容量负载经常启动而引起）；③ 熔丝接触不良；④ 导线连接不正确，连接处松散等。

　　2) 荧光灯

　　荧光灯俗称日光灯，其发光效率较高，约为白炽灯的 4 倍，具有光色好、寿命长、发光柔和等优点，其照明线路同样具有结构简单、使用方便等特点，因此，荧光灯也是应用较普遍的一种照明灯具。荧光灯照明线路主要由灯管、镇流器、启辉器、灯座、灯架等组成，如图 11-19 所示。

　　(1) 灯管。

　　荧光灯灯管由玻璃管、灯丝和灯丝引出脚等组成，其外形结构如图 11-19(a)所示。玻璃管内抽成真空后充入少量汞（水银）和氢等惰性气体，管壁涂有荧光粉，在灯丝上涂有电子粉，两端各有一根灯丝，灯丝通过灯丝引出脚与电源相接。当灯丝引出脚与电源相接后，灯丝通过电流而发热，同时发射出大量的电子；电子不断轰击水银蒸气，产生看不见的紫外线；紫外线射到管壁的荧光粉上，发出近似日光的可见光。氢气的作用是帮助启辉、保护电极和延长灯管使用寿命。

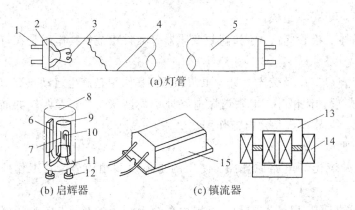

GB 20550—2013
荧光灯用辉光启动器

1—灯脚；2—灯头；3—灯丝；4—荧光粉；5—玻璃管；6—电容器；7—静触片；

8—外壳；9—氖泡；10—动触片；11—绝缘底座；12—出线脚；13—铁芯；

14—线圈；15—金属外壳。

图 11 - 19  荧光灯照明装置的主要部件结构

(2) 灯座。

常用荧光灯灯座的有开启式、弹簧式和旋拧式三种。灯座规格有大型的，适用于 15 W
及以上的灯管，有小型的，适用于 6～12 W 灯管，这两种规格都是利用灯座的弹簧铜片卡
住灯管两头的引出脚来接通电源，灯座还起支撑灯管的作用。灯座一般固定在灯架上，灯
架有木制的和铁制的。镇流器、启辉器等也装置在灯架上。灯架便于荧光灯安装，具有美
观、防尘的作用。简易安装的荧光灯，可省去灯座、灯架，用导线直接将镇流器、启辉器、
灯管相连接即可。

(3) 电子镇流器简介。

随着电子技术的发展，出现了用电子镇流器代替普通电感式镇流器和启辉器的节能型
荧光灯。电子镇流器具有功率因数高、低压启动性能好、噪声小等优点，其内部结构及接
线如图 11 - 20 所示。

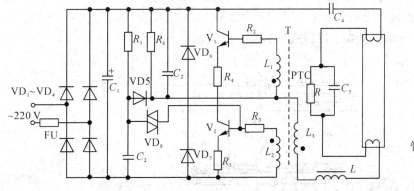

GB 14044—2008
管形荧光灯用镇流器
性能要求

图 11 - 20  电子镇流器电路

电子镇流器由以下四部分组成：

① 整流滤波电路：由 $VD_1 \sim VD_4$ 和 $C_1$ 组成桥式整流电容滤波电路，把 220 V 单相交
流电变为 300 V 左右直流电。

② 触发电路：由 $R_1$、$C_2$ 和 $VD_8$ 组成。

③ 高频振荡电路：由晶体三极管 $V_1$、$V_2$ 和高频变压器等元件组成，其作用是在灯管两端产生高频正弦电压。

④ 串联谐振电路：由 $C_4$、$C_5$、$L$ 及荧光灯灯丝电阻组成，其作用是产生启动点亮灯管所需的高压。荧光灯启辉后灯管内阻减小，串联谐振电路处于失谐状态，灯管两端的高启辉电压下降为正常工作电压，线圈 $L$ 起稳定电流作用。

（4）荧光灯电路工作原理。

如图 11-21 所示为常见荧光灯电路原理图，使用的是单线圈镇流器，其工作原理如下：

当开关合上时，电源接通瞬间，启辉器的动、静触片都处于断开状态，电源电压经镇流器、灯丝全部加在启辉器的两触片间，使氖管辉光放电而发热。动触片受热后膨胀伸展与静触片相接，电路接通。这时电流流过镇流器和灯丝，使灯丝预热并发射电子。动、静触片接触后，氖管放电停止，动触片冷却后与静触片分离，电路断开。在电路断开瞬间，因自感作用，镇流器线圈两端产生很高的自感电动势，它和电源电压串联叠加在灯管的两端，使管内惰性气体电离，产生弧光放电，使灯管启辉。启辉后灯管正常工作，一半以上的电源电压降在镇流器上，镇流器起限制电流保护灯管的作用。启辉器两触片间的电压较低时不能引起氖管的放电。

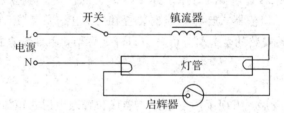

图 11-21　荧光灯电路原理图

（5）荧光灯的安装。

荧光灯的安装方式有吸顶式和悬吊式两种，如图 11-22 所示。吸顶式安装时，灯架与天花板之间应留 15 mm 的间隙，以利通风。

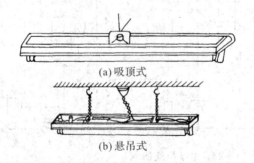

(a) 吸顶式

(b) 悬吊式

图 11-22　荧光灯的安装方式

荧光灯的具体安装步骤如下：

① 安装前的检查。安装前先检查灯管、镇流器、启辉器等有无损坏，镇流器和启辉器

是否与灯管的功率匹配。特别注意，镇流器与荧光灯管的功率必须一致，否则不能使用。

　　② 各部件的安装。悬吊式安装时，应将镇流器用螺钉固定在灯架的中间位置；吸顶式安装时，尽量不要将镇流器放在灯架上，以免散热困难，可将镇流器放在灯架外的其他位置。

　　③ 将启辉器座固定在灯架的一端或一侧上，两个灯座分别固定在灯架的两端，中间的距离按所用灯管长度量好，使灯脚刚好插进灯座的插孔中。

　　④ 电路接线。各部件位置固定好后，按图 11-23 所示电路进行接线。具体方法如下：

　　A. 用导线把启辉器座上的两个接线桩分别与两个灯座中的一个接线桩连接。

　　B. 把一个灯座中余下的一个接线桩与电源中性线连接，另一个灯座中余下的一个接线桩与镇流器的一个线头相连。

　　C. 镇流器的另一个线头与开关的一个接线桩连接。

　　D. 开关的另一个接线桩接电源相线。

　　接线完毕后，把灯架安装好，旋上启辉器，插入灯管。注意，当整个荧光灯重量超过 1 kg 时应采用吊链，因为载流导线不能承受重力。

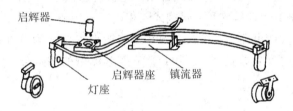

图 11-23　荧光灯线路的装接实物图

　　⑤ 接线完毕要对照电路图仔细检查装配线路，以防接错或漏接，然后把启辉器和灯管分别装入插座内。接电源时，其相线应经开关连接在镇流器上。通电试验正常后即可投入使用。

　　(6) 荧光灯常见故障。

　　由于荧光灯的附件较多，因此其故障相对来说比白炽灯要多。荧光灯常见故障如下：

　　① 接上电源后，荧光灯不亮。故障原因：灯脚与灯座、启辉器与启辉器座接触不良；灯丝断；镇流器线圈断路；新装荧光灯接线错误；电源未接通。

　　② 灯管寿命短或发光后立即熄灭。故障原因：镇流器配用规格不合适或质量较差；镇流器内部线圈短路，致使灯管电压过高而烧毁灯丝；受到剧震，使灯丝震断；新装灯管因接线错误将灯管烧坏。

　　③ 荧光灯闪动或只有两头发光。故障原因：启辉器氖泡内的动、静触片不能分开或电容器被击穿短路；镇流器配用规格不合适；灯脚松动或镇流器接头松动；灯管陈旧；电源电压太低。

　　④ 光在灯管内滚动或灯光闪烁。故障原因：新管暂时现象；灯管质量不好；镇流器配用规格不合适或接线松动；启辉器接触不良或损坏。

　　⑤ 灯管两端发黑或生黑斑。原因：灯管陈旧，寿命将终的现象；如为新灯管，则可能是因启辉器损坏使灯丝发射物质加速挥发；灯管内水银凝结，是灯管常见现象；电源电压

太高或镇流器配用不当。

⑥ 镇流器有杂音或电磁声。故障原因：镇流器质量较差或其铁芯的硅钢片未夹紧；镇流器过载或其内部短路；镇流器受热过度；电源电压过高；启辉器不好，引起开启时辉光杂音。

⑦ 镇流器过热或冒烟。故障原因：镇流器内部线圈短路；电源电压过高；灯管闪烁时间过长。

**6. 电度表**

电度表又名火表，它是累计记录用户一段时间内消耗电能多少的仪表，在工业和民用配电线路中应用广泛。

1）分类

电度表按其使用功能可分为有功电度表和无功电度表，有功电度表的计量单位为"千瓦·小时"（即通常所说的"度"）或"kW·h"，无功电度表的计量单位为"千乏·小时"或"kvar·h"按其接线不同分为三相四线制和三相三线制两种；按其负载容量和接线方式不同，可分为直接式和间接式两种，直接式常用于电流容量较小的电路中，常用规格有 10 A、20 A、50 A、75 A 和 100 A 等多种，间接式三相电度表用的规格是 5 A 的，与电流互感器连接后，用于电流较大的电路上；按其结构及工作原理主要分为电气机械式、电子数字式等，其中电气机械式电度表数量多，应用最广；按其测量的相数分，可分为单相电度表和三相电度表。

2）电度表读数

电度表面板上方有一个长方形的窗口，窗口内装有机械式计数器，右起最后一位数字为十分位小数，从这个数字的左侧起，从右到左依次是个位、十位、百位和千位，如图 11-24 所示。电度表装好后应记下原有的底数，作为计量用电的起点。第二次抄表所得数字与底数之差，即为两次抄表时间间隔内用电的度数。若电度表安装经过了电流互感器连接，则抄表所得数字与底数之差乘以电流互感器的变比量，即为两次抄表时间间隔内用电的度数。电业部门抄计用电度数时，一般都以整数为准，余下的小数与下月一起累计。

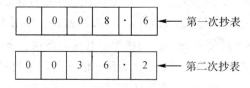

图 11-24　电度表读数

电度表表盘上有的标示有"1 kw·h=口盘转数"或"口转/kw·h""1 kvar·h=口盘转数"或"口转/kvar·h"数，这些就是电度表计数器的指示数和转盘转数之间的比例系数。"口"即表示 1 度电或 1 千乏·小时转盘要转的圈数。

3）单相电度表

（1）规格。

单相电度表多用于家用配电线路中，其规格多用工作电流表示，常用规格有 1 A、2 A、3 A、5 A、10 A、20 A 等。单相电度表的外形如图 11-25 所示。

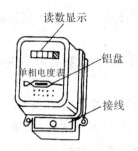

图 11-25　单相电度表的外形

（2）结构。

单相电度表的内部结构如图 11-26 所示。它的主要由两个电磁铁、一个铝盘和一套计数机构组成。电磁铁的一个线圈匝数多、线径小，与电路的用电器并联，称为电压线圈；电磁铁的另一个线圈匝数少、线径大，与电路的用电器串联，称为电流线圈。铝盘在电磁铁中因电磁感而应产生感应电流，因而在磁场力作用下旋转，带动计数机构在电度表的面板上显示出读数。当用户的用电设备工作时，其面板窗口中的铝盘将转动，带动计数机构在其机械式计数器窗口中显示出读数。电路中负载越重，电流越大，铝盘旋转越快，单位时间内读数越大，用电量就越多。

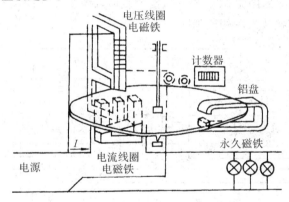

图 11-26　电度表内部结构

（3）单相电度表接线。

一般家庭用电量不大，电度表可直接接在线路上。单相电度表接线盒里共有四个接线桩，从左至右按 1、3、4、5 编号。直接接线方法一般有以下两种：

① 按编号 1、4 接进线（1 接相线，4 接零线），3、5 接出线（3 接相线，5 接零线），如图 11-27 所示（一般接法）。

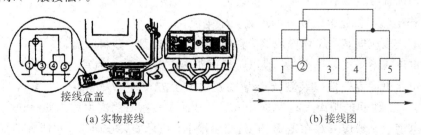

(a) 实物接线　　　　　　　　　　　(b) 接线图

图 11-27　单相电度表接线

② 按编号 1、3 接进线(1 接相线、3 接零线),4、5 接出线(4 接相线,5 接零线)(特殊接法,一般不用)。

由于有些电度表的接线方法特殊,因此在具体接线时,应以电度表接线盒盖内侧的线路图为准。

单相电度表的选用规格应根据用户的负载总电流来确定。可根据公式 $P = IU\cos\varphi$ 先计算出用电总功率,然后选择相应规格的电度表。判断电度表电压线圈和电流线圈端子的方法是将万用表置于电阻挡,分别测量其电阻,电阻值大的是电压线圈,电阻值接近于零的为电流线圈。照明电度表的安装通常是在完成布线和安装完灯具、灯泡、灯管之后才进行。

4) 三相电度表

三相电度表由三个同轴的基本计量单位组成,只有一套计数器,其基本工作原理与单相电度表相似,多用于动力和照明混合供电的三相四线制线路中。随着大功率的家用电器(如空调器、热水器)的普及,三相电度表也正在步入家庭。

常用的三相四线电度表有 DT1 和 DT2 系列。DT 型三相四线电度表共有 11 个接线端钮,自左向右由 1 到 11 依次编号,其中 1、4、7 为接入相线端钮;3、6、9 为接出相线端钮;10、11 为接中性线的端钮;2、5、8 为接仪表内部各电压线圈的端钮。图 11 - 28 所示为三相四线电度表直接接入时的原理图。

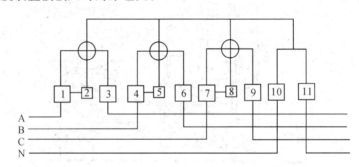

图 11 - 28  三相四线电度表直接接入时的原理图

三相四线电度表的额定电压为 220 V,额定电流有 5 A、10 A、15 A、20 A 等多种,其中,额定电流为 5 A 时可以通过电流互感器接入电路。

5) 电度表安装要求

电度表安装要求如下:

(1) 正确选择电度表的容量。电度表的额定电压应与用电器的额定电压相一致,负载的最大工作电流不得超过电度表的最大额定电流。

(2) 电度表应安装在箱体内或涂有防潮漆的木制底盘、塑料底盘上。

(3) 电度表不得安装过高,一般以距地面距离 1.8~2.2 m 为宜。

(4) 单相电度表一般应装在配电盘的左边或上方,而开关应装在配电盘的右边或下方。与上、下进线间的距离大约为 80 mm,与其他仪表左右距离大约为 60 mm。

(5) 电度表一般应安装在走廊、门厅、屋檐下;切忌安装在厨房、厕所等潮湿或有腐蚀性气体的地方。电度表的周围环境应干燥、通风,安装应牢固、无振动。其环境温度不可超

出 $-10℃\sim50℃$ 的范围，过冷或过热均会影响其准确度。现住宅多采用集表箱方式安装在走廊。

（6）电度表的进、出线应使用铜芯绝缘线，线芯截面不得小于 $1.5\ mm^2$。接线要牢固，但不可焊接，裸露的线头部分不可露出接线盒。

（7）电度表的安装必须垂直于地面，不得倾斜，其垂直方向的偏移不大于 $1°$，否则会增大计量误差，影响电度表计数的准确性。

（8）电度表总线必须明线敷设或线管明敷，电线进入电度表时，一般以"左进右出"原则接线。

（9）对于同一电度表，只有一种接线方法是正确的，所以接线前，一定要看懂接线图，按图接线。

（10）豪华住宅（家用电器多、电流大）、小区多层住宅或景区等场所，必须采用三相四线制供电。对于三相四线电路，可以用三只单相电度表进行分相计费，然后将三只电度表的读数相加则可以算出总的电量读数。但是这样不便计费，所以一般采用三相电度表。

（11）由供电部门直接收取电费的电度表，一般由其指定部门验表，然后由验表部门在表头盒上封铅封或塑料封，安装完后，再由供电部门直接在接线桩头盖上或计量柜门上封上铅封或塑料封。未经允许，不得拆封。

**7. 单向异步电动机**

单相异步电动机是利用单相交流电源供电的一种小容量交流电动机。由于其结构简单，成本低廉，运行可靠，维修方便，并可以直接在单相 220 V 交流电源上使用，因此被广泛用于办公场所和家用电器中。在工农业生产及其他领域中，单相异步电动机的应用也越来越广泛，如台扇、吊扇、排气扇、洗衣机、电冰箱、吸尘器、电钻、小型鼓风机、小型机床、医疗器械等均需要单相异步电动机来驱动。

1）结构

单相交流异步电动机主要由定子、转子、端盖、轴承、外壳等组成，如图 11-29 所示。

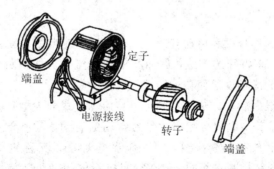

图 11-29　单相异步电动机组成

（1）定子。定子由定子铁芯和线圈组成。定子铁芯是由硅钢片叠压而成的，铁芯槽内嵌着两套独立的绕组，它们在空间上相差 $90°$ 角度，一套称为主绕组（工作绕组），另一套称为副绕组（启动绕组）。定子的结构如图 11-30 所示。

（2）转子。转子为鼠笼结构，其结构如图 11-31 所示。它是在叠压成的铁芯上铸入铝条，再在两端用铝铸成闭合绕组（端环）而成的，端环与铝条形如鼠笼。

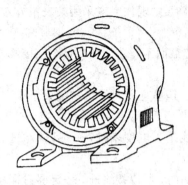

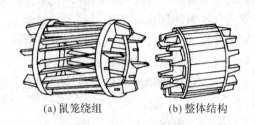

(a) 鼠笼绕组　　　　　　　(b) 整体结构

图 11-30　单相交流异步电动机定子结构　　　图 11-31　单相交流异步电动机转子结构

（3）端盖。端盖是由铸铝或铸铁制成的，起着容纳轴承、支撑和定位转子以及保护定子绕组端部的作用。

（4）轴承。按电动机容量和种类的不同，所用轴承可分为滚动轴承和滑动轴承两类，滑动轴承又分为轴瓦和含油轴承两种。

（5）外壳。外壳的作用是罩住电动机的定子和转子，使其不受机械损伤，并可防止灰尘和杂物侵入。

2）原理

当向单相异步电动机的定子绕组中通入单相交流电后，所产生的磁场是一个脉动磁场。该磁场的轴线在空间固定不变，而磁场的大小及方向在不断地变化。由于磁场只是脉动而不旋转，因此单相异步电动机的转子如果原来静止不动的话，则在脉动磁场的作用下，转子导体因与磁场之间没有相对运动，所以不产生感应电动势和电流，也就不存在电磁力的作用，转子仍然静止不动，即单相异步电动机没有启动转矩，不能自行启动。这是单相异步电动机的一个主要缺点。如果用外力拨动一下电动机的转子，则转子导体就会切割定子脉动磁场，从而产生感应电动势和电流，并在磁场中受到电磁力的作用，转子将顺着拨动的方向转动。

（1）启动方法。

单相异步电动机因本身没有启动转矩，所以转子不能自行启动。为了解决电动机的启动问题，人们采取了许多特殊的方法，例如将单相交流电分成两相通入两相定子绕组中，或将单相交流电产生的磁场设法使转子转动。

单相异步电动机根据启动方法的不同可以将启动方式分为电阻分相启动、电容分相启动和罩极式启动三种。其中电容分相启动是最常用的启动方法，介绍如下：单相电容式异步电动机定子铁芯上嵌放有两套绕组，即工作绕组 $U_1 U_2$（又称主绕组）和启动绕组 $Z_1 Z_2$（又称副绕组），它们的结构基本相同，但在空间相差 $90°$ 电角度。将电容串入单相异步电动机的启动绕组中，并与工作绕组并联接到单相电源上，选择适当的电容容量，在工作绕组和启动绕组中可以获得不同相位的电流，从而获得旋转磁场。单相异步电动机的笼型转子在该旋转磁场的作用下，获得启动转矩而旋转。若此时通过离心开关将电容和启动绕组切除，则这类电动机就称为电容启动单相异步电动机。若电容和启动绕组一直参与运行，则这类电动机就称为电容运行单相异步电动机。图 11-32 所示是几种电容分相启动电动机接线图。

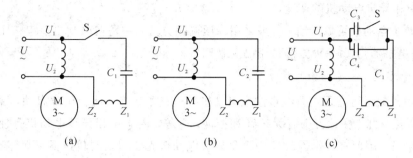

图 11-32　电容分相启动电动机接线图

图 11-32(a)中的副绕组和电容 $C$，只在电动机启动时使用。当电动机转速达到 75%～80%额定转速时，由启动开关 S 将支路与电源切断，主绕组单独运行。这种运行方式的电动机称为电容启动电动机或单相电容启动电动机。电容启动电动机与电容运转电动机比较，前者有较大的启动转矩，但启动电流也较大，适用于各种满载启动的机械（如小型空气压缩机），在部分电冰箱压缩机中也有采用。

图 11-32(b)中的副绕组和电容 $C_2$ 在启动和运行时都接在电路上。这种运行方式的电动机称为电容启动和运行电动机或单相电容运行电动机。只要任意改变主、副绕组的首端和末端接线，就可改变旋转磁场的转向，从而使电动机反转。其应用最为广泛。

图 11-32(c)中的副绕组电路中串入两个并联电容 $C_3$ 和 $C_4$。考虑到电动机在启动和运行两种状态下都需要不同的电容量，所以启动时 $C_3$ 和 $C_4$ 都接在电路中，当电动机正常运行时，将 $C_3$ 切除，让 $C_4$ 单独参与运行。这种电动机称为单相双值电容电动机或单相双值电容异步电动机。

电容运行单相异步电动机结构简单，使用、维护方便，只要任意改变启动绕组（或主绕组）首端和末端与电源的接线，即可改变旋转磁场的转向，从而实现电动机的反转。电容运行单相异步电动机常用于台扇、吊扇、洗衣机、电冰箱、通风机、录音机、复印机、电子仪表仪器及医疗器械等各种空载或轻载启动的机械上。图 11-33 所示为电容运行洗衣机电动机和电容运行吊扇电动机的结构图。

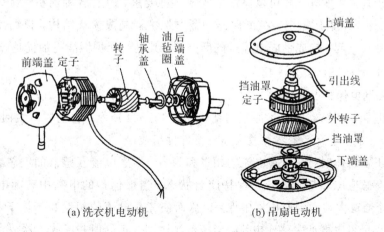

(a)洗衣机电动机　　　　　(b)吊扇电动机

图 11-33　电容运行洗衣机电动机和电容运行吊扇电动机的结构图

（2）单相异步电动机的调速。

单相异步电动机可以调速，一般采用降压调速方法：一是在电动机上串一个带抽头的铁芯线圈（电抗器），另一种方法是用晶闸管调压。

3）注意事项

在电动机的运行过程中要经常注意电动机转速是否正常，能否正常启动，温升是否过高，是否有焦臭味，在运行中有无杂音和振动，等等。由于单相异步电动机是使用单相交流电源供电的，因此在启动及运行中容易出现电动机无法启动或转速不正常等故障。这主要是由于单相异步电动机某组定子绕组断路、启动电容故障、离心开关故障、电动机负载过重等原因造成的。给单相异步电动机加上单相交流电源后，如发现电动机不转，则必须立即切断电源，以免损坏电动机。发现上述情况，必须查出故障原因。在故障排除后，再通电试运行。在检查电动机故障时最易碰到的现象是给单相异步电动机加上单相交流电源后，电动机不转，但如果去拨动一下电动机转子，则电动机就顺着拨动的方向旋转起来。这主要是启动绕组电路断开所致，也可能是电动机长期未清洗，阻力太大或拖动的负载太大引起的。

**8. 漏电保护断路器**

漏电保护断路器是一种常用的漏电保护装置，通常被称为漏电保护开关，也称漏电保护器，是为了防止低压电网中人身触电或漏电造成火灾等事故而研制的一种新型电器。它除了起断路器的作用外，还能在设备漏电或人身触电时迅速断开电路，保护人身和设备的安全，因而使用十分广泛。

1）分类

因不同电网、不同用户及不同保护的需要，漏电保护断路器有很多类型。按其动作原理可分为电压动作型和电流动作型两种，因电压动作型的结构复杂，检测性能差，动作特性不稳定，易误动作等，目前已趋于淘汰，现在多用电流动作型（剩余电流动作保护器）；按电源分有单相和三相之分；按极数分有二、三、四极之分；按其内部动作结构又可分为电磁式和电子式，其中电子式可以灵活地实现各种要求，具有各种保护性能，并向集成化方向发展。目前，电器厂家把空气断路器和漏电保护器制成模块结构，根据需要可以方便地把二者组合在一起，构成带漏电保护的断路器，其电气保护性能更加优越。

2）漏电保护断路器工作原理

（1）三相漏电保护断路器。

三相漏电保护断路器的基本原理与结构如图 11-34 所示，它主要由主回路断路器（含跳闸脱扣器）、零序电流互感器和放大器三个部件组成。

当电路正常工作时，主电路电流的相量和为零，零序电流互感器的铁芯无磁通，则其二次绕组没有感应电压输出，开关保持闭合状态。当被保护的电路中有漏电或有人触电时，漏电电流通过大地回到变压器中性点，从而使三相电流的相量和不等于零，零序电流互感器的二次绕组中就产生感应电流，当该电流达到一定的值并经放大器放大后就可以使跳闸脱扣器动作，使三相漏电保护断路器在很短的时间内动作而切断电路。

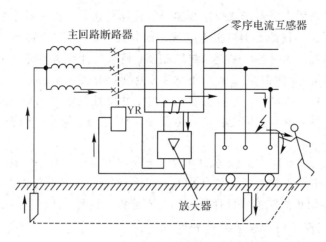

图 11-34　三相漏电保护断路器的工作原理示意图

（2）单相电子式漏电保护断路器。

家用单相电子式漏电保护断路器的外形及动作原理如图 11-35 所示。其主要工作原理为：当被保护电路或设备出现漏电故障或有人触电时，有部分相线电流经过人体或设备直接流入地线而不经零线返回，此电流称为漏电电流（或剩余电流），它由漏电流检测电路取样后进行放大，在其值达到漏电保护器的预设值时，将驱动控制电路开关动作，迅速断开被保护电路的供电电源，从而达到防止漏电或触电事故的目的；而当电路无漏电或漏电电流小于预设值时，电路的控制开关将不动作，即漏电保护器不动作，系统正常供电。

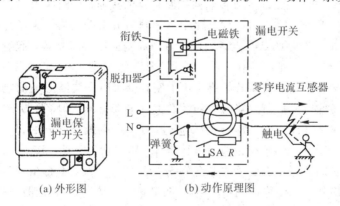

(a) 外形图　　　　　　　(b) 动作原理图

图 11-35　单相电子式漏电保护断路器外形及动作原理

漏电保护断路器的主要型号有 DZ5-20L、DZ15L 系列、DZL-16、DZL18-20 等，其中 DZL18-20 型由于放大器采用了集成电路，因此体积更小，动作更灵敏，工作更可靠。

3）漏电保护断路器的选用

漏电保护断路器选用的条件如下：

（1）应根据所保护的线路或设备的电压等级、工作电流及其正常泄漏电流的大小来选择。在选用漏电保护断路器时，首先应使其额定电压和额定电流值分别大于或等于线路的额定电压和负载工作电流。

（2）应使其跳闸脱扣器的额定电流应大于或等于线路负载工作电流。

（3）其极限通断能力应大于或等于线路最大短路电流，线路末端单相对地短路电流与漏电保护断路器瞬时跳闸脱扣器的额定电流之比应大于或等于 1.25。

（4）对于以防触电为目的的漏电保护断路器，例如家用电器配电线路，宜选用动作时间在 0.1 s 以内、动作电流在 30 mA 以下的漏电保护断路器。

（5）对于特殊场合，如 220 V 以上电压、潮湿环境且接地有困难，或发生人身触电会造成二次伤害时，供电回路中应选择动作电流小于 15 mA、动作时间在 0.1 s 以内的漏电保护断路器。

（6）选择漏电保护断路器时应考虑灵敏度与动作可靠性的统一。漏电保护断路器的动作电流选得越低，安全保护的灵敏度就越高，但由于供电回路设备都有一定的泄漏电流，因而容易造成漏电保护断路器经常性误动作或不能投入运行，破坏供电的可靠性。

4）漏电保护断路器的安装及技术要求

漏电保护断路器的安装及技术要求如下：

（1）漏电保护断路器应安装在进户线截面较小的配电盘上或照明配电箱内，并安装在电度表之后，熔断器（或胶盖刀闸）之前。对于电磁式漏电保护断路器，也可装于熔断器之后。

（2）所有照明线路导线（包括中性线在内）均需通过漏电保护断路器，且中性线必须与地绝缘。

（3）电源进线必须接在漏电保护断路器的正上方，即外壳上标有"电源"或"进线"的一端；出线均接在下方，即标有"负载"或"出线"的一端。倘若把进线、出线接反了，则会导致漏电保护断路器动作后烧毁线圈或影响保护断路器的接通、分断能力。

（4）安装漏电保护断路器后，不能拆除单相闸刀开关或瓷插、熔丝盒等。其目的一是使维修设备时有一个明显的断开点；二是在刀闸或瓷插中装有熔体，起着短路或过载保护作用。

（5）漏电保护断路器安装后若始终合不上闸，说明用户线路对地漏电超过了额定漏电动作电流值，应将漏电保护断路器的"负载"端上的电线拆开（即将照明线拆下来），并对线路进行整修，合格后才能送电。如果保护断路器"负载"端线路断开后仍不能合闸，则说明漏电保护断路器有故障，应送有关部门进行修理，用户切勿乱调乱动。

（6）漏电保护断路器在安装后先带负荷分、合开关三次，不得出现误动作，再用试验按钮试验三次，应能正确动作（即自动跳闸，负载断电；按动试验按钮时间不要太长，以免烧坏漏电保护断路器），然后用试验电阻接地试验一次，应能正确动作，自动切断负载端的电源。具体方法是：取一只 7 kΩ（220 V/30 mA＝7.3 kΩ）的试验电阻，一端接漏电保护断路器的相线输出端，另一端接触一下良好的接地装置（如水管），漏电保护断路器应立即动作，否则，此漏电保护断路器为不合格产品，不能使用。严禁用相线（火线）直接碰触接地装置进行试验。

（7）运行中的漏电保护断路器每月至少用试验按钮试验一次，以检查其动作性能是否正常。

5）注意事项

使用漏电保护断路器的注意事项如下：

（1）漏电保护断路器的保护范围应是独立回路，不能与其他线路有电气上的连接。一台漏电保护断路器容量不够时，不能两台并联使用，应选用容量符合要求的漏电保护断路器。

（2）安装漏电保护断路器后，不能撤掉或降低对线路、设备的接地或接零保护要求及措施，安装时应注意区分线路的工作零线和保护零线。工作零线应接入漏电保护断路器，并应穿过漏电保护断路器的零序电流互感器。经过漏电保护断路器的工作零线不得作为保护零线，不得重复接地或接设备的外壳。线路的保护零线也不得接入漏电保护断路器。

（3）在潮湿、高温、金属占有系数大的场所及其他导电良好的场所，必须设置独立的漏电保护断路器，不得用一台漏电保护断路器同时保护两台以上的设备（或工具）。

（4）安装不带过电流保护的漏电保护断路器时，应另外安装过电流保护装置。采用熔断器作为短路保护时，熔断器的安秒特性与漏电保护断路器的通断能力应满足选择性要求。

（5）安装漏电保护断路器时应按产品上所标示的电源端和负载端接线，不能接反。

（6）使用漏电保护断路器前应操作试验按钮，看是否能正常动作，经试验正常后方可投入使用。

（7）漏电保护断路器有漏电动作后，应查明原因并予以排除，然后按试验按钮，正常动作后方可使用。

# 11.2　照明设备的安装

### 1. 照明配线安装的一般步骤

照明配线安装的一般步骤如下：

（1）熟悉电气施工图，做好预留、预埋工作，主要是确定电源引入的预留、预埋位置和引入配电箱的路径，以及垂直引上、引下及水平穿梁、柱、墙的位置等。

（2）按图纸要求确定照明灯具、插座、开关、配电箱及电气设备的准确位置，并沿建筑物确定布线路径。

（3）将布线路径所需的支撑点打好眼孔，将预埋件埋齐。

（4）装设绝缘支承物、线夹或线管及配电箱等。

（5）敷设导线。

（6）连接导线。

（7）将导线出线端按要求与电气设备和照明电器相连接。

（8）检验室内配线是否符合图纸设计和安装工艺的要求。

（9）测试线路的绝缘性能，对线路做通电检查。检查合格后可会同使用单位或用户进行验收。

目前，电气照明线路的安装多采用暗敷设配线，与土建施工配合进行，基本上是由内线电工来操作。

### 2. 照明供电的一般要求

照明供电的一般要求为：

（1）灯的端电压一般不宜高于其额定电压的 105%，亦不宜低于其额定电压的下列数值：

① 一般工作场所为 95%。

② 露天工作场所及远离变电所的小面积工作场所的照明难以满足 95% 时，可降至 90%。

③ 应急照明、道路照明、警卫照明及电压为 12～42V 的照明为 90%。

（2）对于容易触及而又无防止触电措施的固定式或移动式灯具，其安装高度应距地面 2.2 m 及以下，且具有下列条件之一时，其使用电压不应超过 24 V。

① 特别潮湿的场所。

② 高温场所。

③ 具有导电灰尘的场所。

④ 具有导电地面的场所。

（3）工作场所狭窄，且作业者需接触大块金属面（如在锅炉、金属容器内等）时，使用的手提行灯电压不应超过 12 V。

（4）42 V 及以下安全电压的局部照明的电源和手提行灯的电源输入电路与输出电路必须实行电路上的隔离。

（5）为减小冲击电压波动和闪变对照明的影响，宜采取下列措施：

① 较大功率的冲击性负荷或冲击性负荷群与照明负荷，宜分别由不同的配电变压器供电，或照明由专用变压器供电。

② 当冲击性负荷和照明负荷共用变压器供电时，照明负荷宜用专线供电。

（6）由公共低压电网供电的照明负荷线路电流不超过 30 A 时，可用 220 V 单相供电；否则，应以 220 V/380 V 三相四线供电。

（7）室内照明线路每一单相分支回路的电流一般情况下不宜超过 15 A，所接灯头数不宜超过 25 个，但花灯、彩灯、多管荧光灯除外。插座宜单独设置分支回路。

（8）高强气体放电灯的照明每一单相分支回路的电流不宜超过 30A，并应按启动和再启动特性选择保护装置和验算线路的电压损失值。

**3. 灯具安装的基本要求**

灯具安装的基本要求为：

（1）灯具的安装高度：一般室内安装不低于 1.5 m，在危险潮湿场所安装则不能低于 2.5 m，当难以达到上述要求时，应采取相应的保护措施或改用 36 V 低压供电。

（2）室内照明开关一般安装在门边便于操作的位置上。拉线开关安装的高度一般离地 2～3 m，扳把开关一般离地高度 1.3～1.5 m，与门框的距离一般为 0.15～0.20 m。

（3）明插座的安装高度一般离地 1.3～1.5 m，暗插座一般离地 0.3 m。同一场所安装高度应一致，其高度差不应大于 5 mm，成排安装的插座高度差不应大于 2 mm。

（4）固定灯具需用接线盒及木台等配件。安装木台前应预埋木台固定件或采用膨胀螺栓。安装时，应先按照器具安装位置钻孔，并锯好线槽（明配线时），然后将导线从木台出线孔穿出后再固定木台，最后安装挂线盒或灯具。

（5）采用螺口灯座时，为避免人身触电，应将相线（即开关控制的火线）接入螺口内的中心弹簧片上，零线接入螺旋部分。

（6）吊灯灯具超过 3 kg 时，应预埋吊钩或螺栓。软线吊灯的重量限于 1 kg 以下，超过时应加装吊链。

（7）照明装置的接线必须牢固，接触良好，接线时，相线和零线要严格区别，将零线直接接灯头上，相线须经过开关再接到灯头上。

### 4. 照明电路故障的检修

照明电路的常见故障主要有断路、短路和漏电三种。

1）断路

照明电路产生断路的主要原因是熔丝熔断、线头松脱、断线、开关没有接通、铝线接头腐蚀等。如果一个灯泡不亮而其他灯泡都亮，则应首先检查灯丝是否烧断；若灯丝未断，则应检查开关和灯头是否接触不良、有无断线等。为了尽快查出故障点，可用试电笔测灯座（灯口）的两极是否有电，若两极都不亮说明相线断路；若两极都亮（带灯泡测试），则说明中性线（零线）断路；若一极亮一极不亮，则说明灯丝未接通。对于日光灯来说，还应对其启辉器进行检查。如果几盏电灯都不亮，则应首先检查总保险是否熔断或总闸是否接通，也可按上述方法判断故障。

2）短路

照明电路造成短路的原因大致有以下几种：

（1）用电器具接线不好，以致接头碰在一起。

（2）灯座或开关进水，螺口灯头内部松动，或灯座顶芯歪斜碰及螺口造成内部短路。

（3）导线绝缘层损坏或老化，并在零线和相线的绝缘处碰线。发生短路故障时，会出现打火现象，并引起短路保护动作（熔丝烧断）。当发现短路打火或熔丝熔断时，应先查出发生短路的原因并找出短路故障点，进行处理后再更换保险丝，恢复送电。

3）漏电

相线绝缘损坏而接地、用电设备内部绝缘损坏使外壳带电等均会造成照明电路漏电。漏电不但造成电力浪费，还可能造成人身触电伤亡事故。

漏电保护装置一般采用漏电开关，当漏电电流超过额定电流值时，漏电保护装置动作，切断电路。若发现漏电保护装置动作，则应查出漏电接地点并进行绝缘处理后再通电。

照明线路的接地点多发生在穿墙部位和靠近墙壁或天花板等部位。查找接地点时，应注意查找这些部位是否正常。漏电查找方法如下：

（1）判断是否确实漏电。可用 500V 摇表测量，看其绝缘电阻值的大小。或在被检查建筑物的总刀闸上接一只电流表，接通全部电灯开关，取下所有灯泡，进行仔细观察，若电流表指针摇动，则说明漏电。指针偏转的多少，取决于电流表的灵敏度和漏电电流的大小，若偏转多，则说明漏电大。

（2）判断漏电类型是火线与零线间的漏电，还是相线与大地间的漏电，或者是两者兼而有之。以接入电流表检查为例，切断零线，观察电流的变化：若电流表指示不变，则表明是相线与大地之间漏电；若电流表指示为零，则表明相线与零线之间漏电；若电流表指示变小但不为零，则表明相线与零线、相线与大地之间均有漏电。

（3）确定漏电范围。取下分路熔断器或拉下开关刀闸，若电流表不变化，则表明是总线漏电；若电流表指示为零，则表明是分路漏电；若电流表指示变小但不为零，则表明总线与分路均有漏电。

　　（4）找出漏电点。按前面介绍的方法确定漏电的分路或线段后，依次拉断该线路灯具的开关，当拉断某一开关时，电流表指针会回零或变小，若回零则是这一分支线漏电，若变小则除该分支漏电外还有其他漏电处；若所有灯具开关都拉断后，电流表指针仍不变，则说明是该段干线漏电。

　　依照上述方法依次把故障范围缩小到一个较短线路段或小范围之后，便可进一步检查该段线路的接头及电线穿墙处等是否有漏电情况。当找到漏电点后，应及时妥善处理。

　　下面介绍检查照明电路故障的具体方法和步骤，其电路如图 11-36 所示。

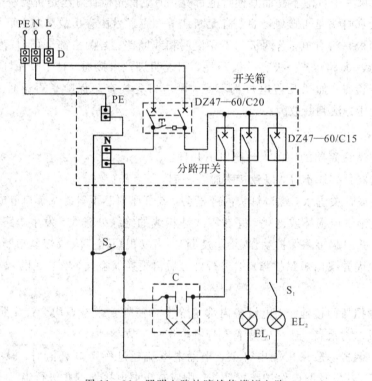

图 11-36　照明电路故障检修模拟电路

　　图 11-36 中 D 为接线端子，PE 为接地端子，N 为接零端子，DZ47-60/C20 为漏电断路器，DZ47-60/C15 为单极断路器，EL、EL$_2$ 为负载，C 为二、三插座，S$_1$、S$_2$ 为设定的故障点。

　　（1）断路故障的判断。如图 11-36 所示，合上总开关，并依次合上各路的分开关，再合上负载开关，当合上某一负载开关，灯不亮或插座无电时，则表明该支路处于断路状态。

　　（2）漏电故障的判断。如图 11-36 所示，当出现总开关跳闸时，判断漏电支路的程序是：断开各负载开关和分路开关→合上总开关→依次合上分路开关→分别合上负载开关。当合上某一负载开关时，分路开关跳闸，则表明该支路有漏电故障。

　　漏电故障和断路故障的查找方法如表 11-2 所示。

**表 11 - 2　漏电故障和断路故障的查找方法**

| 故障现象 | 故障原因 | 检 查 方 法 |
|---|---|---|
| 漏电开关合不上 | 漏电开关复位按钮没按上 | 按上漏电开关复位按钮 |
| | 电路短路 | 将万用表打到电阻挡，分别测量配电箱火线、地线、零线间的电阻（在无负载情况下，即灯泡开关在开位置），电阻无穷大 |
| | 零线与地线混用 | 用万用表测量配电箱与插座的线路各火对火、零与零、地与地连通情况 |
| 插座无电 | 电路断路 | 断开电源，检查插座回路，用万用表电阻挡测量各线路应连通，若不通则为接触不良，压胶或零线、火线未接好 |
| 灯泡不亮 | 电路断路 | 断开电源，检查明照回路，用电阻挡测量各线路应连通 |

必须指出：照明电路开关箱壳应用黄、绿双线接地良好；火线过开关，零线应接在螺口灯头的螺纹上；零线用黑色或蓝色线；插座接线应左零右火。

# 复习与思考题

11-1　塑料绝缘护套线的配线方法有哪些？

11-2　导线穿管敷设时，暗钢管敷设与明钢管敷设有何不同？

11-3　一般灯具的安装要求是什么？

11-4　如何根据负荷情况，确定计算负荷和选择导线？

11-5　安装开关与插座时应注意哪些问题？

# 项目 12　电力拖动知识

用来接通和断开控制电路的电气元件统称控制电器。采用按钮、接触器及继电器等组成的有触点断续控制的系统统称电力拖动控制系统。掌握各种电器元件的图形符号和文字符号表示的含义，了解常用的控制电器和保护电器的结构、动作原理及控制(或保护)作用，是理解控制电路工作原理、功能和特点的基础。

## 12.1　低压电器概述

低压电器通常是指工作在 1000 V 以下的电力线路中，起保护、控制或调节等作用的电气设备。低压配电电器主要用于低压配电系统中，要求工作可靠，在系统发生异常情况下动作准确，并有足够的热稳定性和动稳定性。低压控制电器主要用于电力传动系统中，要求使用寿命长，体积小，重量轻，工作可靠。

低压电器的种类繁多，用途很广，但就其用途或所控制的对象，可分为低压配电电器和低压控制电器两大类。

**1. 电器的定义与分类**

1) 电器的定义

凡是对电能的生产、输送、分配和使用起控制、调节、检测、转换及保护作用的器件均称为电器。

2) 电器的分类

电器的用途广泛，种类繁多，构造各异，功能多样。通常可按以下方式进行分类：

(1) 按工作电压分类。

① 低压电器：指工作电压在交流 1200 V、直流 1500 V 以下的电器。低压电器常用于低压供配电系统和机电设备自动控制系统中，实现电路的保护、控制、检测和转换等。例如各种刀开关、按钮、继电器、接触器等。

② 高压电器：指工作电压在交流 1000 V、直流 1200 V 以上的电器。高压电器常用于高压供配电电路中，实现电路的保护和控制等。例如高压断路器、高压熔断器等。

(2) 按动作方式分类。

① 手动电器：这类电器的动作是由工作人员手动操纵的，如刀开关、组合开关及按钮等。

② 自动电器：这类电器是按照操作指令或参量变化信号自动动作的，如接触器、继电器、熔断器和行程开关等。

(3) 按作用分类。

① 执行电器：用来完成某种动作或传递功率的电器，如电磁铁、电磁离合器等。

② 控制电器：用来控制电路通断的电路，如开关、继电器等。

③ 主令电器：用来控制其他自动电器的动作，以发出控制指令的电器，如按钮、行程开关等。

④ 保护电器：用来保护电源、电路及用电设备，使它们不致在短路、过载等状态下运行遭到损坏的电器，如熔断器、热继电器等。

（4）按工作环境分类。

① 一般用途低压电器：指用于海拔高度不超过 2000 m，周围环境温度在 $-25℃ \sim 40℃$ 之间，空气相对湿度为 90%，安装倾斜度不大于 $5°$，无爆炸危险的介质及无显著摇动和冲击振动的场合的电器。

② 特殊用途电器：指在特殊环境和工作条件下使用的各类低压电器，通常是在一般用途低压电器的基础上派生而成的，如防爆电器、船舶电器、化工电器、热带电器、高原电器以及牵引电器等。

### 2. 低压电器结构的基本特点

低压电器在结构上种类繁多，且没有固定的结构形式。因此在讨论各种低压电器的结构时显得较为繁琐。但是从低压电器各组成部分的作用上去理解，低压电器一般有感受部分、执行部分和灭弧机构三个基本组成部分。

（1）感受部分：用来感受外界信号并根据外界信号做特定的反应或动作。不同的电器，其感受部分结构也不一样。对手动电器来说，操作手柄就是感受部分；而对电磁式电器而言，感受部分一般是指电磁机构。

（2）执行部分：根据感受机构的指令，对电路进行通断操作。对电路实行"通断"控制的工作一般由触点来完成，所以执行部分一般是指电器的触点。

（3）灭弧机构：触点在一定条件下断开电流时往往伴随有电弧或火花，电弧或火花对断开电流的时间和触点的使用寿命都有极大的影响，特别是电弧，必须及时熄灭。用于熄灭电弧的机构称为灭弧机构。从某种意义上说，可以将电器定义为：根据外界信号的规律（有无或大小等），实现电路通、断的一种"开关"。

### 3. 低压电器的主要性能参数

电器种类繁多，控制对象的性质和要求也不一样。为正确、合理、经济地使用电器，每一种电器都有一套用于衡量其性能的技术指标。电器主要的技术参数有额定绝缘电压、额定工作电压、额定发热电流、额定工作电流、通断能力、电气寿命和机械寿命等。

（1）额定绝缘电压：一个由电器结构、材料、耐压等因素决定的名义电压值。额定绝缘电压为电器最大的额定工作电压。

（2）额定工作电压：低压电器在规定条件下长期工作时，能保证电器正常工作的电压值，通常是指主触点的额定电压。有电磁机构的控制电器还规定了吸引线圈的额定电压。

（3）额定发热电流：在规定条件下，电器长时间工作，各部分的温度不超过极限值时所能承受的最大电流值。

（4）额定工作电流：保证电器能正常工作的电流值。同一电器在不同的使用条件下，有不同的额定电流等级。

（5）通断能力：低压电器在规定的条件下，能可靠接通和分断的最大电流。通断能力与电器的额定电压、负载性质、灭弧方法等有很大关系。

(6) 电气寿命：低压电器在规定条件下，在不需修理或更换零件时的负载操作循环次数。

(7) 机械寿命：低压电器在需要修理或更换机械零件前所能承受的负载操作次数。

# 12.2　常用低压电器

### 1. 闸刀开关

刀开关又称闸刀开关，是结构最简单、应用最广泛的一种手动电器。它适用于频率为 50 Hz/60 Hz、额定电压为 380 V(直流为 440 V)、额定电流 150 A 以下的配电装置中，主要作为电气照明电路、电热回路的控制开关，也可作为分支电路的配电开关，具有短路或过载保护功能。在降低容量的情况下，还可作为小容量(功率在 5.5 kW 及以下)动力电路不频繁启动的控制开关。在低压电路中，刀开关常用于电源引入开关，也可用于不频繁接通的小容量电动机或局部照明电路的控制开关。

1) 闸刀开关的结构

闸刀开关主要由手柄、熔丝、静触点(触点座)、动触点(触刀)、瓷底座和胶盖组成。胶盖使电弧不致飞出灼伤操作人员，并防止极间电弧短路；熔丝对电路起短路保护作用。常用的刀开关有开启式负荷开关和半封闭式负荷开关。

(1) 开启式负荷开关。

开启式负荷开关又名瓷底胶盖闸刀开关，它由刀开关和熔断器组合而成。瓷底座上装有静触头、熔丝接头、瓷质手柄等，并有上、下胶盖，其结构如图 12 - 1(a)所示，电气符号如图 12 - 1(b)所示。

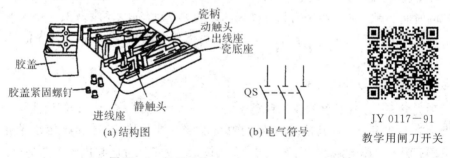

(a)结构图　　　(b)电气符号　　　JY 0117−91　教学用闸刀开关

图 12 - 1　闸刀开关

开启式负荷开关易被电弧烧坏，因此不宜带负载接通或分断电路，但其结构简单，价格低廉，常用作照明电路的电源开关，也用于 5.5 kW 以下三相异步电动机不频繁启动和停止的控制。在拉闸与合闸时动作要迅速，以利于迅速灭弧，减少触刀片和触座的灼损。它具有结构简单，价格便宜，安装、使用和维修方便等优点，是一种结构简单而应用广泛的电器。

(2) 半封闭式负荷开关。

半封闭式负荷开关又名铁壳开关，它由刀开关、熔断器、灭弧机构、操作机构和钢板(或铸铁)做成的外壳构成。这种开关的操作机构中，在手柄转轴与底座间装有速断弹簧，使刀开关的接通和断开速度与手柄操作速度无关,这样有利于迅速灭弧。为了保证用电安全,它还装有机械联锁装置(即必须将壳盖闭合后,手柄才能(向上)合闸;只有当手柄(向下)拉闸后,壳盖才能打开)。其结构如图 12-2 所示。

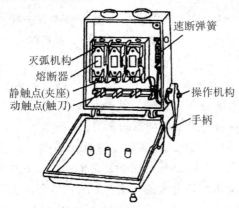

图 12-2 铁壳开关结构图

2) 闸刀开关的主要技术参数和型号含义

闸刀开关的主要技术参数有:

(1) 额定电压:闸刀开关长期工作时能承受的最大电压。

(2) 额定电流:闸刀开关在合闸位置时允许长期通过的最大电流。

(3) 分断电流能力:闸刀开关在额定电压下能可靠分断最大电流的能力。

常用闸刀开关的型号有 HK1、HK2、HK4 和 HK8 等系列。表 12-1 列出了 HK2 系列闸刀开关的主要技术参数。

表 12-1 HK2 系列闸刀开关的主要技术参数

| 型号 | 额定电压/V | 额定电流/A | 极数 | 开关的分断电流 | 熔断器极限分断能力/A | 控制电动机的功率/kW |
|---|---|---|---|---|---|---|
| HK2-10/2 | | 10 | | | 500 | 1.1 |
| HK2-15/2 | 220 | 15 | 2 | $4I_N$ | 500 | 1.5 |
| HK2-30/2 | | 30 | | | 1000 | 3.0 |
| HK2-15/3 | | 15 | | | 500 | 2.2 |
| HK2-30/3 | 380 | 30 | 3 | $2I_N$ | 1000 | 4.0 |
| HK2-60/3 | | 60 | | $1.5I_N$ | 1000 | 5.5 |

闸刀开关可分为两极和三极两种,两极式闸刀开关额定电压为 250 V,三极式闸刀开关额定电压为 500 V。常用的闸刀开关有 HK 和 HH 两个系列,其型号含义如图 12-3 所示。

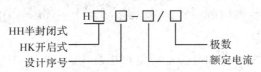

图 12-3 闸刀开关的型号含义

例如 HK1-30/20 的含义为："HK"表示开关类型为开启式负荷开关；"1"表示设计序号；"30"表示额定电流为 30 A；"2"表示单相；"0"表示不带灭弧罩。

3）闸刀开关的选用

（1）额定电压的选用。闸刀开关的额定电压要大于或等于线路实际的最高电压。控制单相负载时，选用 250 V 两极开关；控制三相负载时，选用 500 V 三极开关。

（2）额定电流的选用。

① 当闸刀开关作为隔离开关使用时，闸刀开关的额定电流要等于或稍大于线路实际的工作电流的闸刀开关。当闸刀开关直接用其控制小容量（小于 5.5 kW）电动机的启动和停止时，闸刀开关的电流容量要大于电动机的额定值。

② 当闸刀开关用于控制照明电路或其他电阻性负载时，闸刀开关的熔丝额定电流应不小于各负载额定电流之和；当闸刀开关用于控制电动机或其他电感性负载时，开启式负荷开关的额定电流应为电动机额定电流的 3 倍，封闭式负荷开关额定电流应为电动机额定电流的 1.5 倍左右，且这两种刀开关熔丝的额定电流均应是最大一台电动机额定电流的 2.5 倍。

4）安装方法

闸刀开关安装方法具体如下：

（1）安装开关前，应注意检查触刀对静触点接触是否良好、是否同步。如有问题，应予以修理或更换。

（2）安装时，瓷底座应与地面垂直，手柄向上推为合闸，不得倒装和平装。因为闸刀开关正装便于灭弧，而倒装或平装时灭弧比较困难，易烧坏触头，再则因触刀的自重或振动，可能导致误合闸而引发危险。

（3）接线时，螺钉应紧固到位，电源进线必须接闸刀开关上方的静触头接线柱，通往负载的引线接下方的接线柱。

5）注意事项

闸刀开关使用注意事项如下：

（1）安装后应检查触刀和静触头是否成直线和紧密可靠连接。

（2）更换熔丝时，必须先拉闸断电，然后按原规格安装熔丝。

（3）胶壳闸刀开关不适合用来直接控制 5、5kW 以上的交流电动机。

（4）合闸、拉闸动作要迅速，使电弧很快熄灭。

**2. 组合开关**

组合开关包括转换开关和倒顺开关。其特点是用动触片的旋转代替闸刀的推合和拉开，实质上是一种由多组触点组合而成的刀开关。这种开关可用作交流 50 Hz、380 V 和直流 220 V 以下的电路电源引入开关或控制 5.5 kW 以下小容量电动机的直接启动，以及电动机正、反转控制和机床照明电路控制。额定电流有 6 A、10 A、15 A、25 A、60 A、100 A 等多种。

组合开关在电气设备中主要作为电源引入开关，用于非频繁接通和分断电路。在机床电气系统中，组合开关多用于电源开关，一般不带负载接通或断开电源，只是在开车前空载接通电源，或在应急、检修或长时间停用时空载断开电源。

其优点是体积小、寿命长、结构简单、操作方便、灭弧性能较好，多用于机床控制电路。

1）结构

（1）转换开关。

转换开关主要由手柄、转轴、凸轮、动触片、静触片及接线柱等组成。当转动手柄时，每层的动触片随方形转轴一起转动，使动触片插入静触片中，使电路接通，或使动触片离开静触片，使电路分断。各极是同时通断的。

HZ5-30/3 型转换开关的外形如图 12-4(a)所示，其结构及电气符号分别如图 12-4(b)、图 12-4(c)所示。

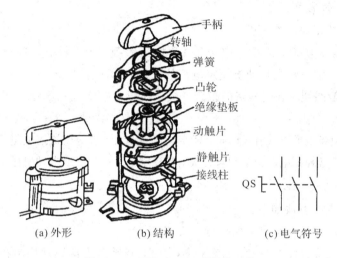

(a) 外形　　　(b) 结构　　　(c) 电气符号

图 12-4　HZ5-30/3 型转换开关

（2）倒顺开关

倒顺开关又称可逆转开关，是组合开关的一种特例，多用于机床的进刀、退刀，电动机的正、反转和停止的控制，或升降机的上升、下降和停止的控制，也可作为控制小电流负载的负荷开关。其外形和结构如图 12-5(a)所示，电气符号如图 12-5(b)所示。

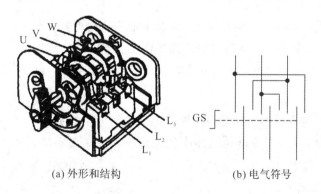

(a) 外形和结构　　　　　(b) 电气符号

图 12-5　倒顺开关

2）组合开关的主要技术参数与型号含义

组合开关的主要技术参数与刀开关相同，有额定电压、额定电流、极数和可控制电动机的功率等。HZ 系列组合开关的型号含义如图 12-6 所示。

图 12-6　HZ 系列组合开关的型号含义

例如 HZ5-30P/3 的含义为："HZ"表示开关类型为组合开关；"5"表示设计序号；"30"表示额定电流值大小为 30 A；"P"表示两路切换；"3"表示极数为三极。

3）组合开关的选用

组合开关的选用条件如下：

（1）选用转换开关时，应根据电源种类、电压等级、所需触点数及电动机的容量来选用，开关的额定电流一般取电动机额定电流的 1.5～2 倍。

（2）用于一般照明、电热电路的组合开关，其额定电流应大于或等于被控电路的负载电流总和。

（3）当用于设备电源引入开关时，其额定电流应稍大于或等于被控电路的负载电流总和。

（4）当用于直接控制电动机的组合开关，其额定电流一般可取电动机额定电流的 2～3 倍。

4）安装方法

组合开关的安装方法如下：

（1）安装转换开关时应使手柄平行于安装面。

（2）转换开关需安装在控制箱（或壳体）内时，其操作手柄最好伸出在控制箱的前面或侧面，并应使手柄在水平旋转位置时为断开状态。

（3）若需在控制箱内操作时，转换开关最好装在箱内右上方，而且在其上方不宜再安装其他电器，否则应采取隔离或绝缘措施。

5）注意事项

使用组合开关的注意事项如下：

（1）由于转换开关的通断能力较低，因此不能用来分断故障电流。当用于控制电动机正、反转时，必须在电动机完全停转后才能操作。

（2）当负载功率因数较低时，要降低转换开关的额定电流，否则会影响开关寿命。

**3. 按钮开关**

按钮开关是一种手动操作接通或分断小电流控制电路的主令电器。一般情况下它不直接控制主电路的通断，而是在控制电路中发出指令去控制接触器、继电器等电器，再由它们来控制主电路。

1）按钮开关结构

按钮开关由按钮帽、复位弹簧、桥式动触点、静触点和外壳等组成。其触点允许通过的电流很小，一般不超过 5 A。

根据使用要求、安装形式、操作方式的不同，按钮开关的种类很多。根据触点结构不同，按钮开关可分为停止按钮(常闭按钮)、启动按钮(常开按钮)及复合按钮(常闭、常开组合为一体的按钮)。复合按钮(如图 12-7 所示)在按下按钮帽时，首先断开常闭触头，再经过一小段时间后接通常开触头；松开按钮帽时，复位弹簧先使常开触头分断，经过一小段时间后常闭触头才闭合。

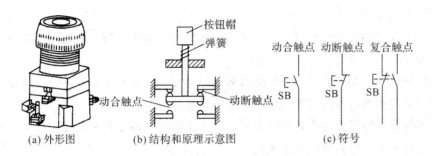

图 12-7  复合按钮

2) 型号含义

按钮开关的型号含义如图 12-8 所示。

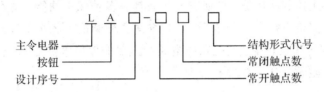

图 12-8  按钮开关的型号含义

例如 LA19-22K 的含义为："LA"表示电器类型为按钮开关；"19"表示设计序号；前"2"表示常开触头数为两对；后"2"表示常闭触头数为两对；"K"表示按钮开关的结构类型为开启式(其余常用类型分别为："H"表示保护式；"X"表示旋钮式；"D"表示带指示灯式；"J"表示紧急式；若无标示则表示为平钮式)。

3) 按钮的选用

按钮的选用条件如下：

(1) 根据使用场合选择按钮的种类，如开启式、保护式、防水式和防腐式等。

(2) 根据用途选用合适的形式，如手把旋钮式、钥匙式、紧急式和带灯式等。

(3) 按照控制回路的需要确定不同的按钮数，如单钮、双钮、三钮和多钮等。

(4) 按照工作状态指示和工作情况要求选择按钮和指示灯的颜色(参照国家有关标准)。

(5) 核对按钮额定电压、电流等指标是否满足要求。

常用控制按钮的型号有 LA4、LA10、LA18、LA19、LA20 和 LA25 等系列。

4) 按钮的安装

按钮的安装方法如下：

(1) 按钮安装在面板上时，应布局合理，排列整齐。可根据生产机械或机床启动、工作的先后顺序，从上到下或从左至右依次排列。如果它们有几种工作状态，如上、下，前、后，左、右，松、紧等，则应使每一组正、反状态的按钮安装在一起。

（2）在面板上固定按钮时安装应牢固，停止按钮用红色，启动按钮用绿色或黑色，按钮较多时，应在显眼且便于操作处用红色蘑菇头设置总停按钮，以应对紧急情况。

5）注意事项

使用按钮注意事项如下：

（1）由于按钮的触头间距较小，有油污时极易发生短路故障，因此使用时应经常保持触头间的清洁。

（2）按钮用于高温场合时，容易使塑料变形老化，导致其松动，引起接线螺钉间相碰短路，在安装时可视情况再多加一个紧固垫圈并压紧。

（3）带指示灯的按钮由于灯泡要发热，长时间通电时易使塑料灯罩变形，造成调换灯泡困难，因此不宜用作长时间通电按钮。

**4. 低压断路器**

低压断路器（简称断路器）又称为自动空气开关。它主要用于交、直流低压电路中手动或电动分合电路，以对电气设备出现过载、短路、失压等故障时产生保护，也可用于电动机不频繁启动、停止控制和保护。自动空气开关具有多种保护功能、动作后不需要更换元件、动作电流可按需要整定、工作可靠、安装方便和分断能力较高等特点，因此广泛应用于各种动力线路和机床设备中。它是低压电路中重要的保护电器之一，但其操作传动机构比较复杂，因此不能频繁开、关。

1）断路器的结构

断路器的结构有框架式（又称万能式）和塑料外壳式（又称装置式）两大类。框架式断路器为敞开式结构，适用于大容量配电装置。塑料外壳式断路器的特点是各部分元件均安装在塑料壳体内，具有良好的安全性，结构紧凑简单，可独立安装，常用于供电线路的保护开关和电动机或照明系统的控制开关，也广泛用于电器控制设备及建筑物内作电源线路保护及对电动机进行过载和短路保护。低压断路器一般由触点系统、灭弧系统、操作系统、脱扣器及外壳或框架等组成。各组成部分的作用如下：

（1）触点系统：触点系统用于接通和断开电路。触点的结构形式有对接式、桥式和插入式三种，一般采用银合金材料和铜合金材料制成。

（2）灭弧系统：灭弧系统有多种结构形式，采用的灭弧方式有窄缝灭弧和金属栅灭弧。

（3）操作系统：操作系统用于实现断路器的闭合与断开，有手动操作机构、电动机操作结构和电磁操作机构等。

（4）脱扣器：脱扣器是断路器的感测元件，用来感测电路特定的信号（如过电压、过电流等）。电路一旦出现非正常信号，相应的脱扣器就会动作，通过联动装置使断路器自动跳闸而切断电路。脱扣器的种类很多，有电磁脱扣器、热脱扣器、自由脱扣器、漏电脱扣器等。电磁脱扣器又分为过电流脱扣器、欠电流脱扣器、过电压脱扣器、欠电压脱扣器、分励脱扣器等。

几种常用断路器结构如图 12-9 所示。

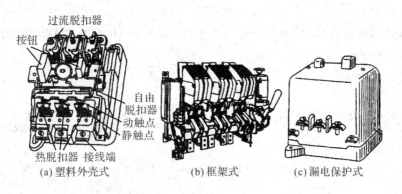

图 12-9　常用断路器结构示意图

2）断路器的工作原理与型号含义

（1）工作原理。

通过手动或电动等操作机构可使断路器合闸，从而使电路接通。当电路发生故障（短路、过载、欠电压等）时，通过脱扣器使断路器自动跳闸，达到故障保护的目的。断路器的图形符号和文字符号如图 12-10 所示。

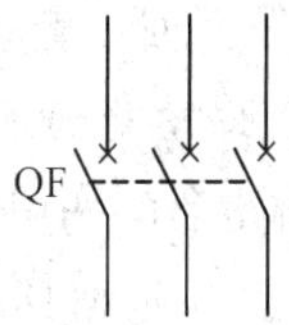

如图 12-11 所示为断路器工作原理的示意图。断路器工作原理分析如下：当主触点闭合后，若 $L_3$ 相电路发生短路或过电流（电流达到或超过过电流脱扣器动作值）故障时，过电流脱扣器的衔铁吸合，驱动自由脱扣器动作，主触点在弹簧的作用下断开；当电路过载时（$L_3$ 相），热脱扣器的热元件发热，使双金属片产生足够的弯曲，推动自由脱扣器动作，从而使主触点断开，切断电路；当电源电压不足（小于欠电压脱扣器释放值）时，欠电压脱扣器的衔铁释放，使自由脱扣器动作，主触点断开，切断电路。分励脱扣器用于远距离切断电路，当需要分断电路时，按下分断按钮，分励脱扣器线圈通电，衔铁驱动自由脱扣器动作，使主触点断开而切断电路。

图 12-10　断路器的图形和文字符号

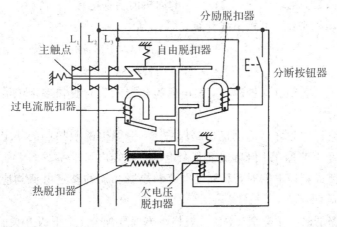

图 12-11　断路器工作原理示意图

（2）型号含义。

低压断路器按结构形式，可分为塑料外壳式（DZ 系列）和框架式（DW 系列）两类。其型号含义如图 12-12 所示。

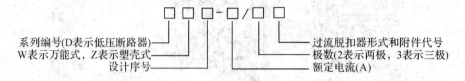

图 12-12　低压断路器的型号含义

例如 DZ15-200/3 的含义为："DZ"表示开关类型为断路器，其中"Z"表示塑料外壳式（若为"S"则表示快速式，若为"M"则表示灭弧式）；"15"表示设计序号；"200"表示额定电流为 200 A；"3"表示极数为三极。

常用的框架式低压断路器有 DW10、DW15 两个系列；塑料外壳式有 DZ5、DZ10、DZ20 等系列，其中 DZ20 为统一设计的新产品。

3）断路器的选用

断路器的选用条件如下：

（1）应根据具体使用条件和被保护对象的要求选择合适的类型。

（2）一般在电器设备控制系统中，常选用塑料外壳式或漏电保护式断路器；在电力网主干线路中主要选用框架式断路器；而在建筑物的配电系统中则一般采用漏电式保护断路器。

（3）断路器的额定电压和额定电流应分别不小于电路的额定电压和最大工作电流。

（4）脱扣器额定电流的计算。热脱扣器的额定电流应与所控制负载（如电动机等）的额定电流一致。电磁脱扣器的瞬时动作额定电流应大于负载电路正常工作的最大电流。对于单台电动机来说，DZ 系列自动空气开关电磁脱扣器的瞬时动作额定电流 $I_z$ 可按下式计算，即

$$I_z \geqslant K \times I_q$$

式中：$K$ 为安全系数，可取 1.5～1.7；$I_q$ 为电动机的启动电流。

对于多台电动机来说，可按下式计算，即

$$I_z \geqslant K \times I_{qmax} + 电路中其他电动机的额定电流$$

式中：$K$ 也可取 1.5～1.7；$I_{qmax}$ 为最大一台电动机的启动电流。

（5）断路器用于电动机保护时，一般电磁脱扣器的瞬时脱扣整定电流应为电动机启动电流的 1.7 倍。

（6）选用断路器作为多台电动机短路保护时，一般电磁脱扣器的整定电流为容量最大的一台电动机启动电流的 1.3 倍再加上其余电动机额定电流。

（7）用于分断或接通电路时，其额定电流和热脱扣器的整定电流均应等于或大于电路中负载额定电流的两倍。

（8）选择断路器时，在类型、等级、规格等方面要配合上、下级开关的保护特性，不允许因下级保护失灵而导致上级跳闸，扩大停电范围。

4）安装、维护方法

低压断路器的安装、维护方法如下：

（1）断路器在安装前应将脱扣器的电磁铁工作面的防锈油脂抹净，以免影响电磁机构的动作值。

（2）断路器应上端接电源，下端接负载。

（3）断路器与熔断器配合使用时，熔断器应尽可能装在断路器之前，以保证使用安全。

（4）电磁脱扣器的额定值一经调好后就不允许随意更动，长时间使用后要检查其弹簧是否生锈卡住，以免影响其动作。

（5）断路器在分断短路电流后，应在切断上一级电源的情况下及时检查触头。若发现有严重的电灼痕迹，可用干布擦去；若发现触头烧毛，可用砂纸或细锉小心修整，但主触头一般不允许用锉刀修整。

（6）应定期清除断路器上的积尘和检查各种脱扣器的动作值，操作系统在使用一段时间（1～2 年）后，在传动机构部分应加润滑油（小容量塑壳断路器不需要）。

（7）灭弧室在分断短路电流后，或较长时间使用后，应清除其内壁和栅片上的金属颗粒和黑烟灰，如灭弧室已破损，则决不能再使用。

5）注意事项

低压断路器的使用注意事项如下：

（1）应先确定断路器的类型，再进行具体参数的选择。

（2）断路器的底板应垂直于水平位置，固定后应保持平整，倾斜度不大于 5°。

（3）有接地螺丝的断路器应可靠连接地线。

（4）具有半导体脱扣器的断路器，其接线端应符合相序要求，脱扣器的端子应可靠连接。

### 5. 熔断器

熔断器俗称保险，是电网和用电设备的安全保护电器之一。低压熔断器广泛用于低压供配电系统和控制系统中，主要用于短路保护，有时也可用于过载保护。其主体是用低熔点金属丝或金属薄片制成的熔体，串联在被保护的电路中。在正常情况下，熔体相当于一根导线；当发生短路或严重过载时，电流很大，熔体因过热熔化而切断电路，使线路或电气设备脱离电源，从而起到保护作用。熔断器由于结构简单，体积较小，价格低廉，工作可靠，维护方便，因而应用极为广泛，是低压电路和电动机控制电路中最简单、最常用的过载和短路保护电器。熔断器大多只能一次性使用，功能单一，更换需要一定时间，而且时间较长，所以现在很多电器电路使用空气开关断路器代替低压熔断器。

熔断器的种类很多，按其结构可分为半封闭插入式熔断器、螺旋式熔断器、无填料封闭管式熔断器、有填料管式快速熔断器、半导体保护用熔断器及自复式熔断器等。

熔断器的种类不同，其特性和使用场合也有所不同，在工厂电器设备自动控制中，半封闭插入式熔断器、螺旋式熔断器使用最为广泛。

1）熔断器的结构

熔断器种类很多，常用的有 RC1A 系列瓷插式（插入式）和 RL1 系列螺旋式两种。

RC1A 系列熔断器价格便宜，更换方便，广泛用于照明和小容量电动机的短路保护。

RL1系列熔断器断流能力大,体积小,安装面积小,更换熔丝方便,安全可靠,熔丝熔断后有显示,常用于电动机控制电路作短路保护。

(1) 瓷插式熔断器。

瓷插式熔断器也称为半封闭插入式熔断器,它主要由瓷座、瓷盖、静触头、动触头和熔丝等组成。熔丝安装在瓷插件内,通常用铅锡合金或铅锑合金等制成,也有的用铜丝制成。常用RC1A系列瓷插式(插入式)熔断器的结构和电气符号如图12-13所示。

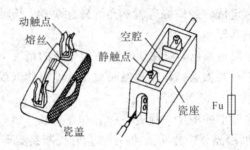

图 12-13　RC1A 系列瓷插式(插入式)熔断器

瓷座中部有一空腔,与瓷盖的凸出部分组成灭弧室。60 A以上的瓷插式熔断器空腔中还垫有纺织石棉层,用以增强灭弧能力。该系列熔断器具有结构简单、价格低廉、体积小、带电更换熔丝方便等优点,且具有较好的保护特性,主要用于交流400 V以下的照明电路中作为保护电器。但其分断能力较小,电弧较大,只适用于小功率负载的保护,在城市照明电路中已趋于淘汰。

瓷插式熔断器常用的型号有RC1A系列,其额定电压为380 V,额定电流有5 A、10 A、15 A、30 A、60 A、100 A、200 A七个等级。

(2) 螺旋式熔断器。

螺旋式熔断器主要由瓷帽、熔断管、瓷套、上接线端、下接线端和瓷座等组成,熔丝安装在熔断体的瓷质熔断管内,熔断管内部充满起灭弧作用的石英砂。熔断体自身带有熔体熔断指示装置。螺旋式熔断器是一种有填料的封闭管式熔断器,结构较瓷插式熔断器复杂,其结构如图12-14所示。

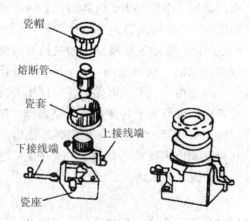

图 12-14　RL1 系列螺旋式熔断器

　　螺旋式熔断器用于交流 400 V 以下、额定电流在 200 A 以内的电气设备及电路的过载和短路保护，具有较好的抗震性能，灭弧效果与断流能力均优于瓷插式熔断器，广泛用于机床电气控制设备中。

　　螺旋式熔断器常用的型号有 RL6、RL7(取代 RL1、RL2)、RLS2(取代 RLS1)等系列。

　　(3) 有填料封闭管式熔断器。

　　有填料封闭管式熔断器的结构如图 12-15 所示。

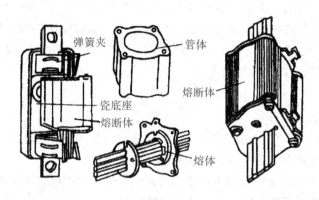

图 12-15　有填料封闭管式熔断器结构

　　有填料封闭管式熔断器由瓷底座、熔断体两部分组成，熔体安放在瓷质熔管内，熔管内部充满石英砂用于灭弧。有填料封闭管式熔断器具有熔断迅速、分断能力强、无声光现象等良好性能，但结构复杂，价格昂贵，主要用于供电线路及要求分断能力较高的配电设备中。

　　有填料封闭管式熔断器常用的型号有 RT12、RT14、RT15、RT17 等系列。

　　(4) 无填料封闭管式熔断器。

　　无填料封闭管式熔断器主要用于低压电力网以及成套配电设备中，由熔座、熔断管、熔体等组成。主要型号有 RM10 系列。

　　2) 熔断器的主要参数与型号含义

　　熔断器的主要参数与型号含义如下：

　　(1) 额定电压：这是从灭弧角度出发，规定的熔断器所在电路工作电压的最高限额。如果线路的实际电压超过熔断器的额定电压，一旦熔体熔断，则有可能发生电弧不能及时熄灭的现象。

　　(2) 额定电流：实际上是指熔座的额定电流，这是熔断器长期工作所允许的由温升决定的电流值。配用的熔体的额定电流应小于或等于熔断器的额定电流。

　　(3) 熔体的额定电流：熔体长期通过而不熔断的最大电流。生产厂家会生产不同规格(额定电流)的熔体供用户选择使用。

　　(4) 极限分断能力：熔断器所能分断的最大短路电流值。分断能力的大小与熔断器的灭弧能力有关，而与熔断器的额定电流值无关。熔断器的极限分断能力必须大于线路中可能出现的最大短路电流值。

　　(5) 型号含义。熔断器的型号含义如图 12-16 所示。

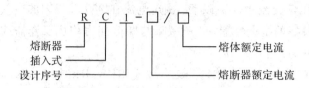

图 12-16 熔断器的型号含义

例如 RS1-25/20 的含义为:"RS"表示电器类型为熔断器,其中"S"表示熔断器类型为快速式(其余常用类型有:"C"表示瓷插式;"M"表示无填料密闭管式;"T"表示有填料密闭管式;"L"表示螺旋式;"LS"表示螺旋快速式);"1"表示设计序号;"25"表示熔断器额定电流为 25 A;"20"表示熔断体额定电流为 20 A。

3) 熔断器的选用

熔断器的选用条件如下:

(1) 熔断器的类型应根据不同的使用场合和保护对象有针对性地选择。

(2) 熔断器的选择包括种类的选择和额定参数的选择。

(3) 熔断器的种类选择应根据各种常用熔断器的特点、应用场所及实际应用的具体要求来确定。熔断器在使用中只有选用恰当,才能既保证电路正常工作又能起到保护作用。

(4) 在选用熔断器的具体参数时,应使熔断器的额定电压大于或等于被保护电路的工作电压;其额定电流大于或等于所装熔体的额定电流。RL 系列熔断器技术参数如表 12-2 所示。

表 12-2 RL 系列熔断器技术参数

| 型号 | 熔断器额定电流/A | 所装熔体的额定电流/A |
|---|---|---|
| RL15 | 15 | 2、4、5、6、10、15 |
| RL60 | 60 | 20、25、30、35、40、50、60 |
| RL100 | 100 | 60、80、100 |
| RL200 | 200 | 100、125、150、200 |

熔体的额定电流值的大小与熔体线径的粗细有关,熔体线径越粗,额定电流值就越大。表 12-3 中列出了熔体熔断的时间数据。

表 12-3 熔体熔断时间

| 熔断电流倍数 | 1.25～1.3 | 1.6 | 2 | 3 | 4 | 8 |
|---|---|---|---|---|---|---|
| 熔断时间 | ∞ | 1 h | 40 s | 4.5 s | 2.5 s | 瞬时 |

熔断器用于电炉、照明等阻性负载电路的短路保护时,熔体额定电流不得小于负载额定电流。熔断器用于单台电动机短路保护时,熔体额定电流=系数(1.5～2.5)×电动机额定电流。熔断器用于多台电动机短路保护时,熔体额定电流=系数(1.5～2.5)×容量最大的一台电动机的额定电流+其余电动机额定电流总和。

系数(1.5～2.5)的选用原则是:电动机功率越大,系数越大;相同功率时,启动电流较大,系数也应选得较大。日常使用中,系数一般只选到 2.5,小型电动机带负载启动时,允许系数为 3，但不得超过 3。

一般先选择熔体的规格，然后根据熔体的规格来确定熔断器的规格。

4）熔断器安装方法

熔断器安装方法如下：

（1）装配熔断器前应检查熔断器的各项参数是否符合电路要求。

（2）安装熔断器必须在断电情况下操作。

（3）安装时熔断器必须完整无损（不可拉长），接触紧密可靠，但也不能绷紧。

（4）熔断器应安装在线路的各相线（火线）上，在三相四线制的中性线上严禁安装熔断器，在单相二线制的中性线上应安装熔断器。

（5）螺旋式熔断器在接线时，为了在更换熔断管时的人身和线路安全，下接线端应接电源，连螺口的上接线端应接负载。

5）注意事项

使用熔断器注意事项如下：

（1）只有正确选择熔体和熔断器才能起到保护作用。

（2）熔断器的额定电流不得小于熔体的额定电流。

（3）对保护照明电路和其他非电感设备的熔断器，其熔丝或熔断管额定电流应大于电路的工作电流；对于保护电动机电路的熔断器，应考虑电动机的启动条件，按电动机启动时间的长短和频繁启动的程度来选择熔体的额定电流。

（4）多级保护时应注意各级间的协调配合，下一级熔断器熔断电流应比上一级熔断电流小，以免出现越级熔断，扩大动作范围。

### 6. 接触器

接触器是一种通用性很强的开关式电器，是电力拖动与自动控制系统中一种重要的低压电器。它可以频繁地接通和分断交、直流主电路，是有触点电磁式电器的典型代表，相当于一种自动电磁式开关，利用电磁力的吸合和反向弹簧力作用使触点闭合和分断，从而使电路接通和断开。它具有欠电压释放保护及零压保护，控制容量大，可运用于频繁操作和远距离控制，且工作可靠，寿命长，性能稳定，维护方便，主要用来控制电动机，也可用来控制电焊机、电阻炉和照明器具等电力负载。接触器不能切断短路电流，因此通常需与熔断器配合使用。

接触器的分类方法较多，按驱动触点系统动力来源的不同分为电磁式接触器、气动式接触器和液动式接触器；按灭弧介质的性质分为空气式接触器、油浸式接触器和真空接触器等；按主触点控制的电流性质分为交流接触器和直流接触器等。这里主要介绍在电力控制系统中使用最为广泛的交流接触器。

1）交流接触器结构

交流接触器由电磁系统、触点系统和灭弧系统三部分组成。电磁系统一般为交流电磁机构，也可采用直流电磁机构。吸引线圈为电压线圈，使用时并接在电压相应的控制电源上。触点可分为主触点和辅助触点，主触点一般为三极动合触点，电流容量大，通常装设有灭弧机构，因此具有较大的电流通断能力，主要用于大电流电路（主电路）；辅助触点电流容量小，不专门设置灭弧机构，主要用在小电流电路（控制电路或其他辅助电路）中作为联锁或自锁之用。图 12-17 所示为交流接触器的外形、结构及电气符号。

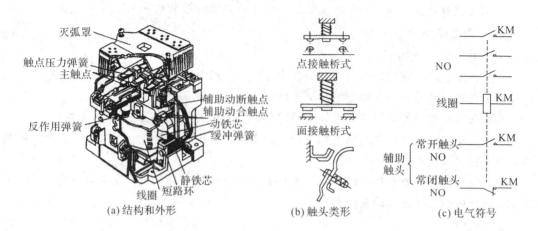

图 12-17　交流接触器外形、结构及电气符号

（1）电磁系统。

电磁系统是接触器的重要组成部分，它由吸引线圈和磁路两部分组成，磁路包括静铁芯、动铁芯、铁扼和空气隙，利用空气隙将电磁能转化为机械能，带动动触点与静触点接通或断开。图 12-18 所示为 CJ20 接触器电磁系统结构图。

交流接触器的线圈是由漆包线绕制而成的，以减少铁芯中的涡流损耗，避免铁芯过热。在铁芯上装有一个短路环作为减震器，使铁芯中产生了不同相位的磁通量 $\varphi_1$、$\varphi_2$，以减少交流接触器吸合时的振动和噪声，如图 12-19 所示，其材料一般为铜、康铜或镍铬合金。

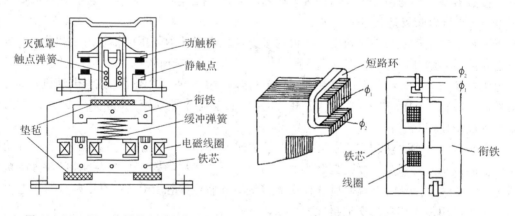

图 12-18　CJ20 接触器电磁系统结构　　　　图 12-19　交流接触器的短路环

电磁系统的吸力与空气隙的关系曲线称为吸力特性，它随励磁电流的种类（交流和直流）和线圈的连接方式（串联或并联）而有所差异。反作用力的大小与反作用弹簧的弹力和动铁芯重量有关。

（2）触点系统。

触点系统用来直接接通和分断所控制的电路，根据用途不同，接触器的触头分为主触头和辅助触头两种。辅助触头通过的电流较小，通常接在控制回路中；主触头通过的电流较大，接在电动机主电路中。触点是用来接通和断开电路的执行元件。按其接触形式可分为点接触、面接触和线接触三种。

① 点接触：它由两个半球形触点或一个半球形与另一个平面形触点构成，如图 12 - 17 (b)所示，常用于控制小电流的电器中，如接触器的辅助触点或继电器触点。

② 面接触：可允许通过较大的电流，应用较广，如图 12 - 17(b)所示。在这种触点的表面上镶有合金，以减小接触电阻和提高耐磨性，多用于较大容量接触器上的主触点。

③ 线接触：它的接触区域是一条直线，如图 12 - 17(b)所示。触点在通断过程中是滚动接触的，其好处是可以自动清除触点表面的氧化膜，保证了触点的良好接触。这种滚动接触多用于中等容量的触点，如接触器的主触点。

（3）电弧的产生与灭弧装置。

当接触器触点断开电路时，若电路中动、静触点之间的电压超过 10～12 V，电流超过 80～100 mA，则动、静触点之间将出现强烈火花，这实际上是一种空气放电现象，通常称为电弧。所谓空气放电，就是空气中有大量的带电质点进行定向运动。其产生机理为：在触点分离瞬间，间隙很小，电路电压几乎全部降落在动、静两触点之间，在触点间形成了很高的电场强度，负极中的自由电子会逸出到空气隙中，并向正极加速运动，由于撞击电离、热电子发射和热游离的结果，在动、静两触点间呈现大量向正极飞驰的电子流，形成电弧。随着两触点间距离的增大，电弧也相应地拉长，不能迅速切断。

由于电弧的温度高达 3000℃ 或更高，可导致触点被严重烧灼，缩短电器的寿命，给电气设备的运行安全和人身安全等都造成极大的威胁，因此，我们必须采取有效方法，尽可能消灭电弧。常采用的灭弧方法和灭弧装置有：

① 电动力灭弧：电弧在触点回路电流磁场的作用下，受到电动力作用拉长，并迅速离开触点而熄灭，如图 12 - 20(a)所示。

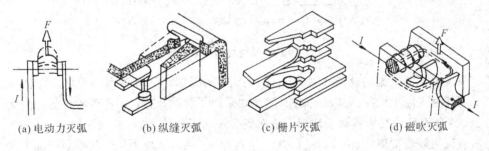

(a)电动力灭弧　　　(b)纵缝灭弧　　　(c)栅片灭弧　　　(d)磁吹灭弧

图 12 - 20　接触器的灭弧措施

② 纵缝灭弧：电弧在电动力的作用下，进入由陶土或石棉、水泥制成的灭弧室窄缝中，与室壁紧密接触而被迅速冷却而熄灭，如图 12 - 20(b)所示。

③ 栅片灭弧：电弧在电动力的作用下，进入由许多定间隔的金属片所组成的灭弧栅之中，被栅片分割成若干段短弧，使每段短弧上的电压达不到燃弧电压，同时栅片具有强烈的冷却作用，致使电弧迅速降温而熄灭，如图 12 - 20(c)所示。

④ 磁吹灭弧：灭弧装置设有与触点串联的磁吹线圈，电弧在吹弧磁场的作用下受力拉长，吹离触点，加速冷却而熄灭，如图 12 - 20(d)所示。

2) 接触器的基本技术参数与型号含义

接触器的基本技术参数与型号含义如下：

(1) 额定电压。接触器额定电压是指主触头上的额定电压。其交流接触器电压等级有 220 V、380 V、500 V；直流接触器电压等有 220 V、440 V、660 V。

(2) 额定电流。接触器额定电流是指主触头的额定电流。其交流接触器电流等级有 10 A、15 A、25 A、40 A、60 A、150 A、250 A、400 A、600 A，最高可达 2500 A；直流接触器电流等级有 25 A、40 A、60 A、100 A、150 A、250 A、400 A、600 A。

(3) 线圈的额定电压。其交流线圈电压等级有 36 V、110 V、127 V、220 V、380 V。直流线圈电压等级有 24 V、48 V、110 V、220 V、440 V。

(4) 额定操作频率。额定操作频率即每小时通断次数。交流接触器可高达 6000 次/小时，直流接触器可达 1200 次/小时。电气寿命达 500～1000 万次。

(5) 型号含义。交流接触器和直流接触器的型号代号分别为 CJ 和 CZ。

直流接触器型号的含义如图 12-21 所示。

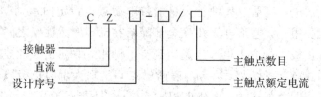

图 12-21　直流接触器型号的含义

交流接触器型号的含义如图 12-22 所示。

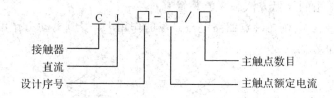

图 12-22　交流接触器型号的含义

我国生产的交流接触器常用的有 CJ1、CJ10、CJ12、CJ20 等系列产品。其中，CJ12 和 CJ20 为新系列接触器，所有受冲击的部件均采用了缓冲装置，并合理地减小了触点开距和行程。这些系列的交流接触器运动系统布置合理，结构紧凑。

直流接触器常用的有 CZ1 和 CZ3 等系列和新产品 CZ20 系列。其中新产品 CZ20 系列接触器具有寿命长、体积小、工艺性能更好、零部件通用性更强等优点。

3) 接触器的选用

接触器的选用条件如下：

(1) 类型的选择：根据所控制的电动机或负载电流类型来选择接触器类型，交流负载应采用交流接触器，直流负载应采用直流接触器。

(2) 主触点额定电压和额定电流的选择：接触器主触点的额定电压应大于或等于负载电路的额定电压；主触点的额定电流应大于负载电路的额定电流，或者根据经验公式计算，计算公式为

$$I_C = \frac{P_N \times 10^3}{K U_N}（适用于 CJ0、CJ10 系列）$$

式中：$K$ 为经验系数，一般取 $1 \sim 1.4$；$P_N$ 为电动机额定功率（kW）；$U_N$ 为电动机额定电压（V）；$I_C$ 为接触器主触头电流（A）。

如果接触器控制的电动机启动、制动或正反转较频繁，则一般将接触器主触头的额定电流降一级使用。

（3）线圈电压的选择：接触器线圈的额定电压不一定等于主触头的额定电压，从人身和设备安全角度考虑，线圈电压可选择低一些。但当控制线路简单，线圈功率较小时，为了节省变压器，可选 220 V 或 380 V。

（4）接触器操作频率的选择：操作频率是指接触器每小时通断的次数。当通断电流较大及通断频率过高时，会引起触头过热，甚至熔焊。操作频率若超过规定值，则应选用额定电流大一级的接触器。

（5）触点数量及触点类型的选择：通常接触器的触点数量应满足控制支路数的要求，触点类型应满足控制线路的功能要求。

4）接触器安装方法

接触器的安装方法如下：

（1）接触器安装前应检查线圈的额定电压等技术数据是否与实际使用相符，然后将铁芯极面上的防锈油脂或锈垢用汽油擦净，以免多次使用后被油垢粘住，造成接触器断电时不能释放触点。

（2）接触器安装时，一般应垂直安装，其倾斜度不得超过 50°，否则会影响接触器的动作特性。安装有散热孔的接触器时，应将散热孔放在上下位置，以利于线圈散热。

（3）接触器安装与接线时，注意不要把杂物失落到接触器内，以免引起卡阻而烧毁线圈，同时应将螺钉拧紧，以防振动松脱。

5）注意事项

使用接触器注意事项如下：

（1）接触器的触头应定期清扫并保持整洁，但不得涂油，当触头表面因电弧作用形成金属小珠时，应及时铲除，但银及银合金触头表面产生的氧化膜，由于接触电阻很小，可不必修复。

（2）触点过热。主要原因有接触压力不足、表面接触不良与表面被电弧灼伤等造成触点接触电阻过大，使触点发热。

（3）触点磨损。有两种原因：一是电气磨损，由于电弧的高温使触点上的金属氧化和蒸发所致；二是机械磨损，由于触点闭合时的撞击，触点表面相对滑动摩擦所致。

（4）线圈失电后触点不能复位。其原因有：触点被电弧熔焊在一起；铁芯剩磁太大，复位弹簧弹力不足；活动部分被卡住等。

（5）衔铁振动有噪声。主要原因有：短路环损坏或脱落；衔铁歪斜；铁芯端面有锈蚀尘垢，使动静铁芯接触不良；复位弹簧弹力太大；活动部分有卡滞，使衔铁不能完全吸合等。

（6）线圈过热或烧毁。主要原因有：线圈匝间短路；衔铁吸合后有间隙；操作频繁，超过允许操作频率；外加电压高于线圈额定电压等。

### 7. 热继电器

热继电器是利用电流的热效应来推动动作机构使触点闭合或断开的保护电器。它主要用于电动机的过载保护、断相保护、电流不平衡运行保护及其他电气设备发热状态的控制。

**1）热继电器的结构**

常用的热继电器有由两个热元件组成的两相结构和由三个热元件组成的三相结构两种形式。两相结构的热继电器主要由热元件、动作机构、触点系统、电流整定装置、复位按钮和温度补偿元件等组成，如图 12-23 所示。

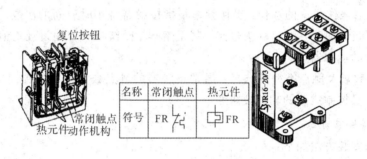

图 12-23　两相结构的热继电器

（1）热元件：热元件是热继电器接收过载信号的部分，它由双金属片及绕在双金属片外面的绝缘电阻丝组成。双金属片由两种热膨胀系数不同的金属片复合而成，如铁-镍-铬合金和铁-镍合金。电阻丝用康铜和镍铬合金等材料制成，使用时串联在被保护的电路中。当电流通过热元件时，热元件对双金属片进行加热，使双金属片受热弯曲。热元件对双金属片加热的方式有直接加热、间接加热和复式加热三种。如图 12-24 所示。

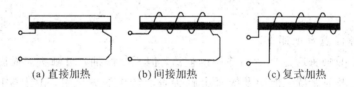

(a) 直接加热　　　(b) 间接加热　　　(c) 复式加热

图 12-24　热继电器双金属片加热方式

（2）触点系统：一般配有一组切换触点，可形成一个动合触点和一个动断触点。

（3）动作机构：由导板、补偿双金属片、推杆、杠杆及弹簧片等组成，用来补偿环境温度的影响。

（4）复位按钮：热继电器动作后的复位有手动复位和自动复位两种，手动复位的功能由复位按钮来完成，自动复位功能由双金属片冷却自动完成，但需要一定的时间。

（5）整定电流装置：由调节旋钮和偏心凸轮组成，用来调节整定电流的数值。热继电器的整定电流是指热继电器长期不动作的最大电流值，超过此值就要动作。

**2）热继电器的工作原理**

普通三相结构热继电器的工作原理如图 12-25 所示。

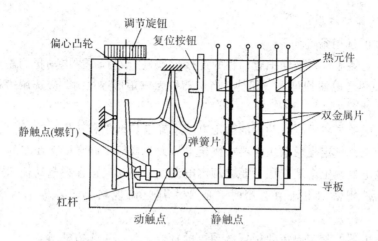

图 12-25　三相结构热继电器工作原理

当电动机电流未超过额定电流时,双金属片自由弯曲的程度(位移)不足以触及动作机构,因此热继电器不会动作;当电路过载时,热元件使双金属片向上弯曲变形,扣板在弹簧拉力作用下带动绝缘牵引板,分断接入控制电路中的动断触头,切断主电路,从而起到过载保护作用。由于双金属片弯曲的速度与电流大小有关,因此电流越大时,弯曲的速度也越快,于是动作时间就短;反之,时间就长。这种特性称为反时限特性。只要热继电器的整定电流值调整得恰当,就可以使电动机在温度超过允许值之前停止运转,避免因高温造成损坏。热继电器动作后,一般不能立即自动复位,要等一段时间,只有待双金属片冷却、电流恢复正常、双金属片复原后,再按复位按钮方可重新工作。热继电器动作电流值的大小可用调节旋钮进行调节。

3) 热继电器的参数与型号含义

热继电器的参数与型号含义如下:

(1) 额定电压:指触点的电压值。

(2) 额定电流:指允许装入的热元件的最大额定电流值。

(3) 热元件规格用电流值:指热元件允许长时间通过的最大电流值。

(4) 热继电器的整定电流:指长期通过热元件又刚好使热继电器不动作的最大电流值。

(5) 热继电器型号含义。热继电器的型号含义如图 12-26 所示。

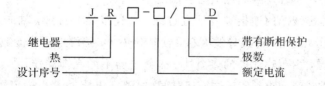

图 12-26　热继电器的型号含义

例如 JR16-20/3D 含义为:"JR"表示电气类型为热继电器;"16"表示设计序号;"20"表示额定电流;"3"表示三相;"D"表示具有断相保护。

4）热继电器的选用

热继电器的选用条件如下：

（1）热继电器应根据被保护电动机的连接形式进行选择。当电动机为星形连接时，选用两相或三相热继电器均可进行保护；当电动机为三角形连接时，应选用三相差分放大机构的热继电器进行保护。

（2）热继电器主要根据电动机的额定电流来确定其型号和使用范围。

（3）热继电器额定电压选用时要求额定电压大于或等于触点所在线路的额定电压。

（4）热继电器额定电流选用时要求额定电流大于或等于被保护电动机的额定电流。

（5）热元件规格用电流值选用时一般要求其电流规格小于或等于热继电器的额定电流。

（6）热继电器的整定电流要根据电动机的额定电流、工作方式等而定。一般情况下可按电动机额定电流值整定。

（7）对过载能力较差的电动机，可将热元件整定电流值调整到电动机额定电流的 0.6～0.8 倍。对启动时间较长，拖动冲击性负载或不允许停车的电动机，热元件的整定电流应调节到电动机额定电流的 1.1～1.15 倍。

（8）对于重复短时工作制的电动机（例如起重电动机等），由于电动机不断重复升温，热继电器双金属片的温升跟不上电动机绕组的温升变化，因而电动机将得不到可靠保护，故不宜采用双金属片式热继电器进行过载保护。热继电器的主要产品型号有 JR2O、JRS1、JR0、JR10、JR14 和 JR15 等系列；引进产品有 T 系列、3 $\mu$A 系列和 LRI - D 系列等。

5）热继电器的安装

热继电器的安装方法如下：

（1）热继电器安装接线时，应清除触头表面污垢，以避免因电路不通或接触电阻加大而影响热继电器的动作特性。

（2）如电动机启动时间过长或操作次数过于频繁，则有可能使热继电器误动作或烧坏热继电器，因此这种情况一般不用热继电器作为过载保护，如仍用热继电器，则应在热元件两端并接一副接触器或继电器的常闭触头，待电动机启动完毕，使常闭触头断开后，再将热继电器投入工作。

（3）热继电器周围介质的温度原则上应和电动机周围介质的温度相同，否则，势必要破坏已调整好的配合状态。当热继电器与其他电器安装在一起时，应将它安装在其他电器的下方，以免其动作特性受到其他电器发热的影响。

（4）热继电器出线端的连接导线不宜过细，如连接导线过细，轴向导热性差，则热继电器可能提前动作；反之，连接导线太粗，轴向导热快，热继电器可能滞后动作。在电动机启动或短时过载时，由于热元件的热惯性，热继电器不能立即动作，从而保证了电动机的正常工作。如果过载时间过长，超过一定时间（由整定电流的大小决定），则热继电器的触点动作，切断电路，起到保护电动机的作用。

**8. 三相异步电动机**

电机分为电动机和发电机，是实现电能和机械能相互转换的装置，对使用者来讲，广泛接触的是各类电动机,最常见的是交流电动机。交流电动机,尤其是三相交流异步电动机,其具有结构简单、制造方便、价格低廉、运行可靠、维修方便等一系列优点,因此被广泛用于工农业生产、交通运输、国防工业和日常生活等许多方面。

1) 结构

图 12-27 所示为三相异步电动机的外形。异步电动机主要由定子和转子两大部分组成,另外还有端盖、轴承及风扇等部件,如图 12-28 所示。

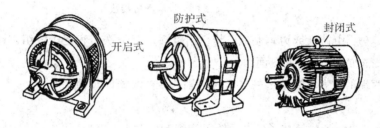

图 12-27　三相异步电动机的外形

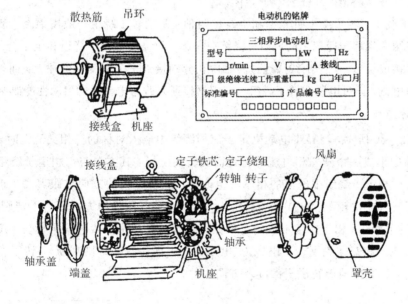

图 12-28　三相异步电动机的组成

(1) 定子。

异步电动机的定子由定子铁芯、定子绕组和机座等组成。

① 定子铁芯是电动机的磁路部分,一般由厚度为 0.5 mm 的硅钢片叠成,其内圆冲成均匀分布的槽,槽内嵌入三相定子绕组,绕组和铁芯之间有良好的绝缘。

② 定子绕组是电动机的电路部分,由三相对称绕组组成,并按一定的空间角度依次嵌入定子槽内,三相绕组的首和尾端分别为 $U_1$、$V_1$、$W_1$,以及 $U_2$、$V_2$、$W_2$。其接线方式根据电源电压不同可接成星形(Y)或三角形(△),如图 12-29 所示。

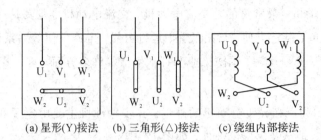

(a) 星形(Y)接法　　(b) 三角形(△)接法　　(c) 绕组内部接法

图 12-29　三相异步电动机接法

③ 机座。一般由铸铁或铸钢制成，其作用是固定定子铁芯和定子绕组，封闭式电动机外表面还有散热筋，以增加散热面积。

④ 机座两端的端盖。端盖用来支承转子轴，并在两端设有轴承座。

（2）转子。

异步电动机的转子包括转子铁芯、转子绕组和转轴。

① 转子铁芯。转子铁芯是由厚度为 0.5 mm 的硅钢片叠成的，压装在转轴上，外圆周围冲有槽，一般为斜槽，并嵌入转子导体。

② 转子绕组。转子绕组有笼型和绕线型两种。笼型转子绕组一般用铝浇入转子铁芯的槽内，并将两个端环与冷却用的风扇翼浇铸在一起；而绕线型转子绕组和定子绕组相似，三相绕组一般接成星形，三个出线头通过转轴内孔分别接到三个铜制集电环上，而每个集电环上都有一组电刷，通过电刷使转子绕组与变阻器接通来改善电动机的启动性能或调节转速。

2）工作原理

如图 12-30 所示，当异步电动机定子三相绕组中通入对称的三相交流电时，在定子和转子的气隙中形成一个随三相电流的变化而旋转的磁场，其方向与三相定子绕组中电流的相序一致，三相定子绕组中电流的相序发生改变，旋转磁场的方向也跟着发生改变。该磁场切割转子导体，在转子导体中产生感应电动势（感应电动势的方向用右手定则判断）。由于转子导体通过端环相互连接形成闭合回路，因此在导体中产生感应电流。在旋转磁场和转子感应电流的相互作用下产生电磁力（电磁力的方向用左手定则判断），转子在电磁力的作用下旋转，其方向与旋转磁场的旋转方向一致。

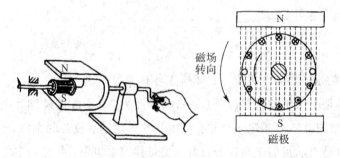

图 12-30　三相异步电动机的原理

对于 $p$ 对极的三相交流绕组，旋转磁场每分钟的转速与电流频率的关系是

$$n = \frac{60f}{p}$$

式中：$n$ 为旋转磁场每分钟的转速，即同步转速（r/min）；$f$ 为定子电流的频率（我国规定 $f=50$ Hz）；$p$ 为旋转磁场的磁极对数。

如当 $p=2$（4 极）时，$n=60 \times 50/2 = 1500$（r/min）。

3）三相异步电动机的铭牌

三相异步电动机的铭牌如表 12-4 所示。

**表 12-4　三相异步电动机的铭牌**

| | 三相异步电动机 | | |
|---|---|---|---|
| | 型号 Y2-132S-4 | 功率 5.5 kW | 电流 11.7 A |
| 频率 50 Hz | 电压 380 V | 接法△ | 转速 1440 r/min |
| 防护等级 IP44 | 重量 68 kg | 工作制 S1 | F 级绝缘 |
| XX 电机厂 | | | |

（1）型号：表示电动机的机座形式和转子类型。国产异步电动机的型号用 Y（YZ）、YR、YZR、YB、YQB、YD 等汉语拼音字母来表示。其含义为：Y 表示笼型异步电动机（容量为 0.55～90 kW）；YR 表示绕线转子异步电动机（容量为 250～2500 kW）；YZR 表示起重机上用的绕线转子异步电动机；YB 表示防爆式异步电动机；YQ 表示高启动转矩异步电动机。

YE3 系列（IP55）三相异步电动机（机座号 63～355）型号由产品代号和规格代号两部分依次排列组成，应符合 GB/T 4831—2016（旋转电机产品型号编制方法）的规定，如图 12-31 所示。

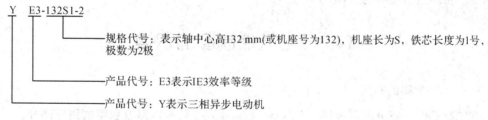

图 12-31　异步电动机型号

GB/T 28575—2020
YE3 系列（IP55）三相异步电动机技术
条件（机座号 63～355）

GB/T 4831—2016
旋转电机产品型号编制方法

（2）额定功率（$P_N$）：在额定运行时，电动机轴上输出的机械功率（kW）。

（3）额定电压（$U_N$）：在额定运行时，定子绕组端应加的线电压值，一般为 220 V/380 V。

（4）额定电流（$I_N$）：在额定运行时，定子的线电流（A）。

（5）接法：指电动机定子三相绕组接入电源的连接方式。

（6）转速（$n$）：额定运行时的电动机转速。

（7）功率因数（$\cos\varphi$）：指电动机输出额定功率时的功率因数，一般为 $0.75\sim0.90$。

（8）效率（$\eta$）：电动机满载时输出的机械功率 $P_2$ 与输入的电功率 $P_1$ 之比，即，$\eta=P_2/P_1\times100\%$。

（9）防护形式：电动机的防护形式用"IP"和两个阿拉伯数字表示，数字代表防护形式（如防尘、防溅的等级）。

（10）温升：电动机在额定负载下运行时，自身温度高于环境温度的允许值。如允许温升为 $80\text{℃}$，周围环境温度为 $35\text{℃}$，则电动机所允许达到的最高温度为 $115\text{℃}$。

（11）绝缘等级：是由电动机内部所使用的绝缘材料决定的，它规定了电动机绕组和其他绝缘材料可承受的允许温度。目前 Y 系列电动机大多数采用 B 级绝缘，B 级绝缘的最高允许温度为 $130\text{℃}$；高压和大容量电机常采用 H 级绝缘，H 级绝缘最高允许工作温度为 $180\text{℃}$。

（12）运行方式：有连续、短时和间歇三种，分别用 $S_1$、$S_2$、$S_3$ 表示。

电动机接线前首先要用兆欧表检查其绝缘电阻。额定电压在 1000 V 以下的，绝缘电阻不应低于 $0.5\ \text{M}\Omega$。

三相异步电动机接线盒内应有六个端头，各相的始端用 $U_1$、$V_1$、$W_1$ 表示，终端用 $U_2$、$V_2$、$W_2$ 表示。电动机定子绕组的接线盒内端子的布置形式，常见的有 Y 形接法和△形接法，如图 12-29 所示。当电动机没有铭牌，端子标号又不清楚时，需用仪表或其他方法确定三相绕组引出线的头尾。

# 12.3　电气控制图的识读

### 1. 电气控制图的布置

电气原理图一般分电源电路、主电路、控制电路、信号电路及照明电路等部分。

电源电路一般画在图面的上方或左方；三相交流电源 L1、L2、L3 按相序由上而下依次排列；中性线 N 和保护线 PE 画在相线下面；直流电源则在正下方画出；电源开关要水平方向设置。

主电路要垂直于电源电路画在电气原理图的左侧。

控制电路、信号电路、照明电路要跨接在两相电源之间，依次垂直画在主电路的右侧，并且电路中的耗能元件（如接触器和继电器的线圈、信号灯、照明灯等）要画在电气原理图的下方，而线圈的触点则画在耗能元件的上方。画电气原理图时应注意以下几点：

（1）电气原理图中各线圈的触点都按电路未通电或器件未受外力作用时的常态位置画出。分析工作原理时，应从触点的常态位置出发。

（2）各元器件不画实际外形图，而采用国家规定的统一图形符号画出。

（3）同一电器的各元件不按实际位置画在一起，而是根据它们在线路中所起的作用分别画在不同部位，并且它们的动作是相互关联的，必须标以相同的文字符号。

**2. 识读电气控制图的要点**

识读电气控制图要点如下：

（1）看图纸说明。图纸说明包括图纸目录、技术说明、元件明细表和施工说明书等。看图纸说明有助于了解大体情况和抓住识读的重点。

（2）分清电气原理图。要分清主电路和控制电路，交流电路和直流电路。

（3）识读主电路。通常从下往上看，即从电气设备（如电动机）开始，经控制元件，依次到电源，要搞清电源是经过哪些元件到达用电设备的。

（4）识读控制电路。通常从左向右看，即先看电源，再依次到各条回路。识读控制电路时要分析各回路元件的工作情况及对主电路的控制关系，并搞清回路构成、各元件间的联系并控制关系以及在什么条件下回路通路或断路，等等。

**3. 识读电气原理图**

下面对三相异步电动机正、反转控制电路图做简单分析，电路图如图 12 - 32 所示。

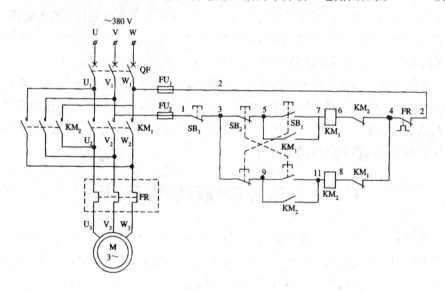

图 12 - 32    三相异步电动机正、反转控制电路图

1）电路组成

由热继电器、接触器和按钮等控制电器实现对电动机的控制叫做继电接触控制。控制电路在实现对电动机的启、停控制，正、反转控制的同时，还具有短路保护、过载保护和零压保护作用。它主要由按钮开关 SB（启、停电动机使用）、交流接触器 KM（用作接通和切断电动机的电源以及改变电源的相序、失压和欠压保护等）、热继电器或电机保护器 FR（用作电动机的过载保护）等组成。

2）电动机的旋转方向

异步电动机的旋转方向取决于磁场的旋转方向，而磁场的旋转方向又取决于三相电源的相序，所以电源的相序决定了电动机的旋转方向。改变电源的相序时，电动机的旋转方向也会随之改变。

3）控制线路

控制线路主要由两个复合启动按钮、一个停止按钮、两个交流接触器和一个热继电器（或电机保护器）等组成。

4）控制过程

当按下正转启动按钮 $SB_1$ 后，电源 $V_1$ 相中的电流，通过停止按钮 $SB_3$ 的常闭触点、反转启动按钮 $SB_2$ 的常闭触点、正转交流接触器线圈 $KM_1$、反转交流接触器 KM2 的辅助触点（$KM_2$ 的常闭触点）及热继电器 FR 的常闭触点接通到电源的 $W_1$ 相上形成闭合回路，使正转接触器线圈得电而使常开触点闭合，电动机正向旋转，并通过接触器的辅助触点 $KM_1$ 自锁保持运行。反转的过程是按下反转启动按钮 $SB_2$ 后，$SB_2$ 常闭触点断开，使正转接触器 $KM_1$ 失电，触点脱离的同时，反转接触器 $KM_2$ 接通得电而使常开触点闭合，调换两根电源线 U、W 相，改变相序，从而实现电动机反转。

5）互锁原理

为了保证电动机在正向运转时反转电路不工作（即两个交流接触器线圈不能同时得电，否则会引起电源的相间短路），需在控制线路中设置互锁功能。互锁功能可以将启动按钮的动、断触点互串在正、反转的控制回路中（称按钮互锁），或将交流接触器的常闭触点互串在正、反转的控制回路中使接触器互锁，使得正转或反转启动运行的同时，断开反转或正转的控制回路；也可将两种互锁方式同时采用，实现双重互锁功能。这种在控制电路中采取的互锁方式一般称电气互锁。还有一种互锁方式叫机械互锁，就是利用机械装置杠杆原理来控制两个交流接触器线圈不能同时得电。

# 12.4　电气控制线路的安装方法

利用各种有触点电器，如接触器、继电器、按钮、刀开关等可以组成电气控制电路，从而实现电力拖动系统的启动、反转、制动和保护，为生产过程自动化奠定基础。因此，掌握电气控制电路的安装方法是学习电气控制技术的重要基础之一。

**1. 电气器件的布局**

根据电气原理图的要求，对需装接的电气元件进行板面布置，并按电气原理图进行导线连接，是电工必须掌握的基本技能。如果电气元件布局不合理，就会给具体安装和接线带来较大的困难。简单的电气控制线路可直接进行布置装接，较为复杂的电气控制线路，布置前必须绘制电气接线图。如图 12-33 所示是电动机双重联锁正、反转控制线路的电气接线图。

1）主电路

主电路一般是三相、单相交流电源或者是直流电源直接控制的用电设备，如电动机、变压器、电热设备等。在主电路电气元件工作（合闸或接通）的情况下，受电设备就处在运行情况下。因此，布置主电路元件时，要考虑好电气元件的排列顺序。将电源开关(闸刀、转换开关、空气开关等)、熔断器、交流接触器、热继电器等从上到下排列整齐，元件位置应恰当，便于接线和维修。同时，元件不能倒装或横装，电源进线位置要明显，电气元件的铭牌应容易看清，并且调整时不受其他元件的影响。

2) 控制电路

控制电路的电气元件有按钮、行程开关、中间继电器、时间继电器、速度继电器等，这些元器件的布置与主电路密切相关，应与主电路的元器件尽可能接近，但必须明显分开。外围电气控制元件应通过接线端引出，绝对不能直接接在主电路或控制电路的元器件上，如按钮接线等。无论是主电路还是控制电路，电气元件的布置都要考虑到接线方便、用线最省与接线最可靠等原则。

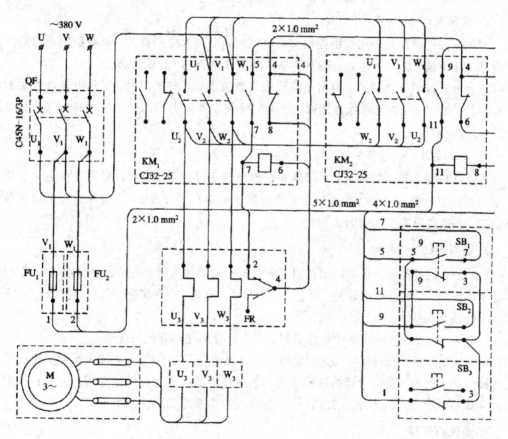

图 12-33　电动机双重联锁正、反转控制线路的电气接线图

## 2. 选择元器件

元件的选择应满足设备元件额定电流和额定电压条件。一般情况下，380 V 三相异步电机的额定电流按两倍设备容量(功率)来估算。算出的电流、电压数据在设备元件系列中没有相同数据规格时，必须往上一级最接近的数据规格选择，严禁向下级数据规格选择。

1) 熔断器的选择

熔断器在照明线路中起过载及短路保护，在动力线路中起短路保护。

（1）熔体电流的确定。

熔断器用于主电路：对于单台电机，

$$I_{re} = (1.5 \sim 2.5)I_e$$

对于多台电机，

$$I_{re} = (1.5 \sim 2.5)I_{em} + \sum I_{ej}$$

式中：$I_{re}$ 为熔体额定电流；$I_e$ 为电动机额定电流；$I_{em}$ 为其中最大一台电动机的额定电流；$\sum I_{ej}$ 为其余电动机额定电流之和。

熔断器用于控制回路：熔体额定电流按 2～5 A 选择。

（2）熔断器额定电流的确定。

熔断器额定电流应大于或等于熔体的额定电流。

2）接触器的选择

接触器的线圈额定电压应由控制回路电压决定，二者应相符；主触头额定电流应不小于线路工作电流，主触头容量应按不小于线路工作电流的 1.3 倍选择。

所有电气控制器件至少应具有制造厂的名称或商标，或索引号、工作电压性质和数值等标志。若工作电压标志在操作线圈上，则应使装在器件上线圈的标志显而易见。另外还要进行好坏检查。

3）热继电器的选择与整定

当电动机为△接法时，应选择带断相保护型的热继电器。热元件额定电流应大于或等于电动机额定电流；热继电器的整定电流应等于 $0.95I_e \sim 1.05I_e$，整定系数应依据负荷大小确定，一般情况下按 1 倍的 $I_e$ 整定。

### 3. 选用导线

（1）导线的类型。硬线只能用在固定安装的不动部件之间，在其余场合则应采用软线。电路 U、V、W 三相分别用黄色、绿色、红色导线，中线（N）用黑色导线，保护线（PE）必须采用黄绿双色导线。

（2）导线的绝缘。导线必须绝缘良好，并应具有抗化学腐蚀的能力。

（3）导线的截面积。在导线必须能承受正常条件下流过的最大电流的同时，还应考虑到线路中允许的电压降、导线的机械强度，以及要与熔断器允许电流相符合，并且规定主电路导线的最小截面应不小于 2.5 mm²，控制电路导线的截面应不小于 1.5 mm²。

### 4. 安装控制箱

控制箱（板）的尺寸应根据电器的安排情况决定。

### 5. 接线

电气元件布局确定以后，就要根据电气原理图并按一定工艺要求进行布线和接线。控制箱（板）内部布线一般采用正面布线方法，如板前线槽布线或板前明线布线，较少采用板后布线的方法。布线和接线的正确、合理、美观与否，直接影响到控制质量。

1）接线工艺要求

（1）导线尽可能靠近元器件走线；尽量用导线颜色分相，必须做到平直、整齐、走线合理等要求。

（2）对明露导线要求横平竖直，自由成形；导线之间避免交叉；导线转弯应成 90°直角。

（3）布线应尽可能贴近控制板面，相邻元器件之间亦可"空中走线"。

（4）可移动控制按钮连接线必须用软线，与配电板上元器件连接时必须通过接线端，并加以编号。

（5）所有导线从一个端子到另一个端子的走线必须是连续的，中间不得有接头。

（6）所有导线的连接必须牢固、无松动，不得压胶，露铜不得超过 2 mm。导线与端子的接线，一般是一个端子只连接一根导线，最多两根。

（7）接线时有些端子不适合连接软导线，可在导线端头上采用针形、叉形等冷压接线头。

（8）导线线号的标志应与原理图和接线图相符。在每一根连接导线的线头上必须套上标有线号的套管，位置应接近端子处。线号的编制方法应符合国家相关标准。

2）装接线路

装接线路的顺序是先接主电路，后接控制电路，先接串联电路，后接并联电路，并且按照从上到下、从左到右的顺序逐根连接。对于电气元件的进出线，则必须按照上面为进线，下面为出线，左边为进线，右边为出线的原则接线，以免造成元件被短接、接错或漏接的情况。

**6. 通电前检查**

装接好后要首先进行目测检查，无误后，再用万用表、摇表检查主电路和控制电路。具体检查项目有：

（1）检查元器件的代号、标志是否与原理图上的一致，是否齐全。

（2）检查各个电气元件、接线端子安装是否正确和牢靠，各个安全保护措施是否可靠。

（3）检查控制电路是否满足原理图所要求的各种功能，布线是否符合要求、整齐。

（4）检查各个按钮、信号灯罩和各种电路绝缘导线的颜色是否符合要求。

（5）用万用表测量主电路和控制电路的直流电阻，所测阻值应与理论值相符。

（6）测量电气绝缘电阻（应不小于 0.22MΩ）。

**7. 热继电器的整定**

根据电动机的额定电流，选择 1 倍于电动机额定电流的热元件电流，再将热继电器整定为电动机的额定电流。

**8. 线路的运行与调试**

安装完线路，经检查无误后，接上试车电动机进行通电试运转，观察电气元件及电动机的动作、运转情况。运行和调试时要掌握操作方法，注意通电顺序（先合电源侧闸刀开关，再合电源侧断路器；断电顺序相反）。通电后应先检验电气设备的各个部分的工作是否正确和动作顺序是否正常。然后在正常负载下连续运行，检验电气设备所有部分运行的正确性。同时要检验全部器件的温升不得超过规定的允许温升。若异常，则应立即停电检查。

# 12.5　电气控制线路故障检修

　　电气控制线路的故障一般可分为自然故障和人为故障两类。自然故障是由于电气设备运行过载、振动，或金属屑、油污侵入等原因引起的，造成电气绝缘下降，触点熔焊和接触不良，散热条件恶化，甚至发生接地或短路。人为故障是由于在维修电气故障时没有找到真正的原因或操作不当，不合理地更换元件或改动线路，或者在安装线路时布线错误等原因引起的。

　　电气控制线路的形式很多，复杂程度不一，其故障常常和机械系统的故障交错在一起，难以分辨。这就要求我们首先要弄懂原理，并应掌握正确的维修方法。每个电气控制线路往往由若干个电气基本单元组成，且每个基本单元控制环节由若干电器元件组成，而每个电器元件又由若干零件组成。故障往往只是由于某个或某几个电器元件、部件或接线有问题而产生的。因此，只要我们善于学习，善于总结经验，找出规律，掌握正确的维修方法，就一定能迅速准确地排除故障。下面介绍电动机控制线路发生自然故障后的一般检修步骤和方法。

## 1. 电气控制线路故障的检修步骤

　　(1) 经常看、听、检查设备运行状况，善于发现故障。

　　(2) 根据故障现象，依据原理图找出故障发生的部位或回路，并尽可能地缩小故障范围，在故障部位或回路找出故障点。

　　(3) 根据故障点的不同情况，采用正确的检修方法排除故障。

　　(4) 通电空载校验或局部空载校验。

　　(5) 试运行正常后，投入运行。

　　在以上检修步骤中，找出故障点是检修的难点和重点。在寻找故障点时，首先应该分清发生故障的原因是属于电气故障还是属于机械故障，同时还要分清是属于电气线路故障还是属于电器元件的机械结构故障。

## 2. 电气控制线路故障的检查和分析方法

　　常用的电气控制线路的故障检查和分析方法有调查研究法、试验法、逻辑分析法和测量法等。在一般情况下，调查研究法能帮助找出故障现象；试验法不仅能找出故障现象，而且还能找出故障部位或故障回路；逻辑分析法是缩小故障范围的有效方法；测量法是找出故障点的基本、可靠和有效的方法。

　　(1) 调查研究法。主要是通过以下几个方面来进行分析、检修：询问设备操作工人，看有无由于故障引起的明显的外观征兆；听设备各电气元件在运行时的声音与正常运行时有无明显差异；用手摸电气发热元件及线路的温度是否正常等。

　　(2) 试验法。在不损伤电气、机械设备的条件下，可进行通电试验。一般可先点动试验各控制环节的动作程序，若发现某一电器动作不符合要求，即说明故障范围在与此电器有关的电路中。然后在这一部分故障电路中进一步检查，便可找出故障点。

　　(3) 逻辑分析法。逻辑分析法是根据电气控制线路工作原理、控制环节的动作程序，以及它们之间的联系，结合故障现象做具体的分析，迅速地缩小检查范围，然后判断故障所在。逻辑分析法是一种以准为前提、以快为目的的检查方法。它更适用于对复杂线路的故障检查。在使用时，应根据原理图，对故障现象做具体分析，在划出可疑范围后，再借鉴试验法，对与故障回路有关的其他控制环节进行控制，就可排除公共支路部分的故障，使貌似复杂的问题变得条理清晰，从而提高维修的针对性，以收到准而快的效果。

（4）测量法。测量法是利用校验灯、测电笔、万用表、摇表等对线路进行带电或断电测量，是找出故障点的有效方法。在测量时要特别注意是否有并联支路或其他回路对被测线路的影响，以防产生误判断。

总之，电动机控制线路的故障不是千篇一律的，即使是同一种故障现象，发生的部位也不一定相同。所以在采用故障检修的一般步骤和方法时，不要生搬硬套，而应按不同的故障情况灵活处理，力求迅速准确地找出故障点，判明故障原因，及时排除故障。

# 复习与思考题

12-1　测量电动机的绝缘电阻时，要测哪几组值？如何测量？

12-2　如何测量电气控制线路电动机的相电压、线电压、相电流、线电流和零序电流？测量值与电动机的接法有何关系？

12-3　控制电路的电源电压如何确定？接错会有什么后果？

12-4　配电板上装接电气控制线路在工艺上有何要求？

12-5　如何选用常用低压电器设备？

12-6　电气线路中，应如何进行停、送电操作？

12-7　总结装接线路的经验和技巧。

12-8　分析常用电气控制线路工作原理及装接方法。

12-9　如何对电动机实现直接正、反转控制？根据图 12-34 完成电路装接。

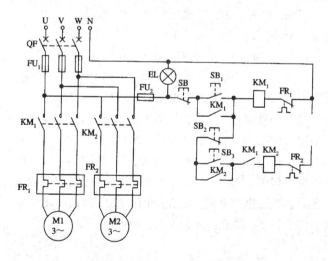

图 12-34　题 12-9 图

# 参 考 文 献

[1]  张仁醒. 电工技能实训基础. 3 版. 西安：西安电子科技大学出版社，2016.

[2]  王荣海. 电工技能与实训. 北京：电子工业出版社，2004.

[3]  石玉财. 毛行标. 电工实训. 北京：机械工业出版社，2004.

[4]  刘介才. 工厂供电. 北京：机械工业出版社，1999.

[5]  席时达. 电工技术基础. 北京：机械工业出版社，2007.

[6]  周元兴. 电工电子技术. 2 版. 北京：机械工业出版社，2008.

[7]  沈裕钟. 电工学. 4 版. 北京：高等教育出版社，2001.

[8]  潘兴源. 电工电子技术基础. 2 版. 上海：上海交通大学出版社，2003.

[9]  秦曾煌. 电工学. 5 版. 北京：高等教育出版社，2001.

[10]  刘永波. 电工技术. 北京：机械工业出版社，2006.

[11]  王新新. 包中婷. 刘春华. 电工基础. 北京：电子工业出版社，2004.

[12]  李若英. 电工电子技术. 2 版. 重庆：重庆大学出版社，2005.

[13]  黄学良. 电路基础. 北京：机械工业出版社，2008.

[14]  李瀚荪. 电路分析基础. 4 版. 北京：高等教育出版社，2006.

[15]  胡翔骏. 电路分析. 2 版. 北京：高等教育出版社，2007.

[16]  蔡元宇. 电路及磁路. 3 版. 北京：高等教育出版社，2008.

[17]  赵月恩. 电路与电子技术. 北京：人民邮电出版社，2009.

[18]  沈国良. 电工基础. 北京：电子工业出版社，2008.

[19]  田丽洁. 电路分析基础. 北京：电子工业出版社，2009.

[20]  包中婷. 电工技术. 2 版. 重庆：重庆大学出版社，2016.

[21]  邱勇进. 电工基础. 北京：化学工业出版社，2016.

[22]  邱勇进. 电工技能. 北京：化学工业出版社，2016.

[23]  秦钟全. 电工基础一点就透. 北京：化学工业出版社，2014.

[20]  陆荣. 电工基础. 北京：机械工业出版社，2019.

[25]  吴清红. 电工基本技能. 北京：中国劳动社会保障出版社，2009.

[26]  张振文. 电工电路识图、布线、接线与维修. 北京：化学工业出版社，2018.

[27]  张宪，张大鹏. 电工操作 200 例. 北京：化学工业出版社，2017.

[28]  刘耀元. 电工电子技术. 北京：北京理工大学出版社，2014.